普通高等教育"十三五"规划教材

新工科系列规划教材·开源口袋实验室系列

电工学与电路实验全教程

——以学生为中心的智慧实验新理念

李继芳　主编

张　丹　黄永龙　林　春　副主编

黄文娟　霍晓玮　王晓红　沈绿楠　编著

U0226240

电子工业出版社

Publishing House of Electronics Industry

北京·BEIJING

内 容 简 介

本书是《电工学实验及电路实验》的配套教材。"电工学与电路实验"是非常重要的一门基础实验课程。全书分4篇12章，主要内容包括实验安全与故障检测、电工测量基础、电工电子自主式智慧实验新技术、Multisim电路仿真、电路定律与定理、一阶与二阶电路的时域分析、正弦稳态电路与三相电路、电路的频率响应、二端口网络、变压器与电动机拖动实验、模拟电子技术实验和数字电子技术实验。

本书可作为高等学校电类专业电路实验和非电类专业电工学实验（包含电工和电子）的基础教材，也可供相关领域的工程技术人员学习、参考。

图书在版编目（CIP）数据

电工学与电路实验全教程：以学生为中心的智慧实验新理念 / 李继芳主编. —北京：电子工业出版社，2020.6
ISBN 978-7-121-37200-1

Ⅰ. ①电… Ⅱ. ①李… Ⅲ. ①电工实验－高等学校－教材②电路－实验－高等学校－教材 Ⅳ. ①TM-33

中国版本图书馆 CIP 数据核字（2019）第 168441 号

策划编辑：王羽佳
责任编辑：底　波
印　　刷：涿州市般润文化传播有限公司
装　　订：涿州市般润文化传播有限公司
出版发行：电子工业出版社
　　　　　北京市海淀区万寿路 173 信箱　　邮编：100036
开　　本：787×1 092　1/16　印张：18.75　字数：554 千字
版　　次：2020 年 6 月第 1 版
印　　次：2025 年 2 月第 6 次印刷
定　　价：55.00 元

凡所购买电子工业出版社图书有缺损问题，请向购买书店调换。若书店售缺，请与本社发行部联系，联系及邮购电话：(010)88254888，88258888。
质量投诉请发邮件至 zlts@phei.com.cn，盗版侵权举报请发邮件至 dbqq@phei.com.cn。
本书咨询联系方式：(010) 88254535　wyj@phei.com.cn。

前　言

本书是为高等学校电类专业电路实验和非电类专业的电工学实验（包含电工技术和电子技术）而编写的实验教学用书。随着学校新工科人才培养要求的提高和工程教育理念的普及与深化，传统的电工实验课程有几个技术发展趋势：①测量仪器仪表工程化，替代设备厂家的简易仪表，使学生所学即所用；②电工器件模块化，摒弃设备厂家的实验箱设计，使学生的实验更具有开放性和库扩展性；③基于"互联网+"的智慧自主型实验技术和便携式实验设备的出现，以学生为中心，让学生可以随时随地做实验，提交实验报告，使学生实验有更大的自主性和创新性。

为了进一步加强电工学实验与电路实验的教学工作，适应高等学校正在开展的课程体系与教学内容的改革，及时反映电工电路实验教学的研究成果，积极探索适应新工科人才培养的教学模式，总结了近十年我们开展的电工学和电路实验教学改革和实践经验，结合目前厦门大学电工学实验室开展的电路和电工学实验手段的更新和电工电子新技术的引进，在厦门大学历年修订的电工学与电路实验指导书的基础上，编写了本书。本书引进了教育部产学合作协同育人合作项目产生的"电工电子自主式智慧实验新技术"，该技术的实施凸显了"以学生为中心"的"互联网+"新工科人才培养新理念，实施了"多方协同、产学合作、协同育人"新模式，建设了"线上"+"线下""实验室内"+"实验室外"及"理论"+"实验"协同教学的新结构，未来期望实现"新工科"面向工程认证的人才培养新质量。

全书分 4 篇 12 章，第 1 篇是电工实验基础，主要内容包括实验安全与故障检测、电工测量基础、电工电子自主式智慧实验新技术和 Multisim 电路仿真；第 2 篇是电路原理实验，主要内容包括电路定律与定理、一阶与二阶电路的时域分析、正弦稳态电路与三相电路、电路的频率响应和二端口网络等内容；第 3 篇是电工技术实验，主要内容是变压器与电动机拖动实验；第 4 篇是电子技术实验，主要内容包括模拟电子技术实验和数字电子技术实验。本书可作为高等学校电类专业电路实验和非电类专业电工学实验的基础教材，也可供相关领域的工程技术人员学习、参考。

在教学方法上，本书吸收了厦门大学电工学实验教学近年来优秀的实验教学成果，注重学生课外自主学习能力和工程能力的培养。要求学生实验前要进行课外预习，注重仿真软件在实验中的作用，通过对实验电路进行仿真，加强对实验内容的掌握，与理论分析、实际实验结果进行比较，加深对相关理论知识的理解。智慧实验平台的课前和课后使用，以及利用平台集成的示波器、信号发生器、电压表等常用的仪器，学生可在课前通过该平台预习指定实验内容，也可使用该平台完成课后开放实验内容及综合实验内容。

在教学内容上，既包含基础验证性实验内容，又包含设计性实验内容和研究创新性实验内容。本书可适应各学校实验独立设课和非独立设课的不同要求，既保证了实践教学与理论教学的紧密联系，又突出了电路实验和电工学实验的独立性和系统性。学校可以根据教学对象和学时等具体情况对书中的内容进行删减和组合，也可以进行适当扩展，参考学时为 32～64 学时。为适应教学模式、教学方法和手段的改革，本书还同步录制了 MOOC 实验项目内容及实验相关仪器仪表的使用视频，并在中国大学 MOOC 上线，为减小本书篇幅，仪器使用指导书在 MOOC 平台共享。

本书第 1、2 章由李继芳编写，第 3 章由李继芳、林春编写，基于 A+D Lab 的实验建设由林春完成。第 4 章由黄文娟编写，第 5-1 节～5-3 节由李继芳编写，5-4 节～5-10 节由霍晓玮编写，第 6、8 章由张丹编写，第 7 章由王晓红、李继芳编写，第 9 章由沈绿楠、张丹编写，第 10 章由李继芳编写，第 11 章由黄永龙、李继芳编写，第 12 章由黄永龙编写，书中前 3 篇的电路图由谢路生绘制。全书由李继芳统稿。哈尔滨工业大学的吴建强教授在百忙之中对全书进行了审阅，并提出了宝贵的修改意见。在本书的编写过程中，电子工业出版社的王羽佳编辑为本书的出版做了大量工作。在此向他们深表谢意！

本书的编写参考、吸取了许多专家和同仁的宝贵经验，在此一并表示感谢！

由于作者学识有限，书中难免存在误漏之处，望广大读者批评指正。

作　者

目　　录

走进实验室

本书的实验内容对应电类专业的电路实验和非电类专业的电工学（包含电工和电子）实验，这是电类专业与少课时非电类各专业重要的专业技术基础实验课程，下面统称电工实验。通过该课程可培养学生实践动手能力，帮助学生把所学理论应用到实践，使学生进一步加深对电工理论知识的理解和掌握。另外，该课程培养学生良好的实验习惯，树立实事求是、严谨认真的科学作风，为后续专业课程的学习及今后从事工程技术工作奠定坚实的基础。

学生的实验动手能力、创新能力和实际工作能力的培养，不能一蹴而就。作为专业实践课程的入门课程，电工实验首先要注重训练学生的基本实验技能，要求学生熟练使用相关的电工实验仪器，掌握电工实验方法；其次帮助学生掌握电工实验基础知识，包括测量及测量误差的概念、测量数据的处理方法等；最后，实验内容实现多类型、多层次的设置，引导学生在具备扎实的基本功后，通过综合性实验、设计性实验，提高自主实验能力和创新能力。

一、实验课程要求

1. 掌握常用电工仪器仪表的用法

（1）学会正确使用电流表、电压表、万用表、功率表及其他常用的电工实验仪表。

（2）掌握示波器、函数信号发生器、稳压稳流电源、交流毫伏表等电工仪器的使用方法。

2. 掌握下列电路测量方法

（1）晶体管、电阻、电感、电容等元器件参数的测量。

（2）电压、电流、功率的测量。

（3）电信号波形的观察、测量。

（4）电路或网络端口特性的测量。

（5）电路指标参数的测量。

3. 掌握实验操作方法

（1）正确连接实验电路，线路布局合理。

（2）正确读取、记录实验数据，并对观察到的实验现象有一定的分析判断能力。

（3）初步具备发现和排除电路故障的能力。

（4）会用 Multisim 软件仿真各种实验电路。

4. 初步具备综合实验的设计和调试能力

能根据给定的综合实验任务要求，设计实验方案、使用仿真软件对实验电路进行仿真、取得实验参考数据、安装实验电路、调试实验参数、选择仪器仪表、拟定数据记录表格并完成具体的实验操作。

5. 具备实验报告的编写能力

写出合乎要求的实验报告。正确绘制各种图表，具有分析、处理实验数据的初步能力，结合已经学习的理论知识，能对实验结果做出正确的判断和合理的解释。

二、实验课程的教学过程

实验课分为课前预习、实验室实验和撰写实验报告 3 个阶段。

1．课前预习

课前预习是实验课的准备阶段。预习得是否充分，关系到实验能否顺利进行及能否收到预期的效果。因此，课前预习必须予以强调，引起重视。

课前预习阶段应完成下述工作。

（1）认真阅读实验相关内容并复习有关的理论知识，观看 MOOC 视频，弄清实验原理，明确实验的目的和任务，了解实验的方法和步骤，并了解实验过程中要观察的现象、要记录的数据及实验应注意的事项。

（2）使用仿真软件对实验电路进行计算机仿真分析。仿真分析是运用专门的仿真软件对实验电路特性进行分析和调试的一种虚拟实验手段，借助仿真软件对实验电路反复更改、调整和测试，可指导真实实验，提高实验效率，是对真实实验的一种有益补充。

2．实验室实验

学生需在指定时间到实验室完成实验，实验过程中应遵守操作规程和实验室的有关规定。

学生实验一般按下述程序进行。

（1）学生到指定的实验台进行实验前的准备工作。

（2）上课后认真听取指导教师讲解实验要求及注意事项。

（3）在进行实验操作之前，要对实验所用仪器及元器件进行检查及测量，确保仪器仪表工作正常，元器件参数值与电路图所标参数值吻合。

（4）"先接线，再通电；先断电，再拆线"，严格按照电工实验安全十二字规则进行实验，按实验线路图接好线路，经自查无误后，方可合上电源；实验完成后，先断电，再拆除线路。

（5）按预设的实验步骤进行操作，观察现象，读取、记录数据。

（6）完成全部实验操作后，切断电源，将实验数据自行确认正误后交给指导教师检查，由教师在原始记录上签字并登记。注意，在指导教师签字前不可拆除线路。

（7）在指导教师确认数据后拆除实验线路。

（8）按照实验室 6S 管理要求，做好实验设备、实验台（桌、椅）及周围环境的整理及清洁工作。

（9）填写《设备使用记录》并请教师签字后，经指导教师同意后离开实验室。

实验设备使用的注意事项如下。

（1）实验前，要查看《设备使用记录》，检查本次实验所用仪器设备和器材的完好情况，发现问题应及时报告指导教师。

（2）使用实验设备前，注意聆听、观看指导教师的示范和讲解，要仔细阅读设备的使用说明书及相关的实验视频，掌握其操作方法和注意事项，不明确操作方法的不能动手。

（3）明确设备的操作注意事项，避免违规操作，如设备的工作电压、电流不能超过额定值；不能将直流仪表用于测量交流电量，反之亦然。

（4）恰当地选择仪表的量程。如果使用指针式仪表，应首先调整好仪表的指示零点。

（5）实验时，设备和器材要布局合理，其原则是安全、方便、整齐，防止相互影响。

实验线路的连接如下。

（1）要按合理的步骤连接线路，一般的做法是"先串（联）后并（联）""先主（回路）后辅（助回路）"，最后连接电源进线。在预习过程中，最好设计好实际接线图，实验时照图连线。

（2）直流电源正、负极的引出线用红、黑色导线加以区分，电路连接的导线用区别于电源颜色的线；三相电源 L_1、L_2、L_3 出线分别用黄、绿、红三种颜色加以区分，中性线用黑色导线，对应负载的 U、V、W 三相电路中的连线也使用与电源对应颜色一致的线。

（3）养成良好的接线习惯，走线要合理。注意区分交、直流导线。导线的长度要合适，能用短导线的地方不要用过长的导线。导线的连接点要牢靠，防止导线脱落。

（4）导线的连接不要过多地集中在某一点上，应适当予以分散。原则上，电路中每个接线柱上的接线插头不多于两个。

3. 撰写实验报告

实验报告是对实验工作过程的全面总结，也是工程技术报告的模拟训练。每次实验完成后需使用自己的原始测量数据，认真撰写实验报告。实验报告应采用规定的报告用纸和封面，在规定模板的报告封面上认真填写实验名称、实验者及实验时间等栏目。实验报告的内容一般应包括下列各项：

（1）实验目的；

（2）实验原理；

（3）实验设备；

（4）实验过程及电路；

（5）数据图表及计算示例；

（6）实验结果的分析处理；

（7）实验结论；

（8）回答思考题；

（9）总结实验的注意事项；

（10）收获体会及建议。

实验报告内容要求用简明的形式将实验过程和结果完整、真实地表达出来，要求文理通顺、简明扼要、书写工整、图表规范、分析合理、讨论深入、结论正确。

实验线路、数据表格及波形曲线的具体要求如下。

（1）原始记录纸上的实验线路和数据表格需用作图工具绘制。

（2）波形、曲线必须绘制在坐标纸上。注意比例要适当，各坐标轴必须注明其所代表的物理量的符号和单位，还要标明各波形、曲线所对应电量的名称。

（3）波形、曲线要求用曲线板绘制，力求曲线光滑。

第1篇　电工实验基础

第1章　实验安全与故障检测

1-1　安全用电常识

电力作为一种最基本的能源之一，是国民经济及广大人民日常生活不可或缺的。电本身看不见、摸不着，具有潜在的危险性。只有掌握了用电的基本规律，懂得了用电的基本常识，养成严格按规程操作的良好习惯，电能才能很好地为我们服务；否则，会造成意想不到的电气故障，导致人身触电，电气设备损坏，甚至引起重大火灾、事故等。事故轻则使人受伤，重则致人死亡，因此，必须高度重视用电安全。

一、电流对人体的危害

人体不慎触及带电体，会受到各种不同的伤害，发生触电事故。根据伤害性质可分为电击和电伤两种。

电击是指电流通过人体，使内部器官组织受到损伤。如果受害者不能迅速摆脱带电体，最后会造成死亡事故。

电伤是指在电弧作用下或熔断器熔断时，对人体外部的伤害，如烧伤、金属溅伤等。

根据对大量触电事故资料的分析和实验，已证实电击所引起的伤害程度与下列各种因素有关。

1．人体电阻的大小

人体的电阻越大，通入的电流越小，伤害程度也就越轻。根据研究，当人体皮肤有完好的角质外层且很干燥时，人体电阻为 $10^4 \sim 10^5 \Omega$。当角质外层被破坏时，人体电阻则降到 $800 \sim 1000\Omega$。

2．电流通过人体的时间长短

电流通过人体的时间越长，伤害越严重。

3．电流的大小

如果通过人体的电流在 0.05A 以上时，就有生命危险。一般来说，接触 36V 以下的电压时，通过人体的电流不会超过 0.05A，故把 36V 的电压称为安全电压。如果在潮湿的场所，安全电压还要比规定的低一些，通常是 24V 或 12V。

4．电流的频率

直流和频率为工频 50Hz 左右的电流对人体的伤害最大。

此外，电击后的伤害程度还与电流通过人体的路径及与带电体接触的面积和压力等有关。

二、触电方式

1．接触正常带电金属体

（1）电源中性点接地系统的单相触电。

电力系统由于运行和安全的需要，常将中性点接地，如图 1-1-1 所示。把变压器低压侧中性点直接接地，这种接地方式称为工作接地。图 1-1-1 中的接地体是埋入地中并直接与大地接触的金属导体。如图 1-1-1 所示，发生触电时，人体处于相电压之下，危险性较大。如果人体与地面的绝缘较好，则危险性可以大大减小。工作接地可以将触电电压降低到等于或接近相电压，接地电流较大（接近单相短路），保护装置会迅速动作，迅速切断故障设备。工作接地也降低了电气设备对地的绝缘水平。

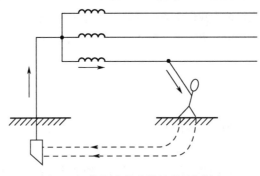

图 1-1-1　电源中性点接地的单相触电

（2）电源中性点不接地系统的单相触电。

如图 1-1-2 所示，发生触电时，看起来电源中性点不接地不能构成电流通过人体的回路。其实不然，这种触电也有危险，因为导线与地面间的绝缘可能不良，甚至有一相接地，在这种情况下人体中就有电流通过。另外，导线与地面间存在的电容也可构成交流电流的通路。

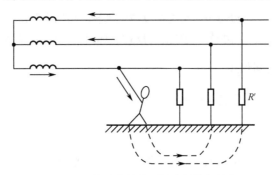

图 1-1-2　电源中性点不接地的单相触电

发生单相触电时，电源中性点不接地系统与电源中性点接地系统相比：第一，在中性点不接地的系统中，一相接地往往是瞬时的，可以自动消除，就不会跳闸发生停电事故；第二，在中性点不接地系统中，一相接地故障可以允许短时存在，以便寻找故障并修复。

（3）两相触电最为危险，人体处于线电压之下，但这种触电情况比较少见。

2．接触正常不带电的金属体

触电的另一种情形是接触正常不带电的金属体，大多数触电事故属于这一种。例如，电动机的外壳本来是不带电的，由于内部绕组绝缘损坏而与外壳相接触，使得外壳也带电，人体触及带电的电动机（或其他电气设备）外壳，相当于单相触电。为了防止这种触电事故，对电气设备常采用保护接零（接中性线）和保护接地。

根据电气设备保护形式的不同，低压配电系统可分为 TN 系统、TT 系统和 IT 系统。第一个字母表示电源接地点对地的关系：T 表示电源端有一点直接接地；I 表示电源端所有带电部分和地绝缘或由一点经阻抗接地。第二个字母表示电气设备的外露导电部分和地的关系：T 表示电气设备外露导电部分对地直接电气连接，和配电系统的任何接地点无关；N 表示电气设备外露导电部分和配电系统的接地点直接电气连接或与该点引出的导体相连。

（1）保护接零。

把变压器低压侧中性点直接接地，再从接地点引出中性线 N（俗称零线）。保护接零就是将电气设备的外壳接到零线上（或称中性线上），称之为 TN 系统。在 TN 低压供电系统中，当电气设备发生漏电、绝缘损坏或单相电源对设备外壳短路时，零线短路的较大故障电流可使线路上的保护装置动作，切断故障线路的供电，保护人身安全。图 1-1-3 所示是电动机的保护接零。当电动机某一相绕组的绝缘损坏而与外壳相接时，就形成了单相短路，迅速将一相中的熔丝熔断，因此外壳便不再带电。即使在熔丝熔断前人体触及外壳时，由于人体电阻远大于线路电阻，通过人体的电流也是极为微小的。

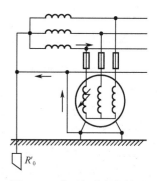

图 1-1-3 电动机的保护接零

TN 系统又可分为 TN-C 系统、TN-S 系统及 TN-C-S 系统，如图 1-1-4 所示。C 表示中性线 N 和保护线 PE 合并为 PEN 线，S 表示中性线和保护线分开，C-S 表示电源侧为 PEN 线，从某点分开为 N 线及 PE 线。TN-C 系统一般用于三相负荷基本平衡的一般企业；不对称负载将使 PEN 产生电流，造成源头断线危险；另外，住宅用户绝大部分是单相用户，难以实现三相负荷的平衡，不应使用 TN-C 系统。TN-S 系统应用较广，PE 线上没有不平衡电流通过，与 PE 线相连的设备外壳不带电，只是在接地故障时才带电，故障危险大为减少。TN-C-S 系统，老式工厂在使用，存在较大问题。

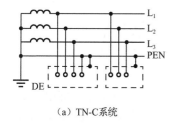

（a）TN-C系统

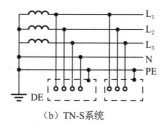

（b）TN-S系统

（c）TN-C-S系统

图 1-1-4 TN 系统的分类

（2）保护接地。

保护接地就是将电气设备的金属外壳（正常情况下是不带电的）接地，适用于变压器低压侧中性点不接地或经高阻抗接地的低压系统中，这种系统称为 IT 系统，如图 1-1-5 所示。

图 1-1-5 所示的是电动机的保护接地，分为两种情况讨论。

① 电动机外壳接地：当电动机的某一相绕组的绝缘损坏使外壳带电，人体触及外壳时，由于人体的电阻与接地电阻并联，而通常人体电阻远远大于接地电阻，所以通过人体的电流很小，不会有危险。这就是保护接地保护人身安全的作用。

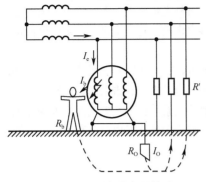

图 1-1-5　电动机的保护接地

② 电动机外壳不接地：当电动机的某一相绕组的绝缘损坏使外壳带电，人体触及外壳时，相当于单相触电。这时接地电流的大小取决于人体电阻和绝缘电阻。当系统的绝缘性能下降时，就有触电的危险。

另外，把变压器低压侧中性点直接接地，再从接地点引出中性线 N，系统中所有用电设备的金属外壳采用保护接地方式。这种系统称为 TT 系统。在 TT 和 IT 低压供电系统中，当电气设备发生漏电或单相电源对设备外壳短路时，如果流向接地体的故障电流足够大，则线路上保护装置动作，切断故障线路上的供电；如果流向接地体的故障电流不足以使保护装置动作，则由于人体电阻远大于保护接地的电阻，所以可以避免人员触电。

三、实验室电源配线与安全用电保护

电工实验室必须提供可以调节的三相交流电源、单相交流电源和直流电源，为保证用电安全，实验台通常选用三相隔离变压器，将实验台上的用电设备与电网进行电气隔离。

通常实验台的配电盘（柜）到实验台电源配线如图 1-1-6 所示，从变压器低压侧中性接地点引出的中性线 N 的作用是：可供系统内单相用电设备用电；可把系统内三相电源中的不平衡电流和单相用电电流流回变压器低压侧中性点；还可减小因三相用电负荷不平衡造成的电压偏移。为使三相负载尽可能平衡，实验台的各电源插座被引到了不同的相线（A、B、C）上。

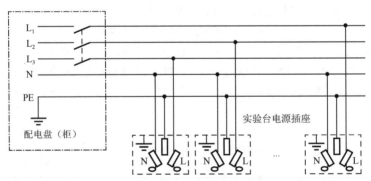

图 1-1-6　配电盘（柜）到实验台电源配线

按照电工系统的操作规程，两芯插座与动力电的连接要求是左孔接零线（N），右孔接相（火）线（L）。三芯插座除按左"零"右"相"连接之外，中间孔接地线（PE），即"左零右相中间地"，因此实验台的供电系统也称为"三相五线制"。系统中的 PE 线与零线 N 始终是分开的，平时 PE 线上无电流通过，只有在设备发生漏电或单相电源对设备金属外壳短路时，才会有故障电流流过。该系统使供电系统在可靠性、安全性、电磁抗干扰性方面得到了进一步提高。

另外，为了人身安全，实验室的用电系统采用了多重保护，包括漏电保护、短路保护和接零保护。

1. 漏电保护

漏电保护器是一种在负载端相线与地线之间发生漏电或人体发生单相触电事故时，在电流强

度和时间尚未达到伤害程度前能自动在瞬间断开电路，对电气设备和人身安全起到保护作用的
电器。

　　漏电保护器主要由零序电流互感器、信号放大器、漏电脱扣线圈、脱扣机构、主控开关及测试按
钮等组成，如图 1-1-7 所示。漏电保护器是基于基尔霍夫电流定律设计的，即任一时刻流入（或流出）
任一节点的支路电流代数和等于 0。负载的相线与零线均穿入零序电流互感器中。正常工作时，相线
与零线电流的代数和等于 0，在互感器铁芯中感应的磁通量之和也为 0，零序电流互感器的二次绕组是
脱扣线圈，也无信号输出，主控开关处于闭合状态，电源向用电设备供电。一旦设备发生接地故障，
如设备绝缘损坏造成漏电、相线碰到机壳或没有与大地处于绝缘状态的人触及相线，这时将有一部分
电流从保护地线中流过，此时回路中电流的代数和不再为 0，通过相线的电流大于通过零线的电流，
两者之差在零序电流互感器的铁芯中产生磁通，使二次绕组产生感应电压，迫使漏电脱扣线圈励磁，
强令主控开关跳闸，切断供电回路，达到保护设备和人身安全的目的。

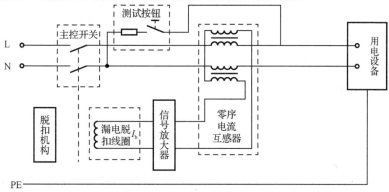

图 1-1-7　漏电保护器的组成示意图

　　如图 1-1-8 所示，在三相五线制中，零线作为电源线之一，同相线一样对地绝缘，并通过漏电保
护器接至用电设备，用电设备金属外壳通过三孔插座的接地孔与保护地线连接。若相线与机壳短路等
漏电情况发生，则在短路处相线与保护地线构成电流闭合回路，这时回路阻抗很小，短路电流很大，
可使漏电保护器的保护开关跳闸，切断电源回路，达到保护的目的。

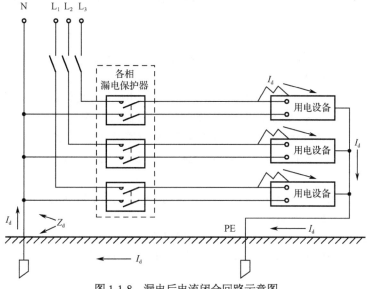

图 1-1-8　漏电后电流闭合回路示意图

专业实验台的漏电保护器对实验过程中的任何漏电或单相触电,都能够迅速断开电源并告警。在实验过程中,若漏电保护器自动跳闸,则应查明故障原因并排除后,再按下漏电保护器的复位按钮,使其恢复保护功能并接通电源。

2. 短路保护

短路保护是利用线路电流突然增大到超过事先按最大负荷电流整定设置的数值时,引起断电动作的一种保护措施。实验室和工程设备通常采用熔断器做短路保护。使用熔断器应注意其额定电流与电路正常负载的正确配合,以免影响用电设备的正常工作。

3. 接零保护

在实验室采用的三相四线制中性点直接接地的供电方式中,电气设备采用接零保护后,当电气设备绝缘损坏或发生相线碰到设备外壳时,由于电气设备的金属外壳已直接接到低压电网中的零线上,所以故障电流经过接零导线与配电变压器零线构成闭合回路,相线碰到外壳故障时变成了单相短路,而金属导线阻抗小,这一短路电流在瞬间增大,足以使保护装置跳闸或熔断器熔断而切断漏电设备电源,即使人体触及了电气设备的外壳也不会发生触电现象。

四、实验室安全用电守则

安全用电是实验课始终要关注的一个重要问题,实验过程中一定要确保人身安全和仪器设备的安全。为了保证安全用电,防止触电事故的发生,要求实验前熟悉安全用电常识,实验过程中严格遵守以下操作规程和安全用电规则。

(1)实验前,要先熟悉安全用电规则,了解并掌握相关仪器设备的性能规格和使用方法,检查实验器材和设备完好状况,包括导线的绝缘和通断情况、清点设备数量、熟悉实验台总电源开关位置及操作方法,以便发生故障时能及时切断电源,发现问题应及时报告。

(2)实验操作中,严格按照用电安全规则操作。接线、拆线和改接线路必须切断电源,严格执行**先接线再通电,先断电再拆线**。需要强调的是,这不仅是对有触电危险的强电实验的要求,对于 36V 以下的安全弱电实验也应如此,弱电虽然对人体无危害,但带电操作会使实验中的元器件损坏。

(3)识别相线和零线,最简单的是用验电笔来测试,验电笔内的氖管发光,就是相线;不发光,就是零线。

(4)强电实验中,人体严禁在通电情况下接触电路中裸露的金属部分及仪器的外壳。虽然仪器的外壳已经接地,但也不要随意用手触摸,因为一旦身体其他部分意外触及相线,通过手与机壳的接触构成回路,也会造成触电事故。

(5)交流电实验应严格遵循单手操作规范,杜绝双手带电操作。通电后不要急于测量操作,应先观察仪器和电路有无异常现象,遇到漏电、触电和短路等危害情况,应立即断开实验台的总电源开关。

(6)实验时同组同学应注意协调配合,接通电源前要事先征得他人同意。如果有人正在接线或改线,则不得擅自接通电源,尤其是交流电的实验电路,必须通过检查确认无误并告诉同组同学后方可通电实验。

(7)实验过程中,若发现仪器和设备等有异常情况,如焦煳味、冒烟甚至出现明火或人员触电等危急情况,应立即断电,停止实验。

(8)发现人员触电,应立即切断电源,使触电者迅速脱离危险,并及时报告教师处理。

(9)使用电烙铁进行焊接时,应将电烙铁远离所有电源线,避免烧坏电源线绝缘皮造成漏电伤人,或者引起火灾等事故。

（10）每台仪器设备只有在额定电压下才能正常工作。当电压过高或过低时都会影响仪器的正常使用，甚至烧毁仪器。使用时要注意额定电压的大小，并注意电源要求的极性。

（11）检查所用仪器电源线有无破损现象，若破损，则需更换。

五、实验室电气灭火及保护

1．电气火灾的产生原因

（1）短路。由于某种原因造成电路的局部短路，使电流比正常值大若干倍，产生大量的热能而引起火灾。

（2）过负荷。设备过负荷时，流过设备和导线的电流增大，当故障时间过长时，产生和积累热量，从而引起火灾。

（3）接触电阻过大。电路中接触部分的连接不牢固，形成较大的接触电阻，电流流过时，该处的温度增加，当热量使金属熔化并发出火花时，会引起火灾。

（4）电气设备产生的火花和电弧。电气设备产生的火花和电弧极易引起周围易燃品的燃烧和爆炸，尤其是油库、乙炔站等高危场所。

（5）熔断器选用不当。熔断器选择过大，超过了导线的承受能力时，线路在出现过载后有可能失去保护作用，而引起火灾。

2．电气火灾灭火知识

（1）当发生电气火灾时，首先应尽快切断电源。若电气开关本身着火，或者已处在火中，开关的绝缘极有可能已损坏，关闭时应使用绝缘工具。

（2）关闭电源的操作，应从低压开始。首先关闭所有正在运行中的电器（通过电器的停止按钮进行关闭），然后关闭负荷开关。切断高压电源时应先断开断路器，后断开隔离开关。

（3）在无法切断电源时，带电灭火必须选择适当的灭火器。实验室均配备有二氧化碳、干粉等灭火器，也可用干燥的黄沙扑救，但不允许用水和泡沫灭火器扑救。

1-2　电子类仪器的供电与接口

一、供电

电子类仪器是由直流电源供电工作的，直流电源通常是将交流 220V/50Hz 经变压器降压后，再通过整流、滤波及稳压得到的。交流电源一般由三芯电源线引入电子仪器，如图 1-2-1 所示。3 孔插头按照插座"左零右相中间地"的接线规则，中间针为保护地线端，与仪器的金属外壳连接，其他两针分别与变压器的一次绕组的两端相连，这样当电源插头接到实验台的三芯插座后，仪器的外壳就与保护地线连接，变压器一次绕组也连接到了相线和零线上。

二、连接线

电子类仪器的功能不同，有向外送出电能或信号的，如电源和信号源等；有接收电能或信号的，如示波器、电压表、电流表等。无论是输入还是输出，其对外接口大多采用接线柱或连接器（普通仪器多用 BNC 插座）形式。

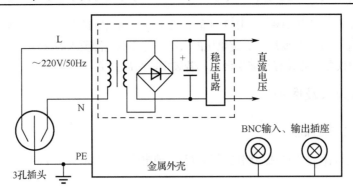

图 1-2-1　仪器电源接口

　　实验室使用的连接器的导线多为同轴电缆线，电缆线的内导体一端接 BNC 插头的中心端，另一端接一个红色线夹；电缆线的外导体（网状屏蔽线）一端接 BNC 插头的金属外壳，另一端接一个黑色线夹。将 BNC 插头与插座连接后，红色线夹与插座中心线连接，黑色线夹与仪器外壳连接。由此可见，实验室的测量系统是以 PE 为参考点的测量系统，如果不以 PE 为参考点，则必须将仪器改为两芯电源线，或者将三芯电源线的接地线断开，否则就要采用隔离技术。

三、共地与浮地

1. 共地

　　当测量仪器的金属外壳与信号源的金属外壳连接时，称为"共地"，即电路系统拥有一个共同的地。共地系统有两种组合方式：一种是所有仪器的金属外壳均与 PE 线相连；另一种是所有仪器的金属外壳连接在一起，但与 PE 断开。第二种共地的实现方式，如采用电源插头为两芯的多功能排插，可将所有仪器均接入多功能排插上，这样各仪器的外壳通过多功能排插的中间孔连接起来，即实现了脱离地线的局部"共地"，这时各仪器外壳是连接在一起的，但与地线是断开的。

2. 浮地

　　当测量仪器或信号源使用两芯电源线时，不能组成共地系统，这种情况称为"悬浮地"，简称"浮地"。当电压测量仪器处于浮地状态时，可以测量任意支路的电压；而在"共地"情况下，只能测量各点相对于地的电位，通过计算两点的电位差得到支路电压。

　　需要注意的是，对于同一台仪器，其所有 BNC 插座的金属外壳都是连接在一起的，如示波器的两输入端口，因此，所有黑色线夹只能接在同一参考点，或者一个接在参考点，其余处于悬空状态。测量高频信号时建议将黑色线夹接在同一参考点上，悬空的线夹容易引入干扰。

1-3　电工实验常见故障及其检测

　　学生在实验过程中，不可避免地会出现或遇到各种各样的故障，学会分析和解决实验中的故障，也是电工的必备技能之一。

一、常见故障

　　实验故障根据结果一般分为两类：破坏性故障和非破坏性故障。破坏性故障可造成仪器仪表、元器件损坏，非破坏性故障的现象是电路中电压或电流的数值不正常或信号波形发生畸变等。

常见故障有以下几种。

1. 线路连接错误

未按照电路图连接实物线路，改变了电路的结构；弄错元器件的类型、参数或元器件的极性，以及连接出现短路。

2. 元器件损坏或导线接触不良

元器件容易在使用中损坏，损坏的原因多半是未按照要求正确使用，如带电拆装元器件或带电改接线路，造成晶体管或集成电路的损坏，元器件损坏经常导致的故障现象是电路有输入而无输出或输出异常。

连接导线（包括电源线、测量线）短路或接触不良，使电路不能正常工作，或者测量值不正常，以及无信号或信号时有时无。

3. 测量时接地问题

测量时接地问题有两个：一个是测量时多点接地，使用示波器测量双路信号时，容易出现此类故障，其原因是实验仪器使用 3 孔插头时，各仪器测量线的黑色线夹均与大地相连，此时若将黑色线夹接在电路的不同位置就将产生多点接地现象，使电路中某些支路短路；另一个是仪器仪表的接电线未接到电路中而处于悬空状态，这种情况下不论激励信号怎样改变，仪器仪表都会测量异常，指针始终处于一个不变的位置，数字表显示始终处于溢出状态，示波器显示屏上出现严重失真并抖动的信号波形。

4. 仪器仪表使用不当

选错仪器仪表，如使用交流仪表测量直流量或反之；仪器仪表量程选择不合适；仪器仪表使用不当，如连线错误，以及接错了电源或电源输出值错误等。

5. 仪器仪表故障

仪器仪表使用过程中也会出现故障，导致不能使用，或者测量值与理论值有严重偏差，或者输出值与设定值有严重偏差等。

二、故障检测的基本方法

1. 直接观察法

实验中，绝大部分故障是操作错误造成的简单故障。出现故障后，首先通过直接观察法进行故障排除。直接观察是指不使用任何仪器，通过看、听、闻等手段直接发现问题，排除故障。

2. 仪器仪表检测

元器件损坏、导线内部短路、接触不良及连线错误造成的故障，一般需要借助仪器仪表及操作者的经验来检查和判断。使用仪器或仪表，分为断电检查法（电阻测量）和通电检查法（电压测量）。当实验中产生短路、冒烟、异味等破坏性故障时，必须采用断电检查法来排除故障。

（1）断电检查法。

断电检查法使用万用表的欧姆挡测量电阻。切断电源，按照实验原理图，对实验电路的每一部分测量其电阻，或者使用蜂鸣挡测量其通断，与原理分析相比对，电路的结构与状态是否与电路图的一致，测量应包括每一根导线、元器件及电源等。

（2）通电检查法。

通电检查法通过测量电路故障电压判断故障。在工频和直流实验中，若实验电路工作不正常，但不是破坏性故障，可以接通电源，用万用表的电压挡对每个节点进行检查。一般从电源电压查起，首先检查电源电压是否正常，排除仪器仪表的故障。根据被检查点电位的高低或元器件电压的大小，结合理论分析，找出故障点。

在信号频率较高的实验中，可利用示波器观测各节点电压波形来查找故障点。接地线始终与电压参考点连接，用信号端观测各节点或元器件引脚的信号波形或工作电压是否正常，通过分析，找出故障。

总之，在故障检查中，根据理论进行分析，对电路各部分工作状态、对所检测的每一点，是通还是断、电位是高还是低，做到心中有数，这样才能准确判断故障点。另外，随着理论分析能力的提高，应有能力根据故障现象分析判断可能的局部故障位置，进行更高效的故障判断。

第 2 章　电工测量基础

2-1　电量测量基础

一、基本电量与测量单位

电量包括电流、电压、功率、频率、相位、电阻、电容和电感等。测量仪表不仅可以测量各种电量，而且通过相应变换器的转换，还可间接测量各种非电量，如温度、湿度、速度和压力等。

测量的结果由数字值和单位名称两部分组成。

电工测量中常用到的国际制单位见表 2-1-1。在实际测量中，有时单位显得太大或太小，因此可在这些单位中加上表 2-1-2 所示的词冠，用以表示这些单位乘以 10 的正次幂或负次幂后，所得到的辅助单位，如 $1A = 10^3 mA$，$1\mu F = 10^6 F$。

表 2-1-1　电工测量常用的国际制单位

量	单 位 名 称	代 号	
		中 文	国 际
电流	安培	安	A
电压	伏特	伏	V
功率	瓦特	瓦	W
频率	赫兹	赫	Hz
电阻	欧姆	欧	Ω
电感	亨利	亨	H
电容	法拉	法	F
时间	秒	秒	s

表 2-1-2　单位前词冠的含义

词 冠	代 号		因 数
	中 文	国 际	
吉咖（giga）	吉	G	10^9
兆（mega）	兆	M	10^6
千（kilo）	千	k	10^3
毫（milli）	毫	m	10^{-3}
微（micro）	微	μ	10^{-6}
纳诺（nano）	纳	n	10^{-9}
皮可（pico）	皮	p	10^{-12}

二、测量方法

在测量过程中，人们借助专用设备，将测量得到的量与测量单位的量相比较，求出被测量的大小。测量方法的分类多种多样，可以粗略地归纳为：根据测量时被测量是否随时间变化，可分为静态测量和动态测量；根据测量条件的不同，可分为等精度测量和非等精度测量；根据测量探头是否接触被测物体，可分为接触式测量和非接触式测量；根据测量方法，可分为直接测量、间接测量和组合测量；根据测量方式（仪表），可分为直读式测量（仪表）、比较式测量（仪表）等。下面我们重点讨论后两种分类。

1. 测量方法

（1）直接测量。

将被测量与作为标准的量直接比较，或者用标定好的测量仪表进行测量，不需要经过运算，就能直接得到被测量数值的测量方法称为直接测量。例如，使用电压表测量电路中电压；使用电流表测量电路中的电流等。

（2）间接测量。

通过对被测量对应函数关系的量进行测量，然后根据其函数关系计算出被测量数值的测量方法称为间接测量。例如，测量交流电路中的功率因数，可测出有功功率 P、电压 U 和电流 I，利用公式 $\cos\varphi=P/UI$ 计算出电路的功率因数；在电路通电工作状态下不能用欧姆表直接测量电阻，但可以测量该电阻上的电压和电流，根据欧姆定律 $R=U/I$ 计算出电阻。

实际测量中采用哪种方法，应根据被测量对测量的准确度要求等因素具体确定。

（3）组合测量。

利用直接测量和间接测量两种方法同时得到相关数据，通过联立求解各个函数方程，计算出被测量。

2. 测量仪表

（1）直读式仪表。

用直接显示被测量数值的仪表进行测量，能够直接在测量仪表上读取数值的测量方法称为直读测量法（直读法），测量仪表被称为直读式仪表。使用直读式仪表进行测量，读取电路中数值迅捷、方便，直读式仪表是电工实验中常用的仪表，如电压表、电流表和功率表等。用直读法进行测量过程简单、操作方便，但由于仪表接入可能对电路参数产生影响，以及仪表本身的原因，测量准确度不高。在一些准确度要求比较高的场合，仪表要定期送专业部门进行校验。

（2）比较式仪表。

将测量结果与标准量进行比较后读出结果的测量仪表称为比较式仪表。使用比较式仪表测量要比直读式仪表测量过程复杂，一般比较式仪表的测量准确度要高些，常用于较为精确的测量中，如电桥、电位差计等均属于比较式仪表。

三、电工基本电量测量

电工测量包括基本电参数的测量和基本电量的测量。基本电参数的测量包括电阻、电容和电感的测量，这些参数可以使用万用表通过直接测量获取，也可以通过间接测量得到结果，如"伏安法""三表法"及"谐振法"等。

电工基本电量测量包括电压、电流、功率、频率、相位、时间等。由于各电量性质不同，测量仪表与测量方法都不尽相同。下面介绍常用的电工基本电量测量。

1. 电压的测量

电工实验中的电压多为几毫伏至几百伏的电压，可以直接用指示仪表测量，具有较高的准确度。实验室主要采用电压表直接测量法和示波器测量法两种。

电压表直接测量法是将电压表并联在被测电路两端，通过电压表的读数直接读取电压值的方法。这种方法简单直观，是电压测量最基本的方法。电压表按测量电压性质分为直流电压表和交流电压表两类。直流电压表接线端子有极性，只能测量直流电压。交流电压表测量端子无极性，只能测量交流电压。两表不能混用。用直流电压表测量时，其端子极性要与直流电压参考方向一致，测量值带正负号，除了代表直流电压大小，还代表直流电压的方向，正值代表电压实际方向与参考方向相同，负值则相反。用交流电压表测量时，其端子没有极性要求，测量值只代表交流电压有效值大小，不代表方向。

为了使电路工作不因接入电压表而受影响，电压表的内阻必须足够高。直接测量法可选择数字万用表和电压表测量，其误差主要取决于仪表的精度及仪表内阻，误差范围一般是 0.1%～2.5%。

示波器测量法测量电压的特点是不仅能够测量电压的数值，而且能显示电压随时间变化的波形。数字示波器能直接给出电压的测量值。模拟示波器测量电压时可采用比较法，即用已知电压值的信号波形（称比较信号）与被测信号电压比较，并计算出电压值。测量时 Y 轴灵敏度已标出 V/div（电压/每格），则被测电压幅值=灵敏度（V/div）×高度（div）。

2. 电流的测量

（1）电流的常规测量。

电工实验中的电流通常为几毫安至几安，通常采用电流表测量，测量时电流表应串联在被测电路中。为了减少对被测电路工作状态的影响，要求电流表的内阻越小越好，否则将产生较大的测量误差。如果不慎将电流表并联在电路两端，则电流表将被烧毁，在使用中务必特别注意。

与电压表分类一样，电流表按测量电流性质分为直流电流表和交流电流表两类。直流电流表接线端子有极性，只能测量直流电流。交流电流表测量端子无极性，只能测量交流电流。两表不能混用。用直流电流表测量时，其端子极性要与直流电流参考方向一致，电流流入电流表正端，流出电流表负端，测量值带正负号，除了代表直流电流大小，还代表电流的方向，正值代表电流实际方向与参考方向相同，负值则相反。用交流电流表测量时，其端子没有极性要求，测量值只代表交流电流有效值大小，不代表方向。

大电流（通常指几百安以上的电流）的测量，精度不是很高。直流大电流可用分流电阻来扩大指示仪表的量程，或者用专门的大电流测试仪（如霍尔大电流测试仪）来测量。交流工频大电流则常用互感器来扩大指示仪表的量程。

对于毫安级以下的电流，由于被测量比较小，易受外界电磁干扰的影响，测量误差较大，通常采用检流计及各类放大器来达到所需的灵敏度。

在电流的测量中，因为要串入被测电路进行，所以有些电路不易实现或测试不方便，也可以采用间接测量法测量被测电流。即用电压表或示波器测量被测支路中已知电阻上的电压，然后用欧姆定律计算出电流。如果被测电路中没有电阻，可串入一个小阻抗的电阻，称之为取样电阻，其阻值大小以不影响被测电路工作状态为准。

（2）电流的辅助测量。

在电工实验中常常要测量多个电流，使用辅助电流插头、插座装置可实现一块电流表快速测量多个电流的目的，电流插头与插座的结构如图 2-1-1 所示。

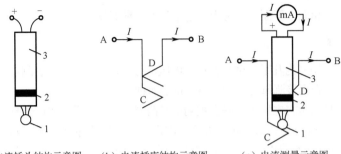

（a）电流插头结构示意图　　（b）电流插座结构示意图　　（c）电流测量示意图

图 2-1-1　电流插头与插座的结构

图 2-1-1（a）所示为电流插头结构示意图，电流插头分别由金属圆球 1、绝缘层 2 及金属套筒 3 组成，金属球和金属套筒又分别由两根导线引出，测量电流时两根引出导线接到电流表的两个接线柱上，规定金属圆球为插头"+"极，一般以红色线引出，金属套筒为插头"−"极，一般以黑色线引出。

图 2-1-1（b）所示为电流插座结构示意图，其中 A、B 是电流插座对外的接线柱，一般 A 为红色接线柱，表明电流由此端流入；B 为黑色接线柱，表明电流由此端流出；C、D 为插座中紧靠在一起的两个弹簧片。如果没有使用红黑接线柱，一般插孔左端接线柱为电流流入接线柱，右端为电流流出接线柱。当需要测量某一支路的电流时，将电流插座 A、B 两端接入被测电流支路后，电流沿 A→C→D→B 的方向流过，此时电流插座内部是接通的，相当于一根导线。

如图 2-1-1（c）所示，当测量直流电流时，将插头的"+"端与直流电流表的正极性端连接，插头"−"端与电流表的负极性端连接，然后将电流插头插入电流插座，测试电流插座的两弹簧片 C、D 断开，插头的"+"端与插座的 C 弹簧片连接，插头的"−"端与插座的 D 弹簧片连接，电流经 A→C→电流表→D→B 流出，达到测量该路直流电流的目的。测量交流电流时，插头与电流表之间不需要考虑区分"+""−"极性，可以任意连接。

3．功率的测量

电路中的功率与电压和电流的乘积有关，因此用来测量功率的仪表必须是两个线圈：一个用来反映负载电压，与负载并联，称为并联线圈或电压线圈；另一个用来反映负载电流，与负载串联，称为串联线圈或电流线圈。为了保证功率表正确连接，两个线圈的同名端"*"均应连接在电源的同一端。

功率的测量分为直流功率的测量与交流功率的测量，交流功率的测量又分为单相交流功率的测量和三相交流功率的测量。测量方法有所不同。

（1）直流功率的测量。

直流功率 $P = UI$，所以可采用测量电压和电流的间接测量方法。根据电压表和电流表所接电路的位置又分为电压表外接法和电压表内接法两种。如图 2-1-2（a）所示，R_x 为负载，电压表所测的是负载和电流表的电压之和；如图 2-1-2（b）所示，电流表所测的是负载和电压表的电流之和。一般情况下电流表的压降很小，可用外接法；在低压大电流电路中，电流表的压降比较显著，可用内接法。

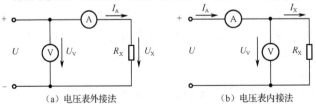

（a）电压表外接法　　　　　　　　　　（b）电压表内接法

图 2-1-2　直流功率测量电路

（2）交流功率的测量。

交流功率包括有功功率 P、无功功率 Q 和视在功率 S，其关系可用三角形来表示，称为功率三角形。

视在功率 $S = UI$，其测量电路可用测量直流功率的电路，只需将直流仪表换成交流仪表，但电压表和电流表内阻的影响都必须修正。

有功功率 $P = UI\cos\varphi$，φ 是电压超前于电流的角度。有功功率的测量可使用功率表，功率表的接法也有两种。如图 2-1-3（a）所示为功率表电压线圈支路前接，此时功率表测的电压包含功率表电流线圈的电压降，即在功率表的读数中增加了电流线圈的功率损耗；如图 2-1-3（b）所示为功率表电压线圈支路后接，此时功率表电压线圈支路与负载并联，电流线圈的电流等于功率表电压线圈支路电流与负载电流之和，即功率表的读数中增加了电压线圈的功率损耗。如果功率测量中精度要求较高，则应正确选择测量电路，尽量避免附加损耗。

无功功率可以通过有功功率和视在功率间接计算得到。

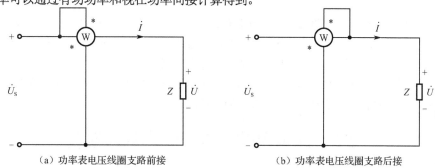

（a）功率表电压线圈支路前接　　　　　　　　　　（b）功率表电压线圈支路后接

图 2-1-3　交流有功功率测量电路

（3）三相有功功率的测量。

三相有功功率的测量根据线路供电方式和负载情况不同，可采用不同的方法。

① 一功率表法。

一功率表法是用一块功率表分别测量各相功率，由于每次功率表测得的功率都是所在相负载消耗的功率，所以三相总功率为每相功率之和。当三相负载对称时，可只用一块功率表测量任一相的功率，三相总功率等于一相功率的三倍。三相四线制供电系统通常采用一功率表法，测量电路如图 2-1-4 所示。

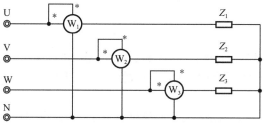

图 2-1-4　一功率表法的测量电路

② 二功率表法。

三相三线制电路通常采用二功率表法，功率表读数的代数和等于总功率。三相三线制电路无论负载采用星形连接还是三角形连接，也无论负载是否对称，均可用二功率表法测量三相负载功率。

二功率表法的接线原则是，两只功率表的电流线圈分别串联在任意两相相线中，两只电压线圈的非"*"号端必须同时接在未接功率表的第三相的相线上，其测量电路如图 2-1-5 所示。

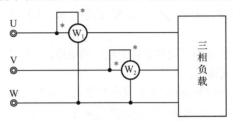

图 2-1-5　二功率表法的测量电路

在对称情况下，负载无功功率的测量也可采用二功率表法。功率表的接线方法与测有功功率相同，无功功率等于两功率表之差。

4．频率、相位及时间的测量

电信号的频率、相位及时间的测量是电工电子测量技术中的基本测量之一。时间测量是指对信号的时间参数进行测量，如周期性信号的周期、脉冲信号的周期、时间间隔、上升时间及下降时间等。测出周期可进行频率的换算。相位差是指同频率信号之间相位差值。

示波器可用来完成这些参数的测量。示波器有模拟示波器和数字示波器两种，数字示波器可直接测量这些参数，模拟示波器测量时需进行参数的换算。

2-2　测量误差和电工仪表的准确度

在电工实验测量过程中，由于实验测量仪器的准确度有限，测量方法的不完善，实验条件的不稳定，实验操作者技术、经验等因素，使得测量值与被测量的实际值（真值）不相同，只是近似值。这个测量所得的近似值与实际值之间的差值称为测量误差，简称误差。

由于测量误差的存在，影响了测量的准确度，因此在实验过程中要尽量减少测量过程中所产生的误差，分析造成误差的原因，从正确选用测量仪表到完善测量方法等途径来减少误差，并对误差范围做出估计。

一、测量误差的来源与分类

1．测量误差的来源

（1）仪器误差。

仪器误差是由于测量仪器本身性能不完善及精度所限产生的误差。测量时仪器的指示值实际上是被测量的近似值，该误差为仪器所固有的，只能通过完善仪器性能、提高仪器精度来解决。

（2）使用误差。

使用误差又称操作误差。这是在使用测量仪器的过程中，由安装、调试和操作不当、不合理等所引起的误差，以及不同台仪器之间的误差。因此在使用仪器测量前，一定要熟悉仪器的性能要求和特点，掌握正确的使用方法。若同时测量同一类数值，则应采用"一表制"来消除不同台仪器之间的误差。

（3）人身误差。

人身误差是由于操作者的感觉器官和运动器官的限制所产生的误差。如今智能数字仪器大量涌现，可以较好地解决人身误差。

（4）环境误差。

环境误差是在测量过程中受环境的影响所产生的附加误差。例如，测量现场的环境温度和湿度、电磁场强度、噪声和振动等，都可能对测量仪器产生影响。

（5）方法误差。

方法误差又称理论误差。这是由使用的测量方法不完善和测量所依据的理论本身不严密所造成的误差。因此，在较为复杂的测量过程实施前，应找到准确的理论依据，设计好测量流程。

2．测量误差的分类

（1）系统误差。

系统误差是指在相同条件下重复测量同一量时，误差的大小和符号保持不变，或者按照一定规律变化的误差。引起系统误差的原因有仪器、方法、人身和操作误差，其大小决定了测量的准确度。系统误差一般可以通过实验或分析等方法，查明其变化规律及产生原因后，减少或消除。例如，可以针对其变化规律，通过软件编程的方法加以补偿和修正。

（2）随机误差。

在相同条件下多次重复测量同一量时，误差的大小和符号产生无规律的变化，称这种误差为随机误差（又称偶然误差）。随机误差不能用实验方法消除，但可以从随机误差的统计规律中了解它的分布特性，并对其大小及测量结果的可靠性做出估计，或者通过将多次测量的数值进行算术平均值来达到减小误差的目的。

（3）疏失误差。

疏失误差是由于操作者对仪器性能的不了解、操作粗心，导致读数不准确而引起的误差，或者测量条件的变化引起的误差。含有疏失误差的测量值称为"坏值"或异常值，必须根据统计检验方法的某些准则，去判断哪个测量值是"坏值"，然后去除。

在实际测量过程中，系统误差、随机误差和疏失误差之间的划分并不是绝对的，在一定条件下的系统误差，在另一条件下可能以随机误差的形式出现。例如，电源电压引起的误差，若考虑缓慢变化的平均效应，则可视为系统误差，但考虑瞬时波动，就应视为随机误差。

二、测量误差的表示方法

1．绝对误差

绝对误差也称为真误差，用公式表示为：

$$\Delta X = X - X_0$$

式中　X——被测量的测定值；

　　X_0——被测量的真值；

　　ΔX——测量的绝对误差。

真值是客观存在的，但由于认识的局限性，使测定值只能无限接近真值。在实际测量中，通常所说的真值实际上是相对真值，常用上级计量检测标准测得的量值代表真值，称为实际真值。在实验室条件下，一般采用比被检查仪器的精度高 1～2 级的计量仪器的示值作为被检查仪器的实际真值。

在高精度的仪器中，常给出校正曲线，当知道测定值 X 后，通过校正曲线，便可以求出被测量的实际真值。

2．相对误差

$$\gamma = \frac{\Delta X}{X_0} \times 100\%$$

相对误差通常用于衡量测量的准确性。相对误差越小，测量的准确度就越高。

例 2-2-1　电路测量得到实际值为 50mA 的电流，其仪器指示值为 50.5mA；第二次测量实际值为 10mA 的电流，其仪器指示值为 9.7mA。求两次测量的绝对误差和相对误差。

解：第一次测量时：

$$\Delta X_1 = X_1 - X_{01} = 50.5 - 50 = 0.5（\text{mA}）$$

$$\gamma_1 = \frac{\Delta X_1}{X_{01}} \times 100\% = \frac{0.5}{50} \times 100\% = 1\%$$

第二次测量时：

$$\Delta X_2 = X_2 - X_{02} = 9.7 - 10 = -0.3（\text{mA}）$$

$$\gamma_2 = \frac{\Delta X_2}{X_{02}} \times 100\% = \frac{-0.3}{10} \times 100\% = -3\%$$

以上结果可知：

（1）ΔX_1 为正值，说明测定值大于实际真值；ΔX_2 为负值，说明测定值小于实际真值。

（2）$|\Delta X_1| > |\Delta X_2|$，$|\gamma_1| < |\gamma_2|$，说明第二次测量的准确度小于第一次测量的准确度。

（3）绝对误差 ΔX 有单位，而相对误差 γ 没有单位。

3．最大引用误差

最大引用误差是一种简化的相对误差的表现形式。考虑到仪表的测量范围不是一个点，而是一个量程，为了便于计算和划分准确度等级，通常取仪表的测量上限（满刻度值 X_n）作为分母，用整个量程中的最大绝对误差 ΔX_m 作为分子，由此得出最大引用误差的定义：

$$\gamma_{nm} = \frac{\Delta X_m}{X_n} \times 100\%$$

三、电工仪表的准确度

电工仪表的准确度等级分为 0.1、0.2、0.5、1.0、1.5、2.5、5.0 共 7 个。设仪表的准确度等级为 α，说明该仪表的最大引用误差 γ_{nm} 不超过 $\pm\alpha\%$。

在测量过程中，根据仪表的准确度就可以估算出测量误差。设某仪表的满刻度值为 X_n、测量值 X，则仪表在该测量值的误差为：

最大绝对误差：
$$\Delta X_m = X_n \times (\pm\alpha\%)$$

最大相对误差：
$$\gamma_m = \frac{\Delta X_m}{X} = \frac{X_n}{X} \times (\pm\alpha\%)$$

在实际测量中，常常使用仪表的测量值 X 代替真值 X_0 进行相对误差的近似计算。一般 $X < X_n$，故 X 越接近 X_n，其测量准确度越高。

例 2-2-2　用量程为 10A、精度为 0.5 级的电流表测量 10A 和 5A 的电流，求测量可能产生的最大相对误差。

解：测量中可能产生的最大绝对误差：

$$\Delta X_m = X_n \times (\pm\alpha\%) = 10 \times (\pm 0.5\%) = \pm 0.05（\text{A}）$$

因此测量 10A 电流时的最大相对误差：

$$\gamma_m = \frac{\Delta X_m}{X} \times 100\% = \pm\frac{0.05}{10} \times 100\% = \pm0.5\%$$

而测量 5A 电流时，则：

$$\gamma_m = \frac{\Delta X_m}{X} \times 100\% = \pm\frac{0.05}{5} \times 100\% = \pm1\%$$

例 2-2-3　用量程为 100V、精度等级为 0.5 级和量程为 10V、精度等级为 2.5 级的两个电压表，分别测量 9V 的电压。求两次测量时的最大绝对误差和最大相对误差。

解： 用量程 100V、0.5 级电压表测量时：

$$\Delta X_{m1} = X_{n1} \times (\pm\alpha_1\%) = 100 \times (\pm0.5\%) = \pm0.5\,(\text{V})$$

$$\gamma_{m1} = \frac{\Delta X_{m1}}{X_1} \times 100\% = \pm\frac{0.5}{9} \times 100\% \approx \pm6\%$$

用 10V 量程、2.5 级电压表测量时：

$$\Delta X_{m2} = X_{n2} \times (\pm\alpha_2\%) = 10 \times (\pm2.5\%) = \pm0.25\,(\text{V})$$

$$\gamma_{m2} = \frac{\Delta X_{m2}}{X_2} \times 100\% = \pm\frac{0.25}{9} \times 100\% \approx \pm3\%$$

从以上两个例子可以发现，测量值接近仪表显示满量程时，测量结果误差最小，特别是在例 2-2-3 中，可见用大量程（X_{n1}=100V）、高精度（α_1=0.5 级）的电压表测量 9V 电压时，产生的相对误差 $\gamma_{m1} \approx \pm6\%$，而用小量程（$X_{n2}$=10V）、低精度（$\alpha_2$=2.5 级）的电压表测量接近满刻度值的 9V 电压时，产生的相对误差 $\gamma_{m2} \approx \pm3\%$。这就是使用这类仪表测量时，应尽可能使用仪表满刻度的 2/3 量程以上的范围进行测量的原因。

综上，使用电工仪表时，为了提高测量的准确度，选择仪表量程比追求仪表精度更有效。此外，仪表精度越高价格就越贵，使用条件也更苛刻。一般 1.0 级和 1.5 级的仪表已经能够满足通常的要求。

2-3　测量结果的误差分析和估算

电工实验离不开各种直接或间接的数值测量，在这个过程中误差是不可能完全消除的，因此测量之后，应对测量结果进行准确度的估算和分析。对于误差估算，要抓主要方面，首先考虑的是测量仪器、仪表的精度及仪表量程引起的基本误差，还有由仪表内阻与电路参数配合不当等引起的方法误差。对于随机误差，一般不进行估算。

一、测量结果的误差分析

1. 由测量仪器精度引起的基本误差

设仪器的精度为 α、量程为 X_n，则由仪器精度引起的基本误差为：

最大绝对误差：　　　　　　　$\Delta X_m = X_n \times (\pm\alpha\%)$

最大相对误差：　　　　　　　$\gamma_m = \frac{X_n}{X} \times (\pm\alpha\%)$

为了保证测量结果尽可能准确可靠，国家标准规定，对于一般电测量仪表，主要有下面几个方面的要求。

（1）足够的精度。

（2）示值变差要小。

（3）受外界影响小（好的抗干扰能力）。

（4）仪表本身消耗的功率要小。

（5）要具有适合于被测量的灵敏度。

（6）要有良好的读数装置。

（7）高的绝缘电阻、耐压能力和过载能力。

2．由仪表内阻与电路参数配合不当引起的方法误差

由于测量方法的不完善，所产生的误差称为方法误差。例如，当采用伏安法间接测量电阻时，因为实际的电流表内阻不为零，实际的电压表内阻不是无穷大，测量计算得出的电阻就含有方法误差。下面通过实例来分析采用伏安法实际测量电阻时的方法误差。

在测量时，电压表和电流表有两种接法，如图 2-3-1 所示，以电压表在电路所处的位置分为表前法和表后法。

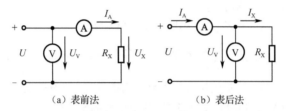

（a）表前法　　　　　　　　　　（b）表后法

图 2-3-1　用伏安法测量电阻时仪表的两种接法

在图 2-3-1（a）所示的测量电路中，电压表的测量值为 U_V，电流表的测量值为 I_A，按欧姆定律可得，被测电阻 R_X 的测量值 R_X' 为：

$$R_X' = \frac{U_V}{I_A} = R_A + R_X$$

式中，R_X' 是电流表内阻 R_A 与被测电阻实际值 R_X 之和，所以方法误差为：

$$\gamma_A = \frac{R_X' - R_X}{R_X} = \frac{R_A}{R_X}$$

当 $R_X \gg R_V$ 时，γ_A 很小，此误差可被忽略。

而在图 2-3-1（b）所示的测量电路中：

$$R_X'' = \frac{U_V}{I_A} = R_V // R_X = \frac{R_V R_X}{R_V + R_X}$$

被测电阻测量值 R_X'' 是电压表内阻与被测电阻实际值的并联值，所以方法误差为：

$$\gamma_V = \frac{R_X'' - R_X}{R_X} = \frac{-R_X}{R_V + R_X}$$

当 $R_V \gg R_X$ 时，γ_V 很小，误差可被忽略。

综上所述：

（1）表前法适合测量高阻值的电阻；

（2）表后法适合测量低阻值的电阻。

当 $R_V \gg R_X \gg R_A$ 时，表前、表后的方法误差均可忽略不计。

3．测量方式引起的测量误差

使用电测量仪表时，必须使仪表处于正常的工作条件下，否则将引起一些附加误差。例如，要使仪表按照规定的位置姿态放置；仪表要远离电磁场；测量前应观察仪表读数是否归零。对于数字仪表，

一般有自动归零电路，若有显示数字，可将表笔短接，测量时再将底数扣除；对于指针式仪表，可使用调零器使指针归零。

数字仪表读数时，应选择尽可能多的记录位数。量程太高，导致没有发挥仪表能够达到的精度，也是不可取的。

二、误差的传递与合成

采用间接测量法时，间接测量的误差可由直接测量的误差按一定的公式计算出来，称为误差的传递。

1．和、差函数的误差

设间接测量的量 Y 和两个直接测量的量 X_1 和 X_2 的关系为：

$$Y = aX_1 + bX_2$$

直接测量 X_1 和 X_2 时，对应的绝对误差为 ΔX_1 和 ΔX_2，则间接测量的绝对误差 ΔY 为：

$$\Delta Y = a\Delta X_1 + b\Delta X_2$$

若 $Y = aX_1 - bX_2$，则 $\Delta Y = a\Delta X_1 - b\Delta X_2$。

即和（差）函数的绝对误差等于各量的绝对误差相加（减）。

在最坏的情况下，和函数或差函数的绝对误差均为：

$$|\Delta Y| = |a\Delta X_1| + |b\Delta X_2|$$

而和、差函数的相对误差为：

$$\gamma_Y = \frac{X_1}{Y} a\gamma_{X1} \pm \frac{X_2}{Y} b\gamma_{X2}$$

式中，γ_{X1}、γ_{X2} 分别为直接测量 X_1、X_2 时的相对误差。

从上式可见，在所有相加量中，数值最大的那个量的局部误差在合成误差中占主要比例，为了减小合成误差，首先要减小这个量的局部误差。特别要注意，在差函数中，当 X_1 和 X_2 数值接近时，Y 很小，这时即使各量的局部误差都很小，而合成误差仍可能很大，要避免这样的间接测量。

2．积、商函数的误差

设间接测量的量 Y 与两个直接测量的量 X_1 和 X_2 的关系为：

$$Y = X_1 \times X_2$$

X_1、X_2 的相对误差分别为 γ_{X1}、γ_{X2}，则 Y 的相对误差为：

$$\gamma_Y = \gamma_{X1} + \gamma_{X2}$$

同样，商函数 $Y = \dfrac{X_1}{X_2}$ 的相对误差为：$\gamma_Y = \gamma_{X1} - \gamma_{X2}$。

积（商）函数的相对误差，在最坏的情况下，等于各直接测量相对误差之和。

$$|\gamma_Y| = |\gamma_{X1}| + |\gamma_{X2}|$$

3．误差的绝对值合成和几何合成

求合成误差时，当已知局部误差的符号时，可以把各误差作为代数量按以上公式合成。但在实际测量中，这种情况较少遇到。更多的情况是，只知道各局部误差的范围，而不知道它们确切的符号。这时可以用两种方法求合成误差：绝对合成法和几何合成法。

设各个局部误差分别为 $\pm D_1, \pm D_2, \cdots, \pm D_k$，其中 $\pm D_k$ 表示绝对误差或相对误差。

绝对合成法求合成误差：

$$D = \pm(|D_1| + |D_2| + \cdots + |D_k|)$$

用绝对合成法，是从最不利、误差最大的角度去合成误差，所得结果比较保守。这是因为各局部误差同时在最坏情况的可能性极少，而某些局部误差有可能具有相反的符号而相互抵消一部分。这时用几何合成法来求合成误差较为合理。

几何合成法求合成误差：

$$D = \pm\sqrt{D_1^2 + D_2^2 + \cdots + D_k^2}$$

例 2-3-1　有 5 个精度为 0.1 级、标称阻值为 1000Ω 的电阻串联，求等效电阻的合成误差。

解：每个电阻的绝对误差为：

$$\Delta R_1 = \Delta R_2 = \Delta R_3 = \Delta R_4 = \Delta R_5 = \pm 0.1\% \times 1000 = \pm 1(\Omega)$$

（1）用绝对合成法求合成误差：

绝对误差：

$$\Delta R = \pm(|\Delta R_1| + |\Delta R_2| + |\Delta R_3| + |\Delta R_4| + |\Delta R_5|) = \pm 5(\Omega)$$

相对误差：

$$\gamma = \pm\frac{\Delta R}{R_e} = \pm\frac{5}{5000} \times 100\% = \pm 0.1\%$$

式中，R_e 是串联等效电阻，$R_e = 5000\Omega$。

（2）用几何合成法求合成误差：

绝对误差：

$$\Delta R = \pm\sqrt{\Delta R_1^2 + \Delta R_2^2 + \Delta R_3^2 + \Delta R_4^2 + \Delta R_5^2} = \sqrt{5} \approx \pm 2.2(\Omega)$$

相对误差：

$$\gamma = \pm\frac{\Delta R}{R_e} = \pm\frac{2.2}{5000} \times 100\% = \pm 0.04\%$$

5 个电阻的误差多半有大有小、有正有负，不可能都是 +1Ω 或 -1Ω，因此用几何合成法求合成误差较为合理。

2-4　实验数据处理与表示

一、实验数据有效数字表示

在实验过程中，由于测量总是存在误差的，所以测量数据均用近似数值表示，这就涉及有效数字问题的讨论。

在测量一个电压时，测量结果是 6mV，也可能记为 6.00mV，从数值的观点来看，两者似乎没有区别，但从实验数据的意义来看，它们有根本的不同。记为 6mV，表示小数点以后的数量是没有测出的量，它们可能是"0"或其他数值。而 6.00mV 则表明，测到小数点后两位，且这两位均为"0"，最后一位则为存疑数。

由此可见，对测量结果的数值记录应有严格的要求，测量中判断哪些数应该记或不应该记的标准是误差。在有误差的那一位数字以左的各位数字都是可靠数字，均应该记。有误差的那位数字为存疑数，也应该记。而有误差的那位数字以后的各位数字都是不确定的，用任何数字表示都是无效的，故都不用记。因此，在测量过程中，称从最左边的一位非零数字起，到含有误差的那位存疑数字止的所有各位数字为有效数字。例如：

（1）测量电阻，记录值为 10.43Ω，其中 1043 为四位有效数字。

（2）测量电压，记录值为 0.0063V，其中 63 为两位有效数字。

这是因为有关有效数字的定义指出最左面第一个非零数字，"6"以左的"0"不算有效数字。

（3）测量电流，记录值为 1000mA，有四位有效数字，若以 A 为单位，则应写为 1.000A，而不能写成 1A，因为 1A 只有一位有效数字，而实际测量精度为四位有效数字。

由此得出有效数字记录测量结果时的几点注意事项。

（1）用有效数字来表示测量结果时，可以根据有效数字的位数估计出测量的误差。少记有效数字的位数要带来附加误差；多记有效数字的位数则又夸大了测量精度。

（2）"0"在最左面不算有效数字，如"0.0063"，前面三个"0"均非有效数字，若测量精度达不到，则不能在数字右面随意加"0"。

（3）多余有效数字的舍入原则。小于 5 的数舍去；大于 5 的数舍去后进 1；如果是等于 5 的数，那么要看前位数是偶数还是奇数，偶数则舍去，奇数则舍 5 进 1。例如，数字为 301.5，要求保留三位有效数字，则定为 302。但若此数为 302.5，保留三位有效数字，则按上述原则，仍为 302。

例 2-4-1　三个数分别为 26554、32.238 和 756.5，要求均保留三位有效数字。

解： $26554 \rightarrow 266 \times 10^2$

$32.238 \rightarrow 32.2$

$756.5 \rightarrow 756$

二、运算中有效数字位数的确定

在数据处理的过程中，常要对数据进行加减乘除运算。加减运算中，准确度最低的数据就是小数点后有效数字位数最少的那个数据，其他数据均保留小数点位数与该数据的（小数点后位数）相同。乘除运算中，有效数字位数取决于有效数字位数最少的那个数据。

例 2-4-2　运算下列数据：（1）1.369+17.2+8.64；（2）3.55×1.23；（3）0.385×9.712×26.164。

解：（1）$1.369+17.2+8.64 \approx 1.4+17.2+8.6=27.2$

由于 17.2 准确度最低，故各数据均应保留有效数字至小数点后一位。

（2）$3.55 \times 1.23 \approx 4.37$

由于两个数据均有三位有效数字，故乘积保留三位有效数字。

（3）$0.385 \times 9.712 \times 26.164 \approx 0.385 \times 9.71 \times 26.2 \approx 97.9$

由于有效数字最少的为三位，故各数据均保留三位有效数字，乘积要保留三位有效数字。

三、实验数据表示

经误差分析和有效数字运算等处理后所得到的实验记录，有时并不能直接反映出实验数据的变化规律或结果。因此必须对这些实验数据进行整理、计算和分析，才能从中找出规律，得出实验结果，这个过程称为实验数据处理。实验数据处理是实验报告的重要内容，也是实验课的基本训练之一。实验数据处理主要有表格法和图示法两种。

1. 表格法

表格法是将一组实验数据的自变量、因变量的各个数值按照一定的形式和顺序对应列出来，同一表格内可以同时表示几个变量的关系。这一方法特别适用于原始数据的记录和处理。在实验数据的测试过程中，应及时将实验数据以表格形式记录下来。用于记录数据的表格应于实验前制作完成。采用表格法时应注意以下几点。

（1）列项要全面合理，数据充足。表格的设计要注意数据间的联系及计算顺序，便于观察比较和分析计算、作图。重复测量的数据可列成纵列式，便于求平均值及检查数据。

（2）列项要清楚、准确地标明被测量的名称、数值、单位，以及前提条件、状态和需要观察的现象等。名称（或符号）、单位组成一个项目，写在表格首栏。若整个表格内数字的单位相同，可将单位写在表格的上方，不需要重复写在各数值后面。

（3）实验之前，先计算出理论值或利用仿真软件对电路进行仿真，将结果记录在表格中，以便在测量过程中进行对照比较。

（4）在记录原始数据的同时，要记录条件和现象，并注意有效数字的选取。计算过程中的一些中间量和最后结果也可以一并设计到记录表格中。

2. 图示法

图示法经常被用来表示各变量之间的关系和趋势。它可以将一些复杂的数学关系以简洁、直观的形式表现出来，也是实验结果分析中一个必不可少的有效手段。

图示法首先把测量数据点标在适当的坐标系中，一般用横坐标表示自变量，纵坐标表示应变量，然后根据点画出曲线。用于绘制曲线的坐标可以是直角坐标、极坐标、单对数坐标和双对数坐标等，其中最常用的是均匀分布的直角坐标。纵坐标和横坐标的分度不一定取得一样，应根据具体情况，以能够反映曲线变化规律为准则来选择。如果测量变量之间的关系式按指数变化，则可以使用单对数坐标，如果两个坐标轴均使用对数坐标，则称为双对数坐标。

图示法的作用和优点。

（1）直观、形象地表现实验数据的变化规律，便于从中寻找实验规律和总结经验公式。

（2）可以帮助我们及时发现实验中个别的测量错误，并通过所绘曲线对系统误差进行分析。

（3）如果图形是依据多个测量数据描出的光滑曲线，那么图形便有多次测量取平均值的作用。

（4）可以从图形上得到没有直接测量或受条件所限无法直接测量的数据。

（5）通过图形可以方便地得到一些有用的参数，如最大值、最小值、直线斜率等。

采用图示法时要注意以下几点。

（1）图示法通常采用直角坐标法将各实验数据描绘成曲线，这时应参照理论分析的依据，不要画成折线，而应对数据点正确取舍，使其最后连成的为一条平滑的曲线。

（2）必须标出实验数据的点。为了防止在同一坐标图中有不同的几条曲线的数据相互混淆，各数据点可以分别用"×"或"."等不同符号、不同颜色标出。

（3）为了使曲线更加接近实际，能正确完整地反映函数关系的特点，要正确选择测试点。例如，在极值点、特征点或拐点处应多选些测试点，在线性变化的区域则可少选些测试点。

2-5　直流电压表、电流表量程的扩展

一、实验目的

1. 掌握直流电压表、电流表扩展量程的原理和设计方法。
2. 学会校验仪表的方法。

二、原理说明

多量程电压表或电流表由表头和测量电路组成。指针表头通常选用灵敏度很高的检流计，其表头

参数和内阻用 I_m 和 R_0 表示。

多量程（如 1V、10V）电压表的测量电路如图 2-5-1 所示，R_1、R_2 称为倍压电阻，它们的阻值与表头参数应满足下列方程：

$$I_m(R_0 + R_1) = 1V$$
$$I_m(R_0 + R_1 + R_2) = 10V$$

多量程（如 10mA、100mA、500mA）电流表的测量电路如图 2-5-2 所示，图中 R_3、R_4、R_5 称为分流电阻，它们的大小与表头参数应满足下列方程：

$$R_0 I_m = (R_3 + R_4 + R_5) \times (10 \times 10^{-3} - I_m)$$
$$(R_0 + R_3)I_m = (R_4 + R_5) \times (100 \times 10^{-3} - I_m)$$
$$(R_0 + R_3 + R_4)I_m = R_5 \times (500 \times 10^{-3} - I_m)$$

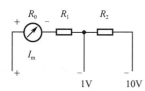

图 2-5-1　多量程电压表的测量电路

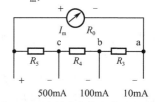

图 2-5-2　多量程电流表的测量电路

当表头参数确定后，倍压电阻和分流电阻均可计算出来。根据上述原理计算，可以得到仪表扩展量程的方法。

扩展电压量程：用表头直接测量电压的数值为 $I_m R_0$，当用它来测量 1V 电压时，必须串联倍压电阻 R_1；当测量 10V 电压时，必须串联倍压电阻 R_1 和 R_2。

扩展电流量程：用表头直接测量电流的数值为 I_m，当用它来测量大于 I_m 的电流时，必须并联分流电阻 R_3、R_4、R_5，如图 2-5-2 所示；当测量 10mA 时，"−"端从"a"引出；当测量 100mA 时，"−"端从"b"引出；当测量 500mA 时，"−"端从"c"引出。

通常，用一个适当阻值的电位器与表头串联，以便在校验仪表时校正测量数值。

磁电式仪表用来测量直流电压、电流时，表盘上的刻度是均匀的（即线性刻度）。因此，扩展后的表盘刻度根据满量程均匀划分即可。在仪表校验时，必须首先校准满量程，然后逐一校验其他各点。

三、实验设备

1. 直流稳压电源
2. 直流电压表
3. 直流电流表
4. 表头
5. 元器件若干

四、实验内容

1. 扩展电压量程（1V、10V）

参考图 2-5-1 所示电路，首先根据表头参数 I_m（1mA）和 R_0（160Ω）计算出倍压电阻 R_1、R_2。然后将表头和电位器 RP_1（470Ω）及倍压电阻 R_1、R_2 串联，分别组成 1V 和 10V 的电压表。用它测量直流电源电压输出端电压，并用直流数字电压表校验，首先校验满量程，如果在满量程时有误差，则可使用电位器 RP_1 调整，然后校验其他各点，将校验数据记录在自拟的数据表格中。

2．扩展电流量程（10mA、100mA、500mA）

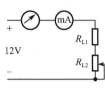

图 2-5-3　校验电路

参考图 2-5-2 所示电路，根据表头参数 I_m（1mA）和 R_0（160Ω）计算出分流电阻 R_3、R_4、R_5，首先将表头和电位器 RP₂（100Ω）串联，然后和分流电阻 R_3、R_4、R_5 并联。当测量 10mA 时，"−"端从"a"引出，当测量 100mA 时，"−"端从"b"引出，当测量 500mA 时，"−"端从"c"引出。用它测量图 2-5-3 所示电路中的电流，并用直流数字电流表校验，首先校验满量程，如果在满量程时有误差，则用电位器 RP₂ 调整，然后校验其他各点，将校验数据记录在自拟的数据表格中。在图 2-5-3 中，直流电源输出 12V，制作的电流表、直流数字电流表和电阻 R_{L1}、R_{L2} 串联，其中，R_{L1}=51Ω，R_{L2} 为 1kΩ 的电位器。

五、实验注意事项

1．磁电式表头有正、负两个连接端，一定要保证电流从正端流入，否则，指针将反转。

2．电流表的表头和分流电阻要可靠连接，不允许将分流电阻断开。

3．在校准 1V 和 10V 电压表满量程时，均要调整电位器 RP₁。同样，在校准 10mA、100mA、500mA 电流表满量程时，均要调整电位器 RP₂。

4．在使用直流电源时，先使其输出电压调节旋钮置零位，待实验时慢慢增大。

六、实验报告要求

1．画出 1V、10V 电压表和 10mA、100mA、500mA 电流表的测量电路，标明倍压电阻和分流电阻的阻值。

2．根据校验数据写出电压表和电流表的校验报告。

3．已知表头参数：1mA、160Ω，设计一个万用表（部分）测量电路，要求能测量 1V、10V 直流电压和 10mA、100mA、500mA 直流电流。

4．回答思考题。

思 考 题

1．电压表和电流表的表盘如何刻度？如何对扩展量程后的电压表和电流表进行校验？

2．本次实验采用磁电式指针表头，请查询数字表头的相关资料，试分析如果将本次实验改成数字表头，测量电路应该怎样设计。

2-6　基本电工仪表的使用与测量误差的计算

一、实验目的

1．掌握电压表、电流表内阻的测量方法。

2．掌握电工仪表测量误差的计算方法。

二、实验原理

通常，使用电压表和电流表测量电路中的电压和电流，但实际电压表和实际电流表都具有一定的内阻，分别用 R_V 和 R_A 表示。如图 2-6-1

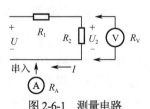

图 2-6-1　测量电路

所示，测量电阻 R_2 两端电压 U_2 时，电压表与 R_2 并联，只有电压表内阻 R_V 无穷大时才不会改变电路原来的状态。如果测量电路的电流 I，电流表需要串入电路，要想不改变电路原来的状态，电流表的内阻 R_A 必须等于零，但实际使用的电压表和电流表一般都不能满足上述要求，即它们的内阻不可能为无穷大或零。因此，当仪表接入电路时都会使电路原来的状态产生变化，使被测的读数值与电路原来的实际值之间产生误差，这种由仪表内阻引入的测量误差称为方法误差。显然方法误差值的大小与仪表本身内阻的大小密切相关，我们总是希望电压表的内阻越接近无穷大越好，而电流表的内阻越接近零越好。

1. 测量误差的计算方法

在图 2-6-1 所示电路中，由于电压表的内阻 R_V 不为无穷大，在测量电压时引入的方法误差计算如下。

R_2 上的电压为：$U_2 = \dfrac{R_2}{R_1 + R_2} U$，若 $R_1 = R_2$，则 $U_2 = U/2$。

现用一内阻 R_V 的电压表来测 U_2 值，当 R_V 与 R_2 并联后，$R_2' = \dfrac{R_V R_2}{R_V + R_2}$，以此来代替上式中的 R_2，

则得 $U_2' = \dfrac{\dfrac{R_V R_2}{R_V + R_2}}{R_1 + \dfrac{R_V R_2}{R_V + R_2}} U$，绝对误差为：

$$\Delta U = U_2 - U_2' = \left(\frac{R_2}{R_1 + R_2} - \frac{\dfrac{R_V R_2}{R_V + R_2}}{R_1 + \dfrac{R_V R_2}{R_V + R_2}} \right) U = \frac{R_1 R_2{}^2}{(R_1 + R_2)(R_1 R_2 + R_2 R_V + R_V R_1)} U$$

若 $R_1 = R_2 = R_V$，则得 $\Delta U = \dfrac{U}{6}$。

相对误差 $\Delta U\% = \dfrac{U_2 - U_2'}{U_2} \times 100\% = \dfrac{\dfrac{U}{6}}{\dfrac{U}{2}} \times 100\% \approx 33.3\%$。

可见，仪表的内阻是一个十分关键的参数。

2. 仪表内阻的测量方法

通常用下列方法测量仪表的内阻。

（1）用"分流法"测量电流表的内阻。

设被测电流表的内阻为 R_A，满量程电流为 I_m，测试电路如图 2-6-2 所示，首先断开开关 S，调节可调恒流源的输出电流 I，使电流表指针达到满偏转，即 $I = I_A = I_m$。然后合上开关 S，并保持 I 值不变，调节电阻箱的阻值 R，使电流表的指针指在 1/2 满量程位置，即

$$I_A = I_S = \frac{I_m}{2}$$

则电流表的内阻 $R_A = R$。

（2）用"分压法"测量电压表的内阻。

设被测电压表的内阻为 R_V，满量程电压为 U_m，测试电路如图 2-6-3 所示。首先闭合开关 S，调节可调恒压源的输出电压 U，使电压表指针达到满偏转，即 $U = U_V = U_m$。然后断开开关 S，并保持 U 值

不变，调节电阻箱的阻值 R，使电压表的指针指在 1/2 满量程位置，即

$$U_V = U_R = \frac{U_m}{2}$$

则电压表的内阻 $R_V = R$。

三、实验设备

1. 直流稳压电源
2. 直流电压表
3. 直流电流表
4. 表头
5. 元器件若干

四、实验内容

1. 根据"分流法"原理测定直流电流表 10mA 和 100mA 量程的内阻

本实验使用的电压表和电流表采用 2-5 节中实验的表头（1mA、160Ω）及其制作的电压表（1V、10V）和电流表（10mA、100mA）。电流表（10mA、100mA）表头电路如图 2-5-2 所示，直流电流表 10mA 及 100mA 表头和电位器 RP$_2$ 串联组成，然后和分流电阻 R_3、R_4、R_5 并联，当测量 10mA 时，"−"端从"a"引出，当测量 100mA 时，"−"端从"b"引出。本实验电路如图 2-6-2 所示，其中电位器 R=100Ω，电流表两个量程都需要与直流数字电流表串联，由可调恒流源供电，调节电位器 RP$_2$ 校准满量程。实验电路中的电源用可调恒流源，测试内容见表 2-6-1，并将实验数据记入表 2-6-1 中。

表 2-6-1　电流表内阻测量数据

被测表量程 （mA）	S 断开，调节恒流源，使 $I=I_A=I_m$ （mA）	S 闭合，调节电阻 R， 使 $I_R=I_A=I_m/2$（mA）	实际内阻 R（Ω）	计算内阻 R_A（Ω）
10				
100				

2. 根据"分压法"原理测定直流电压表 1V 和 10V 量程的内阻

电压表表头（1V、10V）电路如图 2-5-1 所示，1V、10V 电压表分别由表头、电位器 RP$_1$ 和倍压电阻串联组成。本实验电路如图 2-6-3 所示，其中 R=10kΩ 的电位器和 470Ω 电位器串联，电压表两个量程都需要与直流数字电压表并联，由可调恒压源供电，调节电位器 RP$_1$ 校准满量程。图 2-6-3 实验电路中的电源使用可调恒压源，测试内容见表 2-6-2，并将实验数据记入表 2-6-2 中。

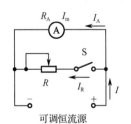

图 2-6-2　分流法测试电路

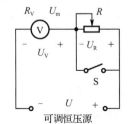

图 2-6-3　分压法测试电路

表 2-6-2　电压表内阻测量数据

被测表量程 （V）	S闭合，调节恒压源，使 $U=U_V=U_m$ （V）	S断开，调节电阻 R，使 $U_R=U_V=U_m/2$ （V）	实际内阻 R（Ω）	计算 R_V （Ω）
1				
10				

3. 方法误差的测量与计算

实验电路如图 2-6-1 所示，其中 $R_1=300Ω$，$R_2=200Ω$，电源电压 $U=10V$，用直流电压表 10V 挡量程测量 R_2 上的电压 U_2 的值 U_2'（这里可将直流数字电压表并联在直流电压表上，以便获得精确的测量数据），计算测量的绝对误差和相对误差，实验和计算数据记入表 2-6-3 中。

表 2-6-3　方法误差的测量与计算

R_V	计算值 U_2	实测值 U_2'	绝对误差 $\Delta U= U_2 - U_2'$	相对误差 $\Delta U/ U_2 \times 100\%$

五、实验注意事项

（1）打开电源前，应先使其输出电压调节旋钮或电流调节旋钮置零位，待实验时慢慢增大。

（2）可调恒压源输出不允许短路，可调恒流源输出不允许开路。

（3）电压表并联入电路测量，电流表串联入电路测量，并且要注意合理选择极性与量程。

六、实验报告要求

1. 根据表 2-6-1 和表 2-6-2 的数据，计算各被测仪表的内阻，并与实际内阻相比较。

2. 根据表 2-6-3 的数据，计算测量的绝对误差与相对误差。

3. 回答思考题。

思 考 题

1. 根据已知表头的参数（1mA、160Ω），计算出其组成 1V、10V 电压表的倍压电阻和 10mA、100mA 的分流电阻。

2. 若根据图 2-6-2 和图 2-6-3 已测量出电流表 10mA 挡和电压表 1V 挡的内阻，是否可以直接计算出 100mA 挡和 10V 挡的内阻？

3. 用量程为 10A 的电流表测到实际值为 8A 的电流时，仪表读数为 8.1A，求测量的绝对误差和相对误差。

4. 如图 2-6-4 所示为伏安法测量电阻的两种电路，被测电阻的实际值为 R，电压表的内阻为 R_V，电流表的内阻为 R_A，求两种电路测电阻 R 的相对误差。

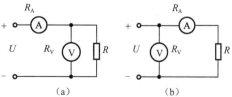

（a）　　　　　（b）

图 2-6-4　测量电路

2-7　减小仪表测量误差的方法

一、实验目的

（1）进一步了解电压表、电流表的内阻在测量过程中产生的误差及其分析方法。

（2）掌握减小仪表内阻引起的测量误差的方法。

二、实验原理

减小由仪表内阻引起的测量误差方法有"不同量程两次测量计算法"和"同一量程两次测量计算法"两种。

1．不同量程两次测量计算法

当电压表的内阻不够大或电流表的内阻太大时，可利用多量程仪表对同一被测量用不同量程进行两次测量，所得读数经计算后可得到准确的结果。

（1）电压表不同量程两次测量计算法。

如图 2-7-1 所示电路，欲测量具有较大内阻 R_0 的电源 U_S 的开路电压 U_O 时，如果所用电压表的内阻 R_V 与 R_0 相差不大，将会产生很大的测量误差。

设电压表有两挡量程，U_1、U_2 分别为在这两个不同量程下测得的电压，令 R_{V1} 和 R_{V2} 分别为这两个相应量程的内阻，则由图 2-7-1 可得出：

$$U_1 = \frac{R_{V1}}{R_0 + R_{V1}} U_S \qquad U_2 = \frac{R_{V2}}{R_0 + R_{V2}} U_S$$

对上述两式进行整理，消去电源内阻 R_0，化简得：

$$U_S = \frac{U_1 U_2 (R_{V2} - R_{V1})}{U_1 R_{V2} - U_2 R_{V1}} = U_O$$

由该式可知：通过上述两次测量结果 U_1、U_2，可准确地计算出开路电压 U_O 的大小（已知电压表两个量程的内阻 R_{V1} 和 R_{V2}），U_O 与电源内阻 R_0 的大小无关。

（2）电流表不同量程两次测量计算法。

对于电流表，当其内阻较大时，也可用类似的方法测得准确的结果。如图 2-7-2 所示电路，设电流表有两挡量程，I_1、I_2 分别为在这两个不同量程下测得的电流值，令 R_{A1} 和 R_{A2} 分别为这两个相应量程的内阻，则由图 2-7-2 可得：

$$I_1 = \frac{U_S}{R_0 + R_{A1}} \qquad\qquad I_2 = \frac{U_S}{R_0 + R_{A2}}$$

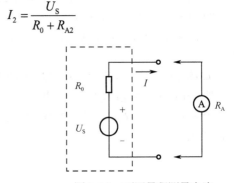

图 2-7-1　不同量程测量电压　　　　　　　　　图 2-7-2　不同量程测量电流

解得：

$$I = \frac{U_S}{R} = \frac{I_1 I_2 (R_{A1} - R_{A2})}{I_2 R_{A1} - I_2 R_{A2}}$$

由该式可知：通过上述两次测量结果 I_1、I_2，已知电流表两个量程的内阻 R_{A1} 和 R_{A2}，可准确地计算出被测电流 I 的大小。

2．同一量程两次测量计算法

如果电压表（或电流表）只有一挡量程，且电压表的内阻较小（或电流表的内阻较大），可用"同一量程两次测量计算法"减小测量误差。其中，第一次测量与一般的测量并无两样，只是在进行第二次测量时必须在电路中串入一个已知阻值的附加电阻。

（1）电压测量。

测量如图 2-7-3 所示电路的开路电压 U_O。

设电压表的内阻为 R_V，第一次测量，电压表的读数为 U_1，第二次测量时应与电压表串联一个已知阻值的电阻 R，电压表读数为 U_2，由图 2-7-3 可知：

$$U_1 = \frac{R_V}{R_0 + R_V} U_S \qquad U_2 = \frac{R_V}{R_0 + R_V + R} U_S$$

解上两式，可得

$$U_S = U_O = \frac{R U_1 U_2}{R_V (U_1 - U_2)}$$

（2）电流测量。

测量如图 2-7-4 所示电路的电流 I。

第一次测量，电流表的读数为 I_1，设电流表的内阻为 R_A，第二次测量时应与电流表串联一个已知阻值的电阻 R，电流表读数为 I_2，由图 2-7-4 可知

$$I_1 = \frac{U_S}{R_0 + R_A} \qquad I_2 = \frac{U_S}{R_0 + R_A + R}$$

解得

$$I = \frac{U_S}{R_0} = \frac{I_1 I_2 R}{I_2 (R_A + R) - I_1 R_A}$$

分析可知：采用上述测量计算法，不管仪表内阻如何，总可以通过两次测量和计算得到比单次测量准确得多的结果。

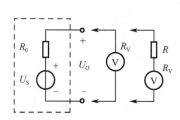

图 2-7-3　串联电阻测量电压法

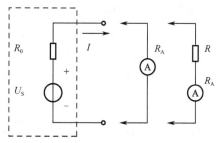

图 2-7-4　串联电阻测量电流

三、实验设备

1．直流稳压电源

2. 直流电压表

3. 直流电流表

4. 表头

5. 元器件若干

四、实验内容

1. 双量程电压表两次测量法

本实验使用的电压表和电流表采用 2-5 节中实验的表头（1mA、160Ω）及制作的电压表（1V、10V）。实验电路如图 2-7-1 所示，电路中的电源 U_S 由可调恒压源调节+1V 输出，R_0 选用 51Ω，用直流电压表的 1V 和 10V 两挡量程进行两次测量，将数据记入表 2-7-1 中，并根据表中的要求计算出各项内容。

表 2-7-1 　双量程电压表两次测量实验数据

电压表量程 （V）	内阻 （kΩ）	$U_O=U_S$ （V）	测量值 （V）	两次测量 计算值（V）	绝对误差 ΔU（V）	相对误差 $\Delta U/U_O\times100\%$
1	$R_{V1}=$		$U_1=$			
10	$R_{V2}=$		$U_2=$			
两次测量				$U_O=$		

2. 单量程电压表两次测量法

实验电路如图 2-7-3 所示，电路中的电源 U_S 是+1V 的直流稳压电源，R_0 选用 51Ω，用上述电压表的 1V 量程挡进行测量，第一次直接测量，第二次串联 $R=510$Ω 的附加电阻进行测量，将数据记入表 2-7-2 中，并根据表中的要求计算出各项内容。

表 2-7-2 　单量程电压表两次测量实验数据

实际计算值（V）	两次测量值（V）		测量计算值（V）	绝对误差（V）	相对误差
U_O	U_1	U_2	U_O'	ΔU	$\Delta U/U_O\times100\%$

3. 双量程电流表两次测量法

本实验使用的电流采用 2-5 节中实验的表头（1mA、160Ω）及制作的电流表（10mA、100mA）。电路中的电源 U_S 由可调恒压源调节+10V 输出，R_0 选用 1kΩ 电阻，用直流电流表的 10mA 和 100mA 两挡量程进行两次测量，将数据记入表 2-7-3 中，并根据表中的要求计算出各项内容。

表 2-7-3 　双量程电流表两次测量实验数据

电流表量程 （mA）	内阻 （kΩ）	测量值 （mA）	两次测量 计算值（mA）	电路 计算值	绝对误差 ΔI（mA）	相对误差 $\Delta I/I\times100\%$
10	$R_{A1}=$	$I_1=$				
100	$R_{A2}=$	$I_2=$				
两次测量			$I=$			

4．单量程电流表两次测量法

实验电路如图 2-7-4 所示，其中，电源 U_S 调节直流电源+10V 输出，R_0 选用 1kΩ 电阻，用上述电流表的 10mA 量程挡进行测量，第一次直接测量，第二次串联 R=510Ω 的附加电阻进行测量，将数据记入表 2-7-4 中，并根据表中的要求计算出各项内容。

表 2-7-4 　单量程电流表两次测量实验数据

实际计算值 （mA）	两次测量值 （mA）		测量计算值 （mA）	绝对误差 （mA）	相对误差
I	I_1	I_2	I'_0	ΔI	$\Delta I/I \times 100\%$

五、实验注意事项

（1）直流源输出不允许短路。

（2）电压表并联测量，电流表串联测量，并且要注意极性选择。

六、实验报告要求

（1）完成各数据表格中各项实验内容的计算。

（2）回答思考题。

思 考 题

1．根据已知表头的参数（1mA、160Ω），计算出其组成 1V、10V 电压表的倍压电阻和 10mA、100mA 电流表的分流电阻，并计算出它们的内阻。

2．计算图 2-7-2 所示电路内阻为 R_A 的电流表测得电流的绝对误差和相对误差，当 R_A=R 时，绝对误差和相对误差各是多少？

3．用"两次测量计算法"测量电压或电流，绝对误差和相对误差是否等于零，为什么？

第3章　电工电子自主式智慧实验新技术

3-1　A+D Lab 智慧型书包实验室概述

A+D Lab 是"时代行云科技"推出的一套便携式实验室完整软硬件解决方案，其中与雨课堂合作的"雷实验"是一个为工科学生、业余爱好者或电子发烧友提供的基于模拟和数字电路开展动手项目的互联网+智慧型书包实验室项目。

在创新教育思想的指导下，发挥互联网技术优势，借助 A+D Lab 将学生从传统的实验室中解放出来，将教师从固化的教学环节中解放出来，在提倡工程教育的基础上，强化学生创新和行为互动，兼顾课堂监督、任务部署和设备管理的功能。

A+D Lab 通过 USB 接口连接到笔记本电脑（或平板），如图 3-1-1 所示。A+D Lab 由"黑色底座部分"及通过磁吸方式吸附在其上的"可更换模块化对象板卡"两部分组成，如图 3-1-2 所示，图中的"可更换模块化对象板卡"以电工电子学实验中常用的"面包板"为示例，同时兼容其他第三方的实验对象板，如"模拟电路实验板""数字电路实验板"等。

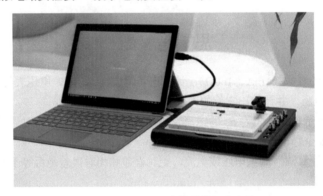

图 3-1-1　A+D Lab 连接到笔记本电脑

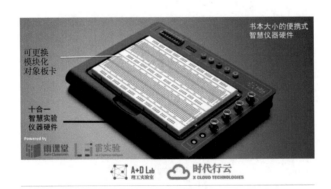

图 3-1-2　A+D Lab

书本大小的设计允许随时随地进行实验，与笔记本电脑配合组成"十合一"的硬件仪器，包括"示波器""信号发生器""正负电源""电压表""数据采集器""逻辑分析仪""数字模板信号生成器""网络分析仪""频谱分析仪""协议分析仪"等，硬件仪器可以单独配置使用，且所有硬件无缝支持互联网+智慧实验平台，用户可以方便地通过屏蔽线将这些仪器的输入、输出连接到真实电路上，通过上位机软件"雷实验"（拼音"LEI"，同时是三个英文字母的首字母缩写，即"Lab of Electronics Intelligence"，电子学智慧实验室），所有的过程和实验数据均可通过微信管理、发布、收集、分析与处理，并生成实验报告。

　　"雷实验"通过与互联网+智慧实验平台雨课堂无缝对接践行新工科时代的智慧教学+实验"新理念"，如图 3-1-3 所示，打通云平台+手机微信+PC 端虚拟仿真软件+便携式智慧实验仪器硬件；通过与便携式智慧实验仪器硬件 A+D Lab 无缝整合，使用和传统实验室仪器类似的仪器操作面板真实操控示波器、信号源、电源等硬件，获取真实硬件数据，且书本大小的便携式 A+D Lab 允许学生在课时压缩的情况下随时随地做实验。

图 3-1-3　"雷实验"特色

　　"雷实验"通过二维码绑定学生微信与课程班级，将"雨课堂"构建的理论课与"雷实验"对应的实验课完全打通，教师做到"码上"控实验，学生能够"码上"做实验。理论+实验过程与结果实时反馈，及时改进教学与实验内容，解决理论课程与实验脱节问题。

3-2　A+D Lab 硬件资源

A+D Lab 硬件资源如图 3-2-1 和图 3-2-2 所示。

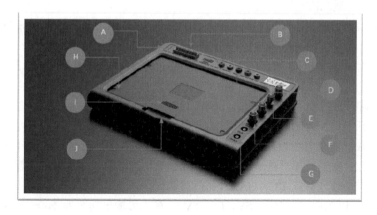

图 3-2-1　A+D Lab 硬件资源

　　A．电源指示：正常上电后为蓝色亮光。

B. 数字输入/输出：共有 8 个接线端子。

C. PMOD 接口：2 路 Pmod 接口，注意引脚。

D. 电源接口：提供±12V 或±15V 固定电源，以及±5V 可调节电源。

E. 示波器接口：标准 BNC 接口。

F. 信号源接口：标准 BNC 接口。

G. 示波器触发信号。

H. 扩展模块安装区域，可安装模块。

I. 扩展模块信号接口。

J. 模块拆卸助力扣手。

K. USB 从设备接口：连接计算机主机。

L. USB 主设备接口：连接外设实验模块。

M. 设备电源开关。

N. 扩展模块。

图 3-2-2 A+D Lab 接口资源

A+D Lab 硬件技术参数如下。

（1）双通道 USB 数字示波器（1MΩ，±25V，差分，14 位，100MSa/s，30MHz+带宽的 Analog Discovery BNC 适配器板）。

（2）双通道任意函数发生器（±5V，14-bit，100MSa/s，20MHz+带宽的 Analog Discovery BNC 适配器板）。

（3）16 通道数字逻辑分析仪（3.3V CMOS，100MSa/s），16 通道图形发生器（3.3V CMOS，100MSa/s）。

（4）16 通道虚拟数字 I/O，包括按钮、开关和 LED。

（5）单通道电压表（AC，DC，±25V）。

（6）网络分析仪：一个电路的 Bode、Nyquist、Nichols 转移图。范围：1Hz～10MHz。

（7）频谱分析仪：频谱功率谱测量（低噪声，无杂散动态范围，信噪比，总谐波失真等）。

（8）数字总线分析仪（SPI，I²C，UART，并行）。

（9）两个可编程电源供应器（0～+5V，0～-5V），最大可输出功率为 500mW；两路固定输出电源，电压±12V 或±15V，最大可输出功率为 500mW。

3-3　A+D Lab 实验软件安装与概览

一、软件安装与登录

1．安装

访问网站 http://www.x-cloud.cc，下载软件并安装，申请验证并下载"雷实验"软件安装包——"A+D Lab Setup XXX.exe"，在 Windows 7 或 Windows 10 上安装"雷实验"软件。完成安装后在 PC 桌面上双击"A+D Lab"快捷方式，打开软件并确保 PC 处于联网状态。

2．登录

软件的登录模式分为两种：在线登录和离线登录。两种登录模式的主要区别是主平台模块的使用权限不同，在线登录的用户能够进入主平台的教师和学生平台，而离线登录的用户则无法进入。

（1）在线登录。

在 PC 端已成功连接互联网的条件下，双击"A+D Lab.exe"，启动程序后，弹出启动界面，软件会检测当前的网络状态，待网络状态检查结束后，进入登录界面，如图 3-3-1 所示（二维码定时更新，供参考）。用户可以通过使用手机微信"扫一扫"的功能进行登录。首次登录的用户，手机微信端会提示关注"雨课堂公众号"，选择关注公众号后，软件自动获取当前用户头像及名字信息，直接登录。

使用手机微信扫码登录

图 3-3-1　微信扫码登录

（2）离线登录。

若用户的 PC 暂时未能连接互联网，则启动"A+D Lab"后，软件平台检测到当前网络环境为断网状态，自动切换为离线登录模式，如图 3-3-2 所示。用户只需单击"登录"按钮即可，此时登录用户被默认为离线用户。

二、软件概览

登录成功后的界面如图 3-3-3 所示。登录成功界面主要包括标题栏、工具栏、主界面三部分。

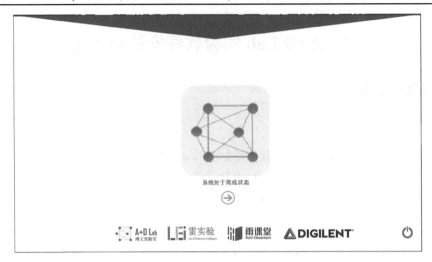

图 3-3-2　离线登录

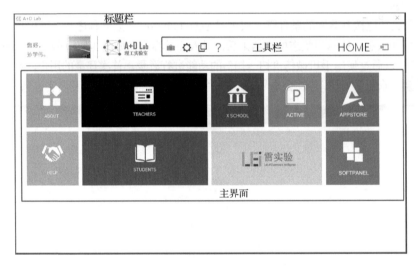

图 3-3-3　登录成功界面

1. 标题栏

软件默认是显示界面窗口的标题栏的，显示标题栏的主要作用是能够便捷地移动窗口、最小化窗口、关闭窗口。

2. 工具栏

工具栏主要包含 6 个功能按钮，如图 3-3-4 所示。其功能分别是软件更新、系统配置、最小化、帮助向导、返回上一级、退出。

（1）软件更新。

用户登录后，软件会自动检查是否有新版本。若有新版本，则"软件更新"按钮会由 ▥ 变为右上角带有一个红色小标的 ▥，用户单击"软件更新"按钮后，会显示当前版本及最新版本的功能描述，若需要升级，则单击"升级"按钮即可。单击"升级"按钮后，软件会显示当前升级包的下载进度，下载完成后会自动退出 A+D Lab 软件，自动弹出升级程序界面，如图 3-3-5 所示。软件升级完成后有"升级完成"的提示，单击"确定"按钮后，自动启动 A+D Lab 软件，用户只需再次扫描登录即可。

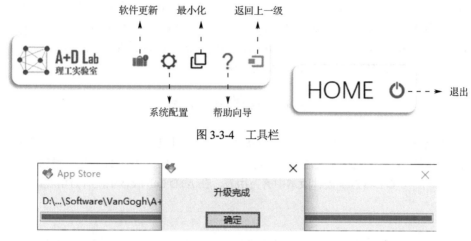

图 3-3-4　工具栏

图 3-3-5　软件升级

（2）系统配置。

单击"系统配置"按钮，进入系统配置界面，通过该界面，用户可以完成对平台端标题栏的显示配置，以及学生平台所需软件的配置。

（3）帮助向导。

单击"帮助向导"按钮，进入帮助向导界面，如图 3-3-6 所示。可以通过单击界面中的左右翻页按钮来浏览软件的帮助信息，也可以通过单击页面中下方的圆形导航按钮来切换页面。

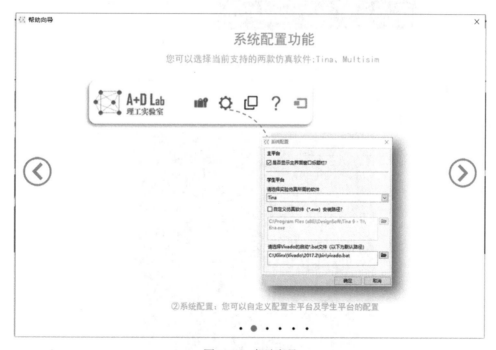

图 3-3-6　帮助向导

3. 主界面

主界面由 9 个不同颜色的磁块组成，每个磁块代表一个不同的功能。主要功能包括：教师平台（TEACHERS）、学生平台（STUDENTS）、仪器总控台（SOFTPANEL）、设备状态查询（ACTIVE）、应用管理（APPSTORE）、雷实验、行云学院（X SCHOOL）、关于（ABOUT）、帮助（HELP），如图 3-3-3 所示。

鼠标指针进入磁块中即可提示用户当前磁块功能是否启用，若磁块功能已启用，则会提示用户"单击进入模块"，用户单击磁块即可进入相应的功能模块。

3-4　我的实验室

单击 A+D Lab 主界面的 SOFTPANEL（仪器总控台），可以进入我的实验室。我的实验室包含了 A+D Lab 的硬件虚拟仪器，包括示波器、信号发生器、可编程电源、静态数字 IO、逻辑分析仪、波特图仪、万用表。在 A+D Lab Plus 硬件版本中有万用表，在 A+D Lab 版本中没有万用表。

一、示波器

示波器的操作面板如图 3-4-1 所示，主要分为三部分：显示区域、菜单区域、操作区域。

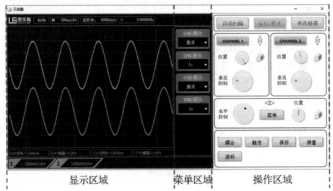

图 3-4-1　示波器的操作面板

1. 显示区域

显示区域如图 3-4-2 所示。

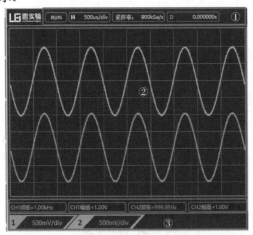

图 3-4-2　显示区域

（1）区域①。

RUN：显示当前的仪器状态，RUN 表示正在运行，STOP 表示停止运行。

H　500us/div：水平时基，即水平轴每格所代表的时间长度。

采样率：800kSa/s：显示当前的采样率大小，采样率的大小随着水平时基的改变而改变。

D　0.000000s：波形图的水平位移。

（2）区域②。

显示两个通道的波形图数据，水平和垂直各 10 格。

（3）区域③。

CH1幅值=1.00V：显示两个通道的基本参数测量值，包括频率、幅值、峰-峰值、有效值、占空比等，它们是通过调用操作区域的"测量"功能，并修改菜单区域的测量参数而改变的。

500mV/div：显示两个通道的垂直灵敏度，即每个通道每格所代表的电压值。

2. 菜单区域

主要通过操作区域的几个功能的切换，来显示不同的二级菜单。能够切换菜单的功能包括"耦合""触发""保存""测量""游标"。

（1）耦合。仪器初始进入时显示的菜单，可以选择两个示波器通道的耦合方式及探头倍数。耦合方式分为直流耦合、交流耦合，探头倍数分为 1 倍、10 倍。

（2）触发。单击操作区域中的"触发"按钮，菜单自动切换至触发功能，可以对示波器的触发类型、信号源、边沿类型、触发电压及迟滞电压进行配置。当前示波器的触发类型仅支持"边沿触发"，信源可以选择两个通道的任意一个通道，边沿触发类型包括下降沿触发、上升沿触发、任意边沿触发，触发电压默认是 0V，迟滞电压默认是 200mV。

（3）保存。单击"保存"按钮，弹出选择保存波形类型，波形类型分为两种：波形图、XY 图。若水平时基模式是 XY 图，则保存 XY 图的功能才会被启用，否则会被禁用。

（4）测量。单击操作区域中的"测量"按钮，菜单切换至测量功能，可以为两个通道选择需要测量的参数，参数包括频率、幅值、周期、占空比、峰-峰值、有效值、平均值。选择完成后，测量的参数在显示区域的区域③中显示。

（5）游标。单击操作区域中的"游标"按钮，菜单切换至游标功能，如图 3-4-3 所示。白色实线为游标 A，白色虚线为游标 B。可以通过选择信源来使游标测量不同通道的值，测量值为 AX、AY、BX、BY、BX-AX、BY-AY、1/dx。另外，当菜单切换至其他二级菜单界面时，游标测量的功能自动关闭。

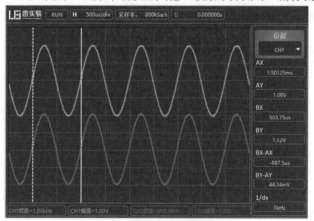

图 3-4-3　游标功能

3. 操作区域

操作区域如图 3-4-4 所示，功能包括基本控制（自动扫描、运行/停止、单次捕获）、通道垂直控制、通道水平控制及菜单。

（1）基本控制。

自动扫描：通过分析输入波形，自动调整水平时基、垂直灵敏度、AC/DC 耦合方式。

运行/停止：连续采集和停止采集切换。

单次捕获：单次模式，用于捕获突发脉冲，配合水平轴位置按钮调节预触发时间长度。

（2）通道垂直控制。以通道 1 为例，如图 3-4-5 所示，其功能主要分为通道使能、垂直位移调整、垂直位移归零及控制垂直灵敏度。

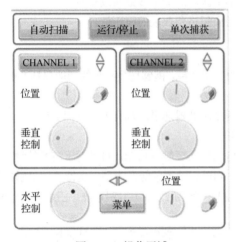

图 3-4-4　操作区域

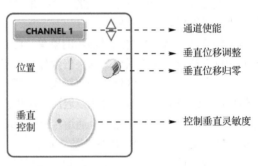

图 3-4-5　通道垂直控制

若禁用当前通道，则垂直位移调整、垂直位移归零、控制垂直灵敏度均被暂时禁用，直到通道被启用为止。垂直位移调整可控制旋钮连续旋转，其顺时针旋转为向下位移，逆时针旋转为向上位移。垂直位移归零，按下它之后即可将当前波形图位移清零，使其归零显示。控制垂直灵敏度，可以通过调节旋钮来控制波形垂直方向每格的电压值，在显示区域查看每个通道的垂直灵敏度。

（3）通道水平控制。如图 3-4-6 所示，其功能主要分为控制水平灵敏度（控制水平轴每格时间长度）、水平时基菜单（按下后菜单区域切换至水平时基功能）、控制水平位置（可以一直旋转控制波形水平位置）、水平位置归零（按下后将水平位移归零）。

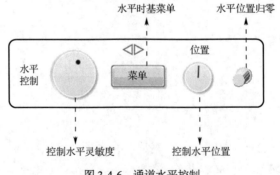

图 3-4-6　通道水平控制

（4）菜单。按下操作区域中的"菜单"按钮，调出水平轴菜单。水平轴菜单包括两个功能：水平时基模式的选择，即选择当前图形是 YT 图或 XY 图；缩放扫描，即可以选择一段波形对波形进行放大查看。水平时基默认模式是 YT 图，若选择 XY 图，则会弹出相应的 XY 图曲线，如图 3-4-7 所示，此时的缩放扫描功能暂时被禁用。

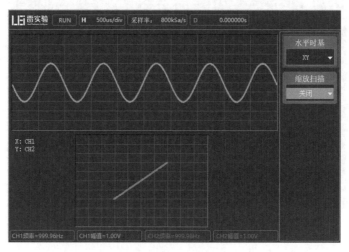

图 3-4-7　时基选择

将水平时基模式切换为 YT 图后，缩放扫描功能被启用，打开缩放扫描功能，界面自动弹出两个相同的波形图。可以对上面的波形图拖动鼠标选择需要放大的波形图区域，下方的波形图则会显示被选择部分的波形图，如图 3-4-8 所示。

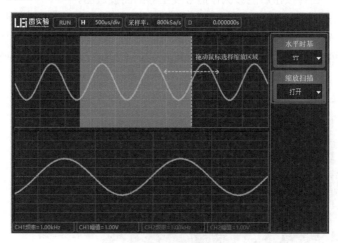

图 3-4-8　缩放扫描

二、信号发生器

单击"信号发生器"按钮，弹出信号发生器主界面，如图 3-4-9 所示。信号发生器主界面分为三部分，波形显示区①、操作控制区②和信号配置区③。

1. 波形显示区

波形显示区显示通道输出的波形图。

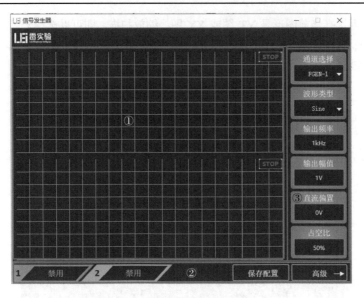

图 3-4-9　信号发生器主界面

2．操作控制区

（1）使能/禁用。单击该按钮后使能/禁用当前通道的信号，当通道使能时，波形显示区显示相应的波形图；当通道禁用时，则不显示相应的波形图。

（2）保存配置。单击该按钮后能够保存信号发生器的面板截图。

（3）高级。单击该按钮后界面展开显示出扫频设置，如图 3-4-10 所示，能够使得正在输出的通道，按照设置输出扫频信号。扫频信号的设置参数包括起始频率、截止频率、时间范围、扫频点数。当界面展开时，若通道使能，则自动进入扫频模式。再次单击"高级"按钮，界面会收回，扫频设置自动退出。

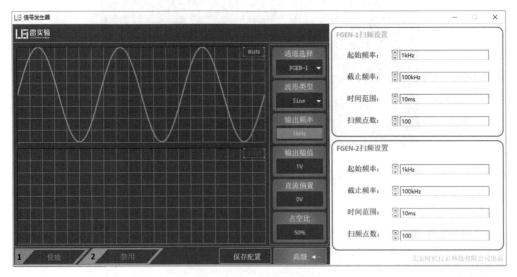

图 3-4-10　信号发生器高级选项

3. 信号配置区

需先选择配置的通道，每个通道可配置的参数包括波形类型、输出频率、输出幅值、直流偏置、占空比。

可配置的波形类型有正弦波（Sine）、方波（Square）、三角波（Triangle）、直流（DC）。

输出频率最大为 10MHz。

输出幅值及直流偏置为–5V～+5V。

三、可编程电源

单击"可编程电源"按钮，弹出可编程电源主界面，如图 3-4-11 所示。可编程电源有两个通道，分别是通道 1 输出 0～5V，通道 2 输出–5～0V。

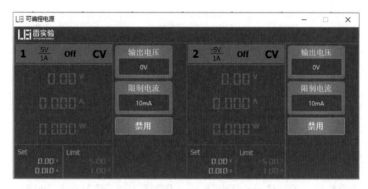

图 3-4-11　可编程电源主界面

1. 电压电流配置

主要配置输出电压（两个通道的输出范围是–5～5V），配置限制电流，配置完成后显示区②的设置显示跟随变化，如图 3-4-12 所示。

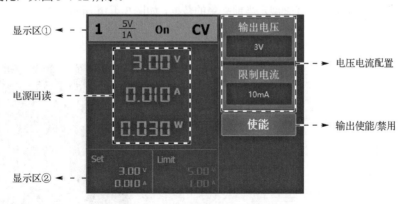

图 3-4-12　可编程电源配置界面

2. 使能/禁用

单击该按钮来控制电源的输出使能/禁用，输出使能时显示区①被高亮显示且状态为 On，输出禁用时，显示区①变暗且状态为 Off。

3．电源回读

当电源通道未使能时，电源回读区域的参数均为 0，且亮度变暗。当电源通道被使能，电源回读区显示正常的电压、电流、功率的回读参数。

四、静态数字 IO

单击"静态数字 IO"按钮，弹出静态数字 IO 主界面，如图 3-4-13 所示。静态数字 IO 共有 16 个数字 DIO 通道，16 个通道可以单独配置每个通道的输入/输出属性。如图 3-4-13 所示为 16 个通道均为输入时的界面。当某个通道采集到高电平时（3.3V），则采集回的电平用绿灯表示，否则用白灯表示。

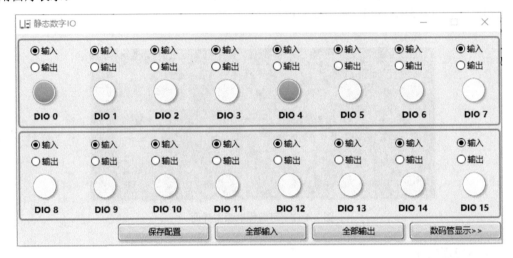

图 3-4-13　静态数字 IO 主界面

当所有通道都是输入属性时，"数码管显示"的功能是被启用的。单击"数码管显示"按钮，界面右侧展开并以数码管显示的方式来展示当前采集的数据，如图 3-4-14 所示。再次点击"数码管显示"按钮，界面收回。

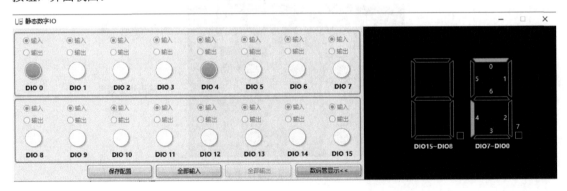

图 3-4-14　静态数字 IO 数码管界面

可以任意选择几个通道并设置其属性为输出，如图 3-4-15 所示。可设置的状态有高 1 和低 0 两种，也可单击"保存配置"按钮保存当前面板的截图作为报告数据。

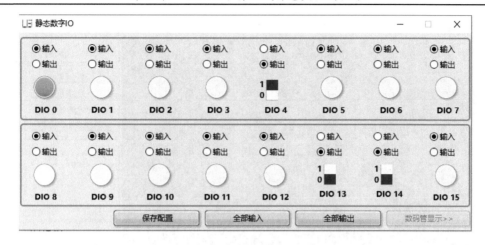

图 3-4-15　静态数字 IO 配置界面

五、逻辑分析仪

单击"逻辑分析仪"按钮，进入逻辑分析仪主界面，如图 3-4-16 所示。它分为三个区域，显示区域①、操作区域②和使能区域③。

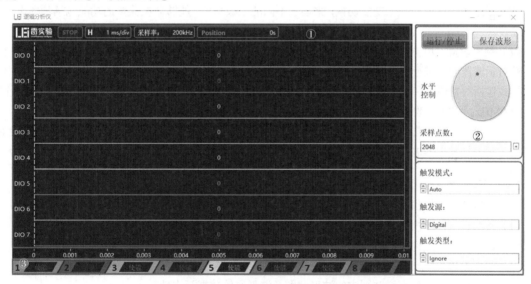

图 3-4-16　逻辑分析仪主界面

六、波特图仪

单击"波特图仪"按钮，进入波特图仪主界面，如图 3-4-17 所示。其主界面主要分为三部分：显示区域、菜单区域和操作区域。

1. 显示区域

主要显示两个波形图：增益图和相位图；波形图默认都有相应游标，只要拖动相应游标即可对波形数据进行读取。

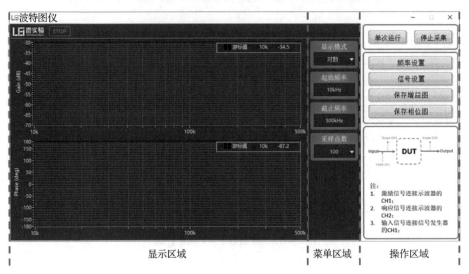

图 3-4-17　波特图仪主界面

2．菜单区域

主要通过操作区域的几个功能切换，来显示不同的二级菜单。能够切换菜单的功能包括频率设置、信号设置。

（1）频率设置。单击操作区域中的"频率设置"按钮，菜单区域切换至频率设置功能，此设置主要是针对示波器通道进行的，能够设置的参数包括显示模式、起始频率、截止频率、采样点数。其中，显示模式包括对数模式和线性模式，平台默认对数模式；起始频率和截止频率最低值是 0.01Hz，最高值是 100MHz；采样点数通常设置为 100，单次采集时间会随着采样点数的增加而变化。

（2）信号设置。单击操作区域中的"信号设置"按钮，菜单区域切换至信号设置功能，信号设置主要是针对信号发生器进行的，能够设置的参数主要是输出幅值与直流偏置。

3．操作区域

操作区域的主要操作有单次运行、停止采集、频率设置、信号设置、保存增益图、保存相位图。

（1）单次运行：单次捕获示波器的两个通道数据，并形成增益图及相位图。

（2）停止采集：允许波形数据采集过程中随时停止。

（3）频率设置/信号设置：用于菜单区域的功能切换。

（4）保存增益图：保存增益图中的波形截图及波形原始数据至本地。

（5）保存相位图：保存相位图中的波形截图及波形原始数据至本地。

3-5　学生自主智慧实验示例

本节以"RC 一阶暂态实验"为例介绍智慧实验的流程。学生完成硬件连接与加载后，"雷实验"将会自动获取刚刚扫码学生已经被老师分配到位的"实验任务"。"雷实验"会给出对应的实验课程名称、学生所在的课程班级，以及对应班级所分配的当前实验任务。

学生实验平台的主界面如图 3-5-1 所示。

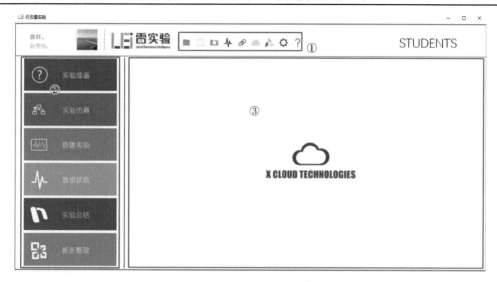

①工具栏；②导航栏；③内容栏

图 3-5-1　学生实验平台的主界面

1. 工具栏

工具栏主要包含 9 个功能按钮，分别是下载附件、屏幕截图、上传图片、保存波形、上传附件、上传报告、调用 Vivado、系统配置、帮助向导。

（1）下载附件，单击该按钮后直接弹出下载界面，该界面中有教师发布实验时上传的附件，可以下载该附件。

（2）屏幕截图，此功能按钮仅在"实验仿真"步骤时被启用。单击该按钮后，按住鼠标左键并拖动，对需要截图的地方进行选择，会有蓝色的虚线框，松开鼠标，会提示"是否保存截图？"，单击"确定"按钮，则完成当前屏幕的截图。截图快捷键为【Ctrl＋Shift＋A】。

（3）上传图片，此功能按钮仅在"搭建实验"步骤时被启用，用于向手机端发送上传图片的请求。

（4）保存波形，此功能按钮仅在"数据获取"步骤时被启用，单击该按钮后，可以保存示波器中波形图的波形数据（前提是示波器已被调用）。

（5）上传附件，单击该按钮后，调出上传附件界面，可上传实验步骤以外的理论分析总结文档或其他文件。

（6）上传报告，此功能按钮仅在"报告整理"步骤时被启用，单击该按钮后，可将实验报告、附件一键上传至云端服务器。

（7）调用 Vivado，单击该按钮后，学生界面会被隐藏，调用 Vivado（若未安装则提示"未找到"），并启用快捷键截屏功能。

（8）系统配置，主要包括对"实验仿真"步骤所调用的仿真软件进行配置、对 Vivado 调用的路径进行配置、配置图片放大预览，如图 3-5-2 所示。

学生实验平台支持两种仿真软件：Tina 和 Multisim。安装包安装完成后，默认安装并使用 Tina。用户可以选择使用 Multisim，但要求用户自己安装 Multisim 并激活。若用户自己安装的 Multisim 无法被调用，可以勾选"自定义仿真软件(*.exe)安装路径？"复选框，选择 Multisim 应用程序的路径即可。完成对仿真软件的修改后，需要退出学生实验平台，重新进入方可生效。

图 3-5-2　系统配置界面

　　"雷实验"支持嵌入业界主流的电路仿真软件工具,包括 PSPICE、标准 SPICE 等(以学校或最终用户拥有 License 许可证或免费版本许可证为前提)。

　　对于调用 Vivado 的实验,需要用户在配置中自定义 Vivado 的启动文件路径方可被正确调用。

　　勾选"图片放大预览?"复选框是针对"搭建实验""报告整理"两个有显示图文数据的步骤而设置的,勾选之后,鼠标光标悬停在保存的图片上可以放大预览图片。

　　(9) ? 帮助向导,针对学生实验平台的帮助向导。

2. 导航栏

　　导航栏包括实验准备、实验仿真、搭建实验、数据获取、实验总结、报告整理共 6 项,分别对应 6 个步骤。切换不同的步骤,内容栏中显示不同的功能模块。

　　下面进入学生实验的流程,也就是导航栏中的 6 个实验步骤。

一、实验准备

　　单击"实验准备"按钮后正式开始进入"实验准备"环节,学生需要在"实验准备"环节认真理解教师事先准备好的"实验目的""实验要求""老师想说的话""同组成员上限"和"实验时间计划"等相关信息,如图 3-5-3 所示。

图 3-5-3　实验准备界面

请仔细阅读实验目的与要求，熟悉实验步骤。本次实验的第一项是令 $R=1\mathrm{k}\Omega$，$C=2.2\mathrm{nF}$，用示波器观察激励 u_S 与响应 u_C 的变化规律，测量并记录时间常数 τ。

二、实验仿真

单击"实验仿真"按钮进入 EDA 电路仿真环节。RC 电路仿真如图 3-5-4 所示。

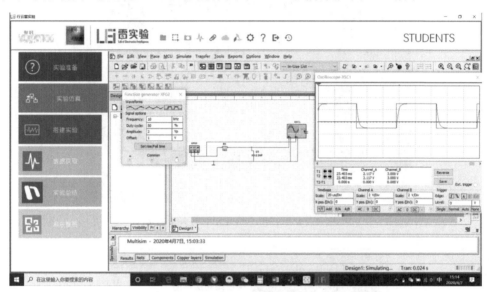

图 3-5-4　RC 电路仿真

在完成电路的设计、仿真与评估后，可以通过单击"雷实验"工具栏上的"屏幕截图"按钮完成对当前仿真内容的保存并存入"实验报告"中。

可以通过多次单击"屏幕截图"按钮来截取多张仿真图片以插入最终的实验报告中。

三、搭建实验

在仿真部分完成之后，通过单击"搭建实验"按钮进入真实电路搭建环节。 需要借助 A+D Lab 的模块化面包板来搭建真实的硬件电路，并进行合理的布局。根据实验电路图的要求，在面包板上合理放置元器件；然后使用 BNC 导线，连接激励源；最后使用 BNC 导线，连接双踪示波器。在面包板上搭建完成的实物电路如图 3-5-5 所示。

为了将实际电路的搭建情况保存下来，将实际搭建的实验电路以照片的方式从手机端同步到学生平台端，学生搭建好实际的实验电路后，可以单击"上传图片"按钮，学生平台端会向手机端发送拍照请求，直接在公众号中使用微信拍照或选择照片功能，手机端会返回"上传成功"的提示。学生平台端则会将手机上传的图片同步保存下来，学生可以对图片进行编辑说明，微信上传成功的照片如图 3-5-6 所示。学生可以通过多次单击"拍照"按钮来插入更多相关实验的照片与描述。

四、数据获取

完成图片插入之后，通过单击"数据获取"按钮，进入实际数据获取界面，如图 3-5-7 所示，"雷实验"包含了电工电子学实验常用的"示波器""信号源""可编程电源"等多种仪器面板，这些仪器面板与实验室传统仪器风格类似，可以帮助学生在"实验室外"同样能够熟悉仪器设备的面板操作。同时，这些面板通过硬件驱动程序与智慧实验平台 A+D Lab 上的"硬件示波器""硬件信号源""硬件电源"等仪器设备无缝衔接，通过 USB 总线将实际信号在"雷实验"软件平台与"A+D Lab"硬件设备之间传送。

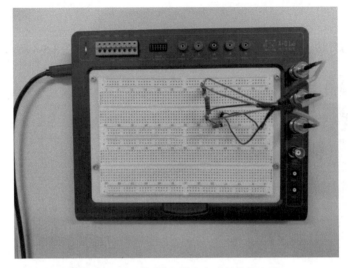

图 3-5-5　在面包板上搭建完成的实物电路

图 3-5-6　微信上传成功的照片

本实验设置信号发生器参数：方波，频率 10kHz，输出幅值 1V，直流偏置 1V；单击"RUN"按钮后，调整示波器的参数，获取波形：单击示波器的游标工具，将其拖动，测量上升时间，如图 3-5-8 所示。至此，实验完成。

完成实验后，可以通过单击"雷实验"工具栏上的"保存波形"按钮 来保存从 A+D Lab 硬件示波器上所采集到的真实波形，并对波形进行描述，可以通过多次单击"保存波形"按钮来将更多真实波形数据插入最终的实验报告中。

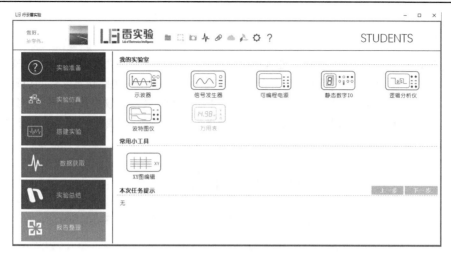

图 3-5-7　数据获取界面

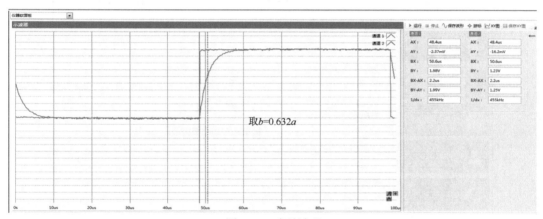

取$b=0.632a$

图 3-5-8　存储波形

五、实验总结

在完成数据获取之后，可以单击"实验总结"按钮来编辑一些额外的实验素材，如图 3-5-9 所示。

图 3-5-9　实验总结界面

六、报告整理

最后通过单击"报告整理"按钮，进入实验的最后一个汇总环节。"雷实验"会把先前所有保存过的实验过程数据都呈现在"报告整理"环节，其中包含"使用 EDA 电路仿真软件的仿真波形""在 A+D Lab 平台面包板上搭建的实物电路""通过 A+D Lab 上硬件仪器获取的真实实验波形"和"学生的实验心得"等。所有内容整理完成之后，可以通过单击"雷实验"工具栏上的"上传报告"按钮将完整的实验报告推送给教师。

3-6　教师平台使用

单击主界面的"TEACHERS"磁块，进入教师平台。其主界面如图 3-6-1 所示。

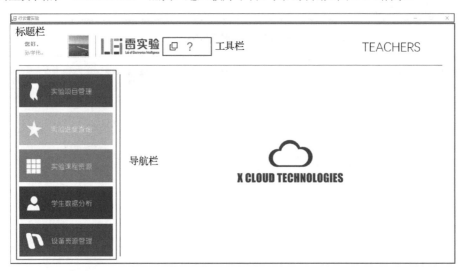

图 3-6-1　教师主界面

教师平台的主要功能在导航栏，包括以下两项。

实验项目管理：显示并同步查看所有创建过的课程与班级，能够新建课程与班级，新建实验、删除实验，能够将实验发布到一个或多个班级中。

实验进度查询：查看以课程>>班级>>实验为层级的实验进度，并且支持查看批改已完成实验学生的实验报告功能。

一、实验项目管理

单击"实验项目管理"按钮，进入其功能模块，主要分为课程列表和实验列表两部分，如图 3-6-2 所示。

1. 课程列表

课程列表分为两部分：所有实验、所有创建过的课程与班级。单击"所有实验"选项，可在右侧的实验列表中显示出创建或发布过的所有实验信息，包括实验名称、创建/发布时间、发布状态，如图 3-6-3 所示。

图 3-6-2　实验项目管理

图 3-6-3　课程列表

在课程列表中的"所有实验"选项上或空白处右击，在弹出的快捷菜单中选择"新建课程"选项，在弹出的"新建课程"对话框中填写课程名称及班级名称即可完成新的课程与班级的创建，如图 3-6-4 所示。

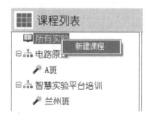

图 3-6-4　课程列表

在课程列表中已存在的课程项上右击，在弹出的快捷菜单中可以选择"新建课程"及"新建班级"选项，新建课程的内容填写同上，新建班级时，只需在此课程下填写班级名称即可完成，如图 3-6-5

所示。

图 3-6-5　新建课程

2. 实验列表

（1）新建实验。

在实验列表中的任意位置右击，在弹出的快捷菜单中选择"新建实验"选项，如图 3-6-6 所示。

图 3-6-6　新建实验

进入实验编辑界面，如图 3-6-7 所示，其编辑内容主要分为三部分：工具栏、内容栏、导航栏。

图 3-6-7　实验编辑界面

工具栏：从左到右四个功能按钮分别是导入模板、导出模板、创建实验、发布实验。用户可以先手动编辑实验指导内容，最终将编辑好的实验内容以模板的方式导出保存，也可以不用手动编辑实验指导内容，直接导入已编辑好的模板。导入/导出模板功能按钮在导航栏的前三个步骤下是可以使用的，跳转至第四个步骤时被禁用，创建实验与发布实验功能按钮，只有在第四个步骤时被启用，在编写前三个步骤时被禁用。

内容栏：显示编辑实验时不同的编辑内容。

导航栏：编辑实验时分为四部分：基本信息、添加附件、实验提示、预览发布，四个步骤之间的切换通过单击相应的步骤数字来完成。

（2）发布实验。

在实验列表中，选中任意一个创建或发布的实验，右击，弹出快捷菜单，选择"发布实验"选项。如图 3-6-8 所示，若当前选择的实验发布状态为"未发布"，则会进入实验编辑界面的预览发布步骤，再选择需要发布的课程、班级、截止时间，选择发布即可。

实验名称	创建/发布时间	发布状态
电路原理测试	15:12:45 2018/01/24	已发布
默认时间	15:34:01 2018/05/15	未发布
RC一阶	10:21:29 2018/06/20	已发布
RC一阶	10:54:04 2018/07/05	已发布
RC一阶	15:34:07 2018/08/02	已发布
行云软件	16:30:37 2018/08/31	已发布
RC一阶暂态过程的研究	14:06:00 2018/09/03	已发布
RC一阶暂态	15:21:45 2018/09/08	已发布

图 3-6-8　发布实验

若当前选择的实验发布状态为"已发布"，则会弹出"此实验已发布，是否要发布到其他班级？"的提示，单击"确定"按钮，则同样进入实验编辑界面的预览发布步骤，再选择需要发布的课程、班级、截止时间，发布即可。此时，工具栏的"创建实验"功能被禁用，仅能使用"发布实验"功能。

（3）删除实验。

在实验列表中，选中需要删除的实验，右击后弹出快捷菜单，选择"删除实验"选项，删除之前，系统会向用户再次确认是否删除实验，确认后即完成实验的删除。

（4）刷新实验。

在实验列表中的任意位置右击后弹出快捷菜单，选择"刷新实验"选项，实验列表会重新刷新获取最新的实验列表数据。

二、实验进度查询

单击"实验进度查询"按钮，进入其功能模块，如图 3-6-9 所示。其功能分为进度查询、数据导出及报告批改。

1．进度查询

课程列表层级分为三层，课程>>班级>>实验。单击列表中任意一个实验，右侧的统计区会直接显示当前实验所属班级的完成情况，包括已完成人数、正在实验人数、未开始人数的统计及展示。

2．数据导出

在统计区右下角单击"点击进入网页端统计页面"链接，弹出网页版的数据统计，通过手机扫描二维码，进行二次登录。登录进入后，可以看到与手机端相同的界面，可以在网页端查看实验进度、学生实验报告等。

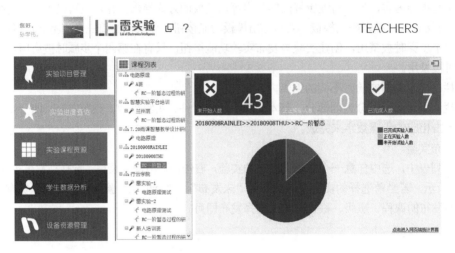

图 3-6-9　实验进度查询

3. 报告批改

在课程列表中，任意选择一个实验。在统计区单击"已完成人数"按钮，可直接进入已完成实验学生的信息界面。该界面显示已完成实验学生的信息，若需要查看某个学生的实验报告，则可单击"查看"按钮，页面会自动跳转至报告显示界面。在图片上右击，弹出快捷菜单，选择"批注"选项，弹出报告批注界面，可以在此界面中对图片数据进行圈选，也可以写下相应批注。完成批注后，可直接输入分数，并单击"提交分数"按钮，完成本次实验报告的批改。

第 4 章　Multisim 电路仿真

4-1　Multisim　概述

　　Multisim（意为多重仿真）软件是从原理电路设计、电路功能测试到版图生成全过程的电子设计工作平台，在众多的 EDA（Electronic Design Automation）仿真软件中，Multisim 软件界面友好、功能强大、易学易用，受到电类设计开发人员的青睐。Multisim 采用软件方法虚拟电子与电工元器件和仪器仪表，通过软件将元器件和仪器仪表集合为一体。此外，Multisim 还提供能胜任多种电路的仿真和分析，更接近实际的实验平台，因此称为虚拟仿真软件。

　　Multisim 来源于加拿大图像交互技术公司（Interactive Image Technologies，IIT）推出的以 Windows 为基础的仿真设计软件，原名为 EWB。2005 年，IIT 公司被美国国家仪器（National Instruments，NI）公司收购，该软件经历了多个版本的升级。Multisim 12.0 是美国 NI 公司最近推出的 Multisim 新版本，较之前的版本其功能更加强大，元器件库也更为丰富。掌握一款优秀的仿真软件，运用其种类丰富的电子电工元器件、品种齐全的虚拟仪器，就相当于拥有了一间先进水平的实验室，可以随时进行虚拟仿真实验，这是学习电工电子技术的一种重要辅助手段。

　　限于篇幅，本书以满足电工电子学实验为目的，以 Multisim 12.0 为基础介绍 Multisim 的基本功能和基本操作，其内容也基本适用 Multisim 的其他版本，更详细的使用请查阅相关文档。

4-2　Multisim　基本界面

　　单击"开始"→"程序"→"National Instruments"→"Circuit Design 12.0"→"Multisim"启动 Multisim 12.0，弹出图 4-2-1 所示的 Multisim 12.0 用户界面。

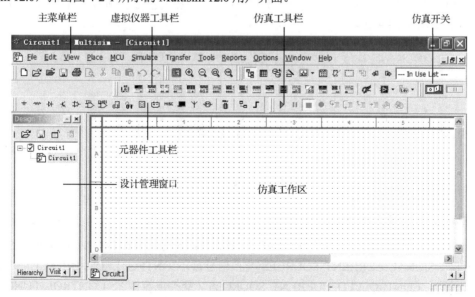

图 4-2-1　Multisim 12.0 用户界面

如图 4-2-1 所示，Multisim 12.0 用户界面中央区域最大的窗口是仿真工作区，在仿真工作区中可将各种电子元器件和测量仪器仪表连接成实验电路。仿真工作区的上方是主菜单栏和各种工具栏，在菜单栏中可以选择电路连接、实验所需的各种命令。工具栏包括仿真工具栏、元器件工具栏及虚拟仪器工具栏等。在仿真工作区的左侧是设计管理窗口，可使用户更为便捷地观察分层电路的层次结构。

下面分别介绍 Multisim 12.0 用户界面包括的几个基本组成部分。

一、主菜单栏（Menu Toolbar）

与 Windows 应用程序类似，各种功能命令均可在此查找，其中包括"文件""编辑""视图""放置""单片机""仿真""传递""工具""报告""选项""窗口""帮助"共 12 项。大多数命令的用法与 Windows 的类似，其中需要说明的如下。

MCU 菜单：可提供单片机调试、导入、导出、运行等操作命令。

Simulate 菜单：提供启停电路仿真和仿真所需的各种仪器仪表；提供对电路的各种分析；设置仿真环境等仿真操作命令。

Transfer 菜单：提供电路的各种与 Ultiboard 12.0 和其他 PCB 软件的数据相互传递功能。

二、仿真工具栏（Simulation Toolbar）

仿真工具栏是在 Multisim 中开始交互式仿真电路的最简便方法。它具有开始、停止和暂停仿真的按钮。如果有 MCU 模块，还可以使用仿真工具栏实现高级调试功能，包括 step into、step out of、step over 及断点。图 4-2-2 所示即为仿真工具栏。

图 4-2-2 仿真工具栏

右上角的"仿真开关"也可以控制电路仿真的开始或停止。**需要提醒的是，当要改动电路时，一定要使电路仿真工作处于停止状态。**

三、元器件工具栏（Schematic Components）

元器件工具栏有 18 个元器件库，外加"分层模块"和"放置总线"，所有元器件分门别类地放在元器件库中，如图 4-2-3 所示。

图 4-2-3 元器件工具栏

1. 电源器件库（Sources）

电源包括 7 种类型的电源，分别为 POWER_SOURCES（电源）、SIGNAL_VOLTAGE_ SOURCES（电压信号源）、SIGNAL_CURRENT_SOURCES（电流信号源）、CONTROLLED_VOLTAGE _SOURCES（受控电压源）、CONTROLLED_CURRENT_SOURCES（受控电流源）、CONTROL_FUNCTLON_ BLOCKS（控制功能模块）、DIGITAL_SOURCES（数字信号源）。每一系列又含有很多电源或信号源。

在使用电源过程中要注意以下几点。

（1）交流电源所设置电源的大小皆为有效值。

（2）直流电压源的大小可以从微伏级到千伏级，而且没有内阻。如果它与另一个直流电压源或开关并联使用，必须给直流电压源串联一个电阻。

（3）地是一个公共的参考点，电路中所有的电压都是相对于该点的电位差。在 Multisim 的设计电路中，可以同时调用多个接地端，电位都是 0V。并非所有电路都要接地，但下列情况应考虑接地。运算放大器、变压器、各种受控源、示波器、波特图仪和函数发生器必须接地；对于示波器，如果电路中已接地，则示波器的接地端可不接地；含模拟和数字元件的混合电路必须接地，可分为模拟地和数字地。

（4）数字接地端是电源的参考点。许多数字器件没有明确的数字接地引脚，在引脚模型选择实际模型时，必须接上地才能正常工作，需要将数字接地端放在原理图上，但不需要连接任何组件。在引脚模型选择理想模型时则不需要。

（5）VCC 电压源常作为没有明确电源引脚的数字器件的电源，VCC 电压源还可以用作直流电压源，通过其属性对话框可以改变电压的大小，并且可以是负值。

2. 基本元件库（Basic）

基本元件库有 18 个系列：BASIC_VIRTUAL（基本虚拟器件）、RATED_VIRTUAL（额定虚拟器件）、3D_VIRTUAL（立体实体器件）、PACK（排阻）、SWITCH（开关）、TRANSFORMER（变压器）、NON_IDEAL_RLC（非理想电阻、电感、电容）、Z_LOAD（负载）、RELAY（继电器）、SOCKETS（插座）、SCHEMATIC_SYMBOLS（包含有熔断器、灯、开关、光耦合等器件）、RESISTOR（电阻）、CAPACITOR（电容）、INDUCTOR（电感）、CAP_ELECTROLIT（电解电容）、VARIABLE_CAPACITOR（可变电容）、VARIABLE_INDUCTOR（可变电感）和 POTENTIONMETER（电位器）。

3. 二极管库（Diodes）

二极管库中共有 14 个系列：DIODE_VIRTUAL（虚拟二极管）、DIODE（二极管）、ZENER（稳压二极管）、SWITCHING_DIODE（开关二极管）、LED（发光二极管）、PROTECTION_DIODE（保护二极管）、FWB（全波桥式整流器）、SCHOTTKY_DIODE（肖特基二极管）、SCR（可控硅整流器）、DIAC、TRIRC、VARACTOR（变容二极管）、TSPD、PIN_DIODE。

4. 晶体管库（Transistors）

晶体管库将各种型号的晶体管分为 21 个系列：TRANSISTORS_VIRTUAL（虚拟晶体管）、BJT_NPN（NPN 晶体管）、BJT_PNP（PNP 晶体管）等。

5. 模拟集成元件库（Analog）

模拟集成元件库内含 10 个系列，分别为 ANALOG_VIRTUAL（模拟虚拟器件）及各种系列运算放大器。

6. TTL 元件库（TTL）

TTL 元件库含有 9 个系列，其中以 IC 结尾的表示使用集成电路模式，没有 IC 结尾的使用单元模式。

7. CMOS 元件库（CMOS）

CMOS 元件库提供了 14 个系列，主要包含 74HC 系列、4000 系列和 Tiny Logic 的 NC7 系列的 CMOS 数字集成电路。

8. 其他数字元件库（Misc Digital）

其他数字元件库包含 TIL、DSP、FPGA、PLD、CPLD、微控制器和存储器等，元件是按功能进行分类排列的。

9. 混合器件库（Mixed）

混合器件库包含混合虚拟元件、模拟开关、"定时器"、数模-模数转换器和多谐振荡器 5 个系列。

10. 指示器件库（Indicators）

这是常用器件库，包含 VOLTMETER（电压表）、AMMETER（电流表）、PROBE（逻辑指示灯）、BUZZER（蜂鸣器）、LAMP（灯泡）、VIRTUAL_LAMP（虚拟灯泡）、HEX_DISPLAY（十六进制显示器）和 BARGRAPH（条形光柱）共 8 个系列。

11. 电源模块器件库（POWER）

电源模块器件库包含 12 个系列。其中包含参考电压器件、三端"可调"和"固定"电压稳压器件，以及熔断器等。

12. 杂项器件库（Misc）

杂项器件库中常用到的有晶振、熔断器、电动机、光耦合器件等，共用 15 个系列。

13. 外围设备器件库（Advanced Peripherals）

外围设备器件库包含 KEYPADS（键盘）、LCDS（液晶显示）和 TERMINALS（终端设备）等。

14. 射频器件库（RF）

射频器件库共有射频类器件 7 个系列。

15. 机电器件库（Electro_Mechanical）

机电器件库中含有开关类、线圈和继电器、变压器、保护装置和输出装置等 8 个系列。

16. NI 元器件库

NI 元器件库是 Multisim 12.0 版本新增加的。

17. 连接器件库

连接器件库有 12 个系列连接器件可供选用。

18. 微控制器元件库（MCU Module）

微控制器元件库主要分为单片机和存储器两大类 4 个系列。

19. "分层模块"和"放置总线"是画图使用的工具

Multisim 软件中定义了两种广泛的器件分类：实际器件和虚拟器件。实际器件和虚拟器件区别在于实际器件不能修改特定值，现实中一般有定标批量生产的。而虚拟器件仅可用于仿真，用户可为其指定（修改）定义的任意特性。例如，虚拟电阻可以呈现任意电阻值。虚拟器件使用精确器件值进行仿真，以帮助用户检查、核实理论计算的正确性。

四、虚拟仪器工具栏（Virtual Instruments Toolbar）

虚拟仪器工具栏提供的仪器如图 4-2-4 所示，用来测量电路的仿真性能。这些虚拟仪器与实验室中使用的仪器外观类似，连接到电路上，可以如同实际的仪器一样工作。使用虚拟仪器是仿真过程中检测电路性能和显示仿真结果的最简单的方法。

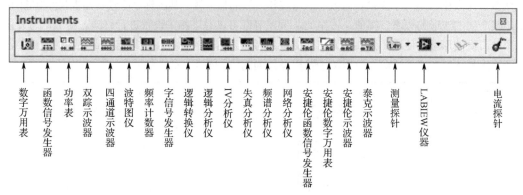

图 4-2-4　虚拟仪器工具栏

下面介绍几种实验中常用仪器仪表的使用方法。

1. 数字万用表（Multimeter）

数字万用表图标、符号和面板显示如图 4-2-5 所示。Multisim 仿真软件中提供的万用表是自动转换量程的，其内阻和电流事先都已按理想状态设定。

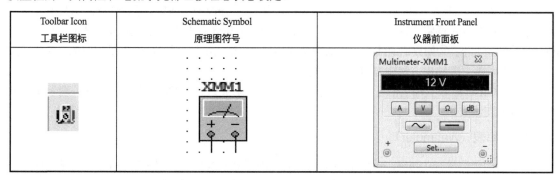

Toolbar Icon 工具栏图标	Schematic Symbol 原理图符号	Instrument Front Panel 仪器前面板

图 4-2-5　数字万用表图标、符号和面板显示

数字万用表使用时应注意以下几点。

（1）测量电压或电流时，应注意电路中的接线方式、极性和被测信号的模式。

（2）测量电阻时，应保证元器件没有和电源连接，元器件及元器件网络已经接地，没有其他元器件或元器件网络和被测元器件并联。欧姆表可以产生一个 10mA 的电流，该值可以通过"Set"按钮进行修改。

（3）测量分贝时，将万用表连接至待测试衰减的负载上，分贝的默认计算是按照 774.59mV 进行的，但也可以修改。分贝衰减按 $dB = 20 \times \log 10\ (V_{OUT}/V_{IN})$ 计算。

（4）"～"按钮被按下表明万用表测量的是交流信号或 RMS 电压。"—"按钮被按下表明被测电压或电流信号为直流信号。

理想状态的仪器在测量时不会对待测电路产生影响。即理想电压表具有无穷大的内阻，接入待测电路时不会产生分流作用；理想电流表内阻无穷小，不会对待测电路产生分压作用。这在真实环境中是做不到的，只能接近理论值。按下"Set"按钮，弹出"Multimeter Setting"对话框，可在该对话框内修改万用表内部设置项目。

2. 函数信号发生器（Function Generator）

函数信号发生器是一个提供正弦波、三角波和方波的信号源。其图标、符号和面板显示如图 4-2-6 所示。其产生的波形的频率、幅值、占空比、偏差等都可以通过相关设置进行修改。函数信号发生器有三个端口供波形输出使用，公共端为信号提供参考点。信号的公共端必须连接到接地的元器件，正极端子输出是正向的信号波形，负极端子输出是反向的信号波形。

Toolbar Icon 工具栏图标	Schematic Symbol 原理图符号	Instrument Front Panel 仪器前面板
	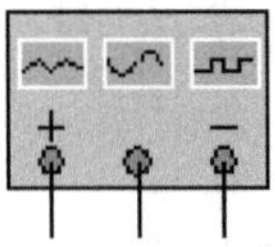	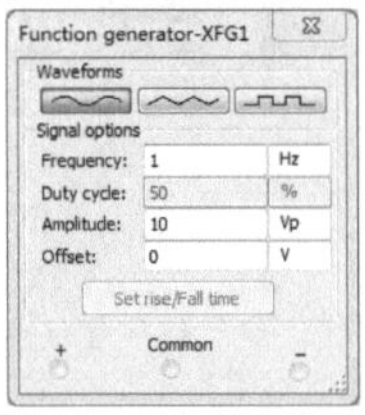

图 4-2-6 函数信号发生器图标、符号和面板显示

频率（Frequency）：设置输出信号的频率，范围为 1Hz～999MHz。

占空比（Duty Cycle）：设置输出信号的持续期和间歇期的比值，范围为 1%～99%。此项设置仅对三角波和方波有效，对正弦波无效。

幅值（Amplitude）：设置输出波形的电压幅值，范围为 1mV～999kV。需要注意，函数信号发生器的端子连接方法不同将导致输出电压的变化。①输出信号若含有直流成分，则所设置的幅值为直流到信号波峰的大小；②如果把地线与正极或负极连接起来，则输出信号的峰-峰值是幅值的 2 倍；③如果从正极和负极之间输出，则输出信号是幅值的 4 倍。

偏差（Offset）：设置输出信号中直流成分的大小，范围为-999～999kV。默认值为 0，表示输出电压没有叠加直流成分。

3. 功率表（Wattmeter）

功率表用于测量有功功率，单位是 W。其图标、符号和面板显示如图 4-2-7 所示。功率表有两个测量显示窗口，主显示窗口显示功率，位于下方的副显示窗口显示功率因数。功率表输入端口有两组，分别为电压正极和负极（Voltage）、电流正极和负极（Current）。其中，电压输入端与测量电路并联，电流输入端与待测电路串联。图 4-2-8 所示为功率表的接线示例。

Toolbar Icon 工具栏图标	Schematic Symbol 原理图符号	Instrument Front Panel 仪器前面板
	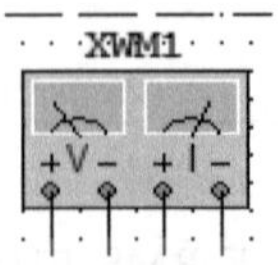	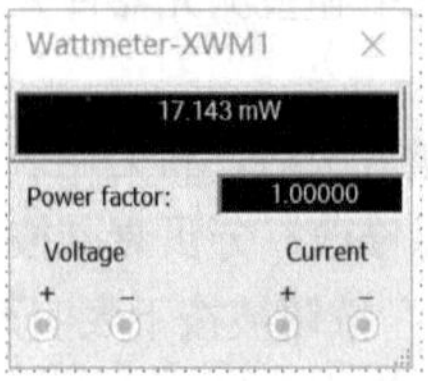

图 4-2-7 功率表图标、符号和面板显示

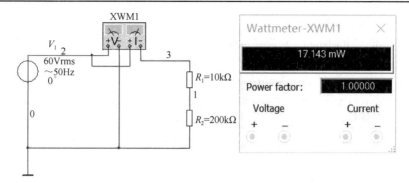

图 4-2-8　功率表的接线示例

4. 双踪示波器（The Oscilloscope）

Multisim 中默认的双踪示波器显示电信号的幅值和频率变化，可同时观察一路或两路周期信号的波形，分析被测信号的幅值和频率。其图标、符号和面板显示如图 4-2-9 所示。双踪示波器图标面板有 6 个连接点：（A）通道输入和接地、（B）通道输入和接地、（Ext Trig）外触发端和接地。图 4-2-10 所示为双踪示波器面板。

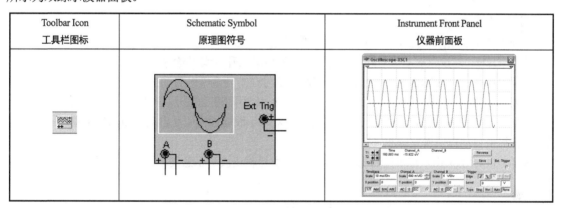

Toolbar Icon 工具栏图标	Schematic Symbol 原理图符号	Instrument Front Panel 仪器前面板

图 4-2-9　双踪示波器图标、符号和面板显示

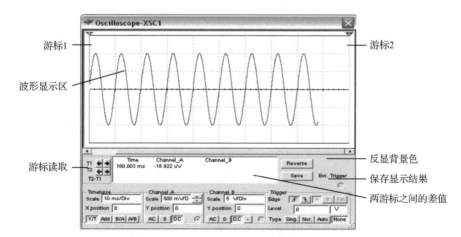

图 4-2-10　双踪示波器面板

双踪示波器的控制面板分为四部分。

（1）时间基准（Timebase）（对应真实双踪示波器的"扫描速度选择开关"旋钮）。

量程（Scale）：设置 X 轴时间基准，改变其参数可将波形水平方向展宽或压缩。

X 轴位置（X position）：设置 X 轴的起始位置。

显示方式有 4 种：Y/T 方式是指 X 轴显示时间，Y 轴显示电压值，这是最常用的方式，用来测量电路的输入、输出电压波形。Add 方式是指 X 轴显示时间，Y 轴显示通道 A 和通道 B 电压之和。A/B 或 B/A 方式是指 X 轴和 Y 轴都显示电压值，常用于测量电路传输特性和李沙育图形。

（2）通道 A（Channel A）。

量程（Scale）：通道 A 的 Y 轴电压刻度设置，根据输入信号的大小选择其大小，使信号波形在双踪示波器显示屏上显示在合适的位置。

Y 轴位置（Y position）：设置 Y 轴的起始点位置，起始点为 0 表明 Y 轴起始点在双踪示波器显示屏中线，为正值时表明 Y 轴原点位置上移，否则下移。

触发耦合方式：交流/直流耦合（AC/DC）或 0 耦合（0），交流耦合只显示交流分量；直流耦合显示直流和交流之和；0 耦合（即接地），在 Y 轴设置的原点处显示一条直线。

（3）通道 B（Channel B）。

其内容设置与通道 A 相同。

（4）触发（Trigger）。

触发方式主要用来设置 X 轴的触发信号、触发电平及边沿。

边沿（Edge）：设置被测信号开始的边沿，即先显示上升沿或下降沿。

电平（Level）：设置触发信号的电平，使触发信号在某一电平时启动扫描。

触发信号选择：自动（Auto）、通道 A 和通道 B 表明用相应的通道信号作为触发信号，Ext 为外触发，Sing 为单脉冲触发，Nor 为一般脉冲触发。双踪示波器通常采用自动（Auto）触发方式，此方式依靠计算机自动提供触发脉冲采样。

图 4-2-11 所示是用双踪示波器观察函数信号发生器输出波形示意图。

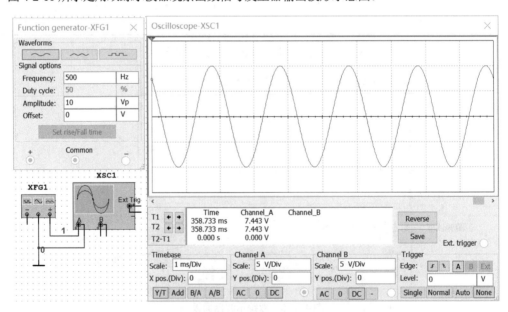

图 4-2-11　用双踪示波器观察函数信号发生器输出波形示意图

5．波特图仪（The Bode Plotter）

波特图仪生成电路的频率响应图，对分析滤波器电路是非常有用的。可以使用波特图仪来测量信号电压增益或相移。图 4-2-12 所示是波特图仪图标、符号和面板显示。

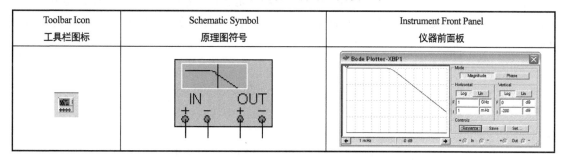

Toolbar Icon 工具栏图标	Schematic Symbol 原理图符号	Instrument Front Panel 仪器前面板

图 4-2-12　波特图仪图标、符号和面板显示

6．测量探针（Measurement Probes）

测量探针是测量电路中不同位置的电压、电流及频率的一种快速而简便的方法。对电路进行仿真时，单击测量工具栏探针图标，则在电路中的任意节点上，光标将变成一个探针形状提示可以放置探针。

测量探针有以下两种情况。

动态探针（Dynamic Probe）：在仿真过程中，拖动探针指向电路中的任何导线，便可得到动态读数。

静态探针（Static Probe）：在仿真运行前或运行过程中，可以将若干个探针放到电路中的点上，这些探针保持固定，直至下一个仿真开始运行时数据清除。

需要注意：除动态探针中的各种电压和频率读数外，静态探针可以显示电流和相位读数。

五、设计管理窗口（Design Toolbox）

设计管理窗口也可称为设计工具栏，用户可以使用设计工具栏把有关电路设计的原理图、PCB、相关文件、电路的各种统计报告进行分类管理。

在 Visibility 标签页中，可以选择在工作空间的当前图纸上显示哪一层。

Hierarchy 标签页包含一棵树，它显示了打开的设计中文件的从属关系。

Project 标签页显示了当前项目的信息。可以在当前项目现有的文件夹中添加文件，控制文件的访问，并将设计存档。用于宏观管理设计项目中的不同类型文件，如原理图文件、PCB 和报告清单文件，同时可以方便地管理分层次电路的层次结构。

4-3　Multisim 的基本操作

运行 Multisim，系统会自动创建一个默认标题的新电路文件，保存时可以重新命名该电路文件。对新电路文件的基本操作包含三个主要内容：Multisim 用户界面的设置；电路原理图的设计；电路的仿真。

一、Multisim 用户界面的设置

用户界面设置是指用户利用软件提供的功能，定制界面以符合自己的工作习惯和喜好。Multisim

向用户提供三种界面的定制功能。

1. 定制软件操作界面

自定义工具栏、状态栏和工作窗口。在主菜单栏或工具栏中右击，在弹出的快捷菜单中选择 Customize（用户自定义）命令，打开如图 4-3-1 所示对话框，然后在 Toolbars（工具栏）选项卡中设定。

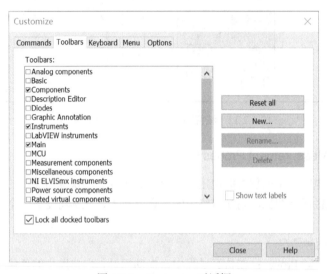

图 4-3-1 Customize 对话框

2. 定制右键菜单

和 Windows 一样，Multisim 也有右键菜单功能，同时也提供编辑右键菜单的功能。在主菜单栏或工具栏中右击，在弹出的快捷菜单中选择 Customize（用户自定义）命令，然后在 Menu（菜单）选项卡的 Context menus（菜单项）选项区域中选择要编辑的菜单，如图 4-3-2 所示，再对所弹出的右键菜单进行删除、添加或更改操作。

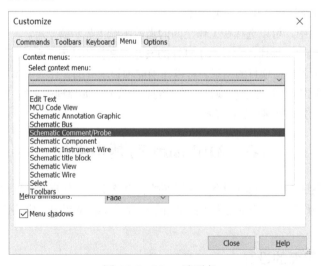

图 4-3-2 Menu 选项卡

3．定制电路文件工作区界面

自定义电路颜色、页面尺寸、符号系统和打印等。如图 4-3-3 所示，电路文件工作区界面的定制主要是在 Sheet Properties 对话框中设置的，打开该对话框的方法有三种：（1）在菜单栏的 Edit 菜单中选择 Properties 命令；（2）在菜单栏的 Options 菜单中选择 Sheet Properties 命令；（3）在仿真工作区的右键菜单中，选择 Properties 命令。

图 4-3-3　Sheet Properties 对话框

Sheet Properties 对话框中有 Sheet visibility、Colors、Workspace、Wiring、Font 等多个选项卡。在 Sheet visibility 选项卡中设置在电路图上显示的各种参数和标识等文本内容。在 Colors 选项卡中可以设置电路图形和背景颜色。在 Workspace 选项卡中可以设置需要在电路图上显示的电路连线的路径及图纸大小等。在 Wiring 选项卡中可以设置线的宽度。在 Font 选项卡中可以设置在电路图上显示的文本字体和字形。如果不定制，而是改变当前电路的显示，则在设定后取消勾选 Save as default 复选框。

此外，如果需改变显示的元器件模型标准，如图 4-3-4 所示，可在 Options 菜单中选择 Global Preferences 命令，在 Components 选项卡的 Symbol standard 选项区域中选择。

二、电路原理图的设计

查找电路需要的元器件并放置仿真工作区，用导线将元器件的符号的引脚连接起来是设计和绘制原理图的主要工作。

1．查找并放置元器件

选择菜单栏 Place（放置）命令→Component（元器件），或者在 Component（元器件）工具栏上单击任何一类元器件，或者按快捷键【Ctrl+W】打开图 4-3-5 所示对话框。

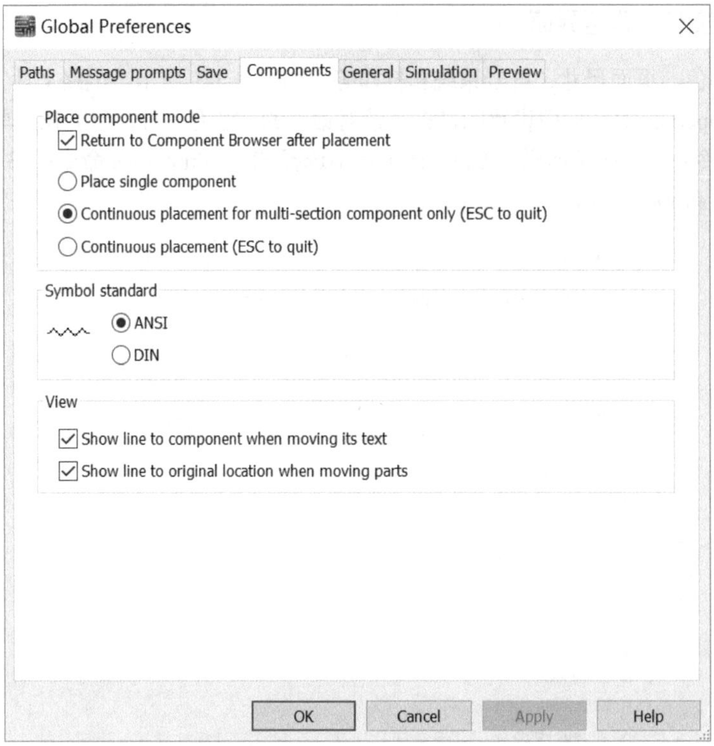

图 4-3-4　Global Preferences 对话框

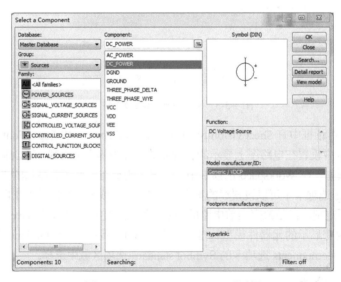

图 4-3-5　Select a Component 对话框

在 Database（数据库）下拉列表中选择 Master Database（主数据库）；在 Group（组）下拉列表中选择 Sources（元器件组），这时在 Family（元器件系列分类）中弹出元器件系列表，选择需要的元器件，在功能区中会显示该元器件的 Symbol（元器件符号）、Function（元器件功能介绍）、Model manufacturer（生产厂商/型号）、Footprint manufacturer/type（封装类型）和 Hyperlink（超链接）。

当用户不熟悉元器件的分类信息时，可以通过搜索功能快速找到所需的元器件。在 Select a

Component 对话框中，单击"Search"按钮，弹出 Component Search 对话框，如图 4-3-6 所示。

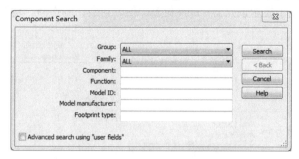

图 4-3-6　Component Search 对话框

在 Component Search 对话框中输入的信息包括 Group（组）、 Family（系列）、Component（元器件）、Function（功能）、Model ID（模型 ID）、Model manufacturer（模型制造商）和 Footprint type（封装类型）等信息。相应的信息设置的关键字越多，查找越精细。单击"Search"按钮，符合搜索条件的元器件就在 Search Results 对话框中显示出来，如图 4-3-7 所示。

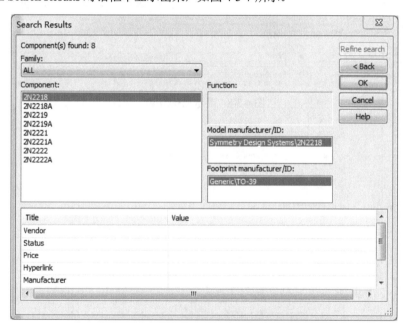

图 4-3-7　Search Results 对话框

找到所需的元器件后，该元器件在 Search a Component 对话框中高亮显示，如图 4-3-8 所示，此时可以放置该元器件符号。单击"OK"按钮或双击该元器件，光标将附带选定元器件的符号出现在仿真工作区，移动光标到合适位置后单击左键，该元器件将被放在光标停留的位置。

2. 设置元器件参数

双击元器件图标，弹出其属性对话框，或者选中元器件，单击鼠标右键，在弹出的快捷菜单中选择 Properties（属性）项，弹出其属性对话框，如图 4-3-9 所示。

Label（标签）选项卡用于设置元器件的标志和编号，编号由系统自动分配，必要时可以修改，但必须保证编号的唯一性。

Display（显示）选项卡用于设置标识、编号的显示方式。

Value（值）选项卡用于显示该元器件的库位置、值、封装、制造商、功能和超链接。

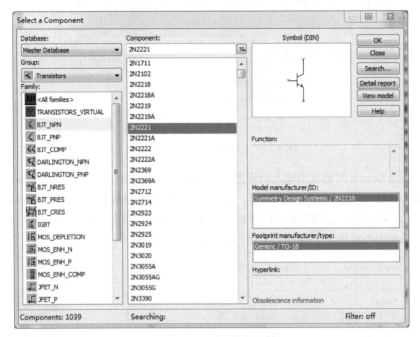

图 4-3-8　显示加载结果

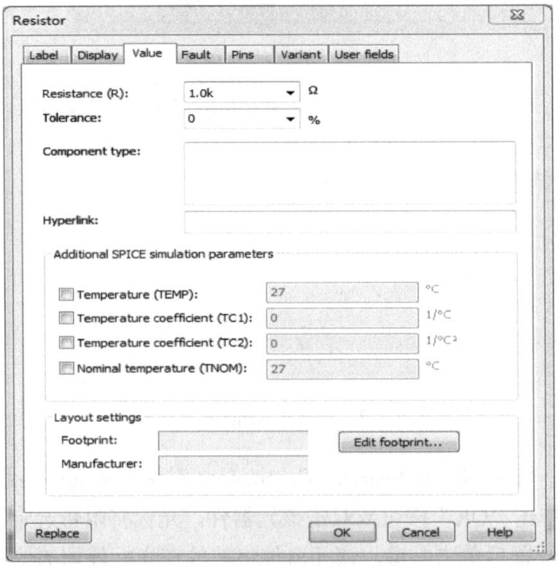

图 4-3-9　元器件属性对话框

Fault（故障）选项卡用于人为设置元器件隐含的故障，为电路的故障分析提供方便。

Pins（引脚）选项卡用于显示元器件所有引脚的名称、类型、网络、ERC 状态、NC，用户可以根据引脚参数进行修改。

Variant（变量）选项卡用于显示元器件中包含的变量，变量的状态包括含和不含。

User fields（用户字段）选项卡用于显示默认的用户字段。

真实元器件（或现实元器件，在现实元器件库中可以直接找到）在使用时只能调用，不能修改它们的参数（极个别可以修改，如晶体管的 β 值），而虚拟元器件可以理解为元器件参数可以任意修改和设置。此外，额定元器件允许的电流、电压、功率等的最大值都是有限制的，一旦超过额定值，元器件将被击穿或烧毁。

3．调整元器件

完成元器件的放置后，为了使绘制的原理图清晰、美观，便于布线，需要根据原理图的整体布局对元器件进行调整，调整包含将元器件移动到指定位置、旋转为指定的方向和对齐。

调整元器件需先选中元器件，具体方法：用鼠标单击所需的工作区域，按住鼠标左键画出矩形框，把需要移动的元器件都包括进去；按住【Ctrl】键，用鼠标逐个单击需要调整的元器件。

当元器件被选中后，将鼠标光标指向元器件，按住鼠标左键不放，拖动元器件到指定位置后释放鼠标左键，元器件即被移动到当前光标的位置。

当元器件被选中后，通过菜单栏的 Edit（编辑）→Orientation（方向）命令，或者将鼠标光标指向元器件，单击鼠标右键，在弹出的快捷菜单中实现元器件的旋转，可以使用功能键实现元器件的旋转。

当元器件被选中后，通过菜单栏的 Edit（编辑）→Align（对齐）命令，可以对选中的元器件实现一定规则的对齐操作，对齐操作包括左对齐、右对齐、垂直居中、底对齐、顶对齐和水平居中。

4．连线和放置节点

（1）放置导线。

放置导线是指把工作区域中的元器件用导线连接起来，使元器件之间具有电气连接。导线的连接方式分为自动连线和手动连线两种。自动连线是 Multisim 自动选择引脚间最好的途径完成连线，具有避免连线通过元器件和连线重叠的功能；手动连线要求用户控制连线路径。

自动连线操作方法如下：将鼠标光标放到要连接的元器件的引脚上，鼠标光标变成一个小黑点，单击左键移动光标，即可拉出一条直线；如果需经过某点转折，则在该点单击，确定该点为导线的拐弯位置；移动光标，将其放到终点引脚处，显示红色圆点，单击鼠标左键，即可完成自动连线。

手动连线操作方法如下：单击菜单栏 Place（放置）→Wire（导线）命令，或者在仿真工作区右击打开快捷菜单，在其中选择 Place on schematic（在原理图中放置）→Wire（导线），或者按快捷键【Ctrl+Shift+W】，此时光标变成"十"字形，将光标移动到想要放置导线的位置，单击左键光标变成一个小黑点，放置导线的起点，显示红色圆点，移动光标形成一条导线，单击鼠标左键放置导线终点，即完成一条导线的连接。

（2）设置网络名称。

任意一个建立的电气连接都称为一个网络，每一个网络都有自己唯一的名称。系统根据连线的先后次序为每一个网络设置默认的名称，用户也可以自行设置。

双击导线或选中导线并右击打开快捷菜单，单击 Properties（属性）选项，弹出 Net Properties（网络属性）对话框，如图 4-3-10 所示。在 Net name（网络名称）选项卡中，显示当前默认以数字排序的 Net name（网络名称），在 Preferred net name（首选网络名称）中可以输入需要修改的网络名称；单击 Net color（网络颜色）按钮，系统会弹出颜色对话框，在该对话框中可以设置导线的颜色。

（3）在导线中插入元器件。

如图 4-3-11 所示，将元器件直接拖曳到导线上，然后松开鼠标左键即可将元器件插入电路中，如图 4-3-12 所示。

图 4-3-10　Net Properties 对话框

图 4-3-11　拖曳元器件　　　　　　　　　图 4-3-12　插入元器件

（4）放置节点。

放置导线时，T 形交叉点处系统会自动放置电气节点，表示线路在电气意义上是连接的；十字交叉点系统不会自动放置电气节点，需要用户根据实际连接情况手动放置。

放置节点的具体方法如下：单击菜单栏 Place（放置）→Junction（节点）命令，或者按快捷键【Ctrl+J】，此时光标变成一个电气节点符号，移动光标到需要放置节点的位置单击即可完成节点的放置。

（5）放置文字说明。

为了增加原理图的可读性，可在原理图的关键位置添加文字说明或添加文字注释。

添加文字说明的具体方法如下：单击菜单栏 Place（放置）→Text（文本）命令，或者按快捷键【Ctrl+Alt+A】启动文本命令。移动光标到需要添加文字说明处，单击鼠标左键，显示矩形文字输入框，即可输入文字。如果需要修改文字，则直接双击文字，在需要修改的文字外侧显示矩形框，弹出文本工具箱直接修改。

添加文字说明的具体方法如下：单击菜单栏 Place（放置）→Comment（注释）命令，或者在仿真工作区空白处单击鼠标右键，在弹出的快捷菜单中选择 Place comment（放置注释）命令，即可实现文字说明的添加。移动光标到需要添加文字说明处，单击鼠标左键，显示文本输入框即可输入所需的文字。如果需要修改文字说明，则可单击 🙂 注释图标，弹出注释文本框直接进行修改。

三、电路的仿真

1. 交互仿真设置

选择菜单栏 Simulate（仿真）→Interactive simulation settings（交互仿真设置）命令，弹出如图 4-3-13 所示对话框。

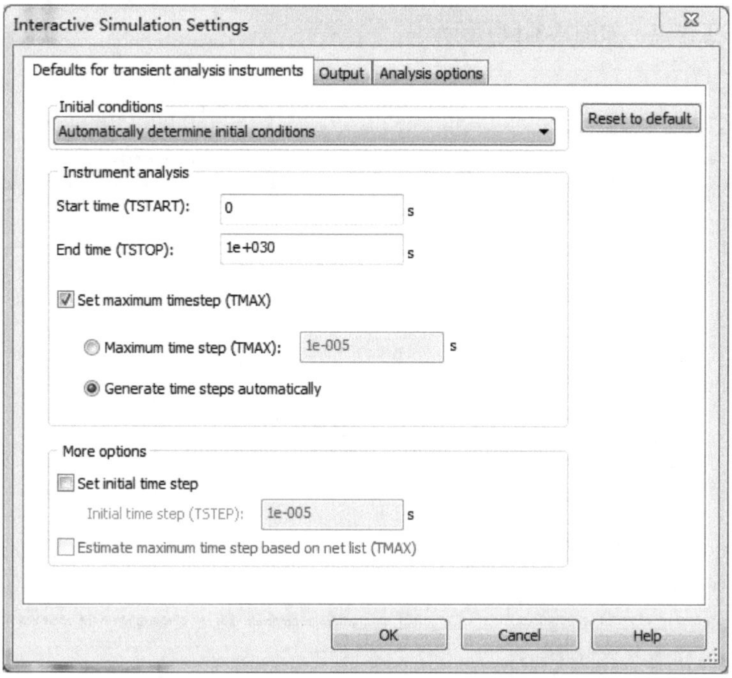

图 4-3-13　Interactive Simulation Settings 对话框

Interactive Simulation Settings 对话框参数设置如下。

Defaults for transient analysis instruments（瞬态分析仪器默认选项）包含 Initial conditions（初始条件）、Start time（开始时间）、End time（截止时间）、Set maximum timestep（设置最大间隔时间）和 Set initial time step（设置初始时间步长）。

在 Output（输出）选项卡中勾选 Show all device parameters at end of simulation in the audit trail（仿真结束时在检查踪迹中显示所有元器件参数）复选框则会在仿真结束后，显示元器件信息。

Analysis options（分析选项）选项卡包含 SPICE options（SPICE 选项）和其他选项。

2. 电路基本仿真设置

单击仪器工具栏中的仪器按钮或单击菜单栏 Simulate（仿真）→Instruments（仪器）命令，单击所需的仪器图标，在仿真工作区中放置仪器的位置单击鼠标左键，完成仪器的放置。双击仪器图标，打开仪器面板，完成仪器参数的设置。

单击工具栏 ▶ 图标或选择菜单栏 Simulate（仿真）→Run（运行）命令，也可通过快捷键【F5】进行电路的仿真测试。

3. 电路仿真分析方法

选择菜单栏 Simulate（仿真）→Analysis 命令，系统提供了 18 种分析方式，分别为直流工作点分析、交流分析、瞬态分析、直流扫描分析、单频交流分析、傅里叶分析、噪声分析、噪声系数分析、失真分析、灵敏度分析、参数扫描分析、温度扫描分析、零极点分析、传递函数分析、最坏情况分析、蒙特卡洛分析、光迹宽度分析和批量分析。下面简述电工电子实验中几种常用的仿真分析方法。

（1）DC Operating Point Analysis（直流工作点分析）。

通过直流工作点分析，可以确定暂态的初始条件和在交流小信号情况下非线性元器件的线性化模型参数。电路进行直流工作点分析时，电路中的交流电源被置零，电容开路，电感短路，分析电路在这种情况下的静态工作点，如图 4-3-14 所示。

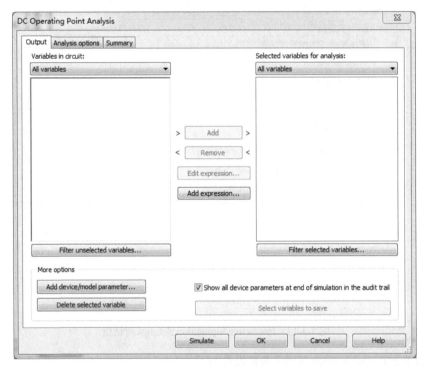

图 4-3-14　直流工作点分析设置

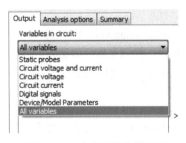

图 4-3-15　电路中的变量设置

Output（输出）选项卡：Variables in circuit（电路中的变量）列表中列出了所有可供选择的输出变量，如图 4-3-15 所示。在电路的变量栏中选中需要显示的变量，单击"Add"按钮，可在 Selected variables for analysis（已选定用于分析的变量）栏中添加变量，仿真结束后，在仿真结果中显示选定的变量，单击"Remove"按钮，可将不需要显示的变量移回电路中的变量栏。

Analysis options（分析）选项卡：如图 4-3-16 所示，显示仿真分析方式的名称、设置模型参数。

Summary（汇总）选项卡：如图 4-3-17 所示，显示所有设置和参数结果，可供用户检查设置是否正确、是否遗漏。

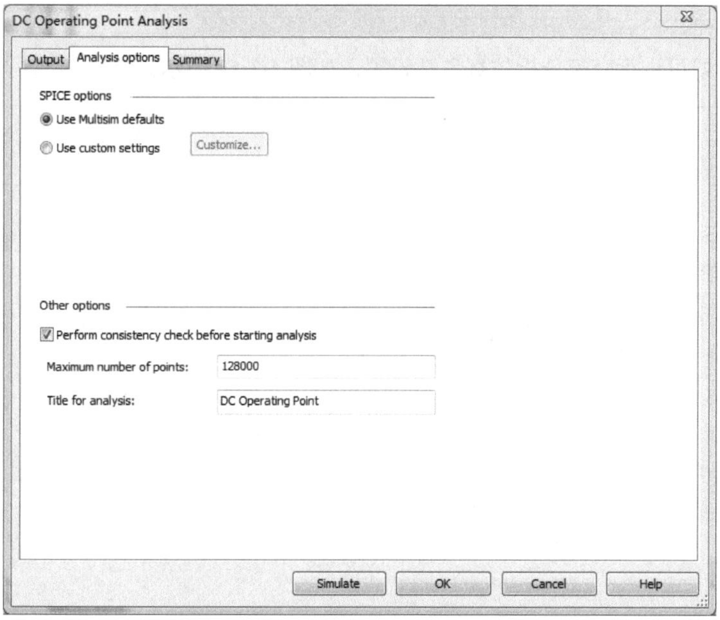

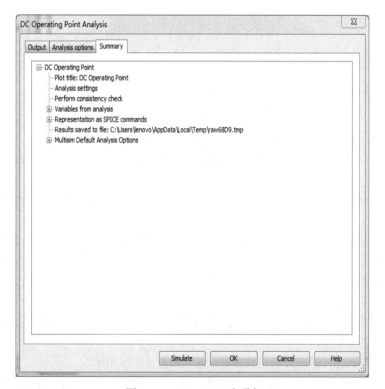

图 4-3-16　Analysis options 选项卡

图 4-3-17　Summary 选项卡

（2）AC Analysis（交流分析）。

交流分析是计算电路在一定频率范围内的频率响应。在交流分析前，程序会先对电路进行直流分析，得到电路中非线性元器件的交流小信号模型。电路原理图中必须至少有一个交流信号源，分析时会自动以正弦波替代。

选中交流分析即可进行交流分析仿真参数设置，如图 4-3-18 所示。

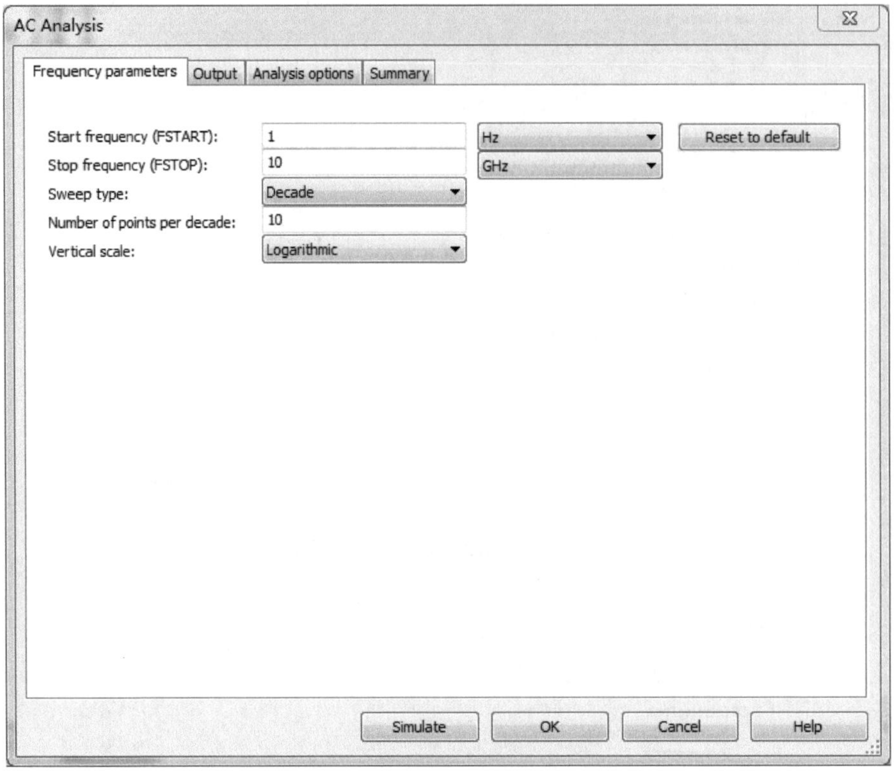

图 4-3-18 交流分析仿真参数设置

Start frequency（起始频率）：用于设置交流分析的起始频率。

Stop frequency（终止频率）：用于设置交流分析的终止频率。

Sweep type（扫描类型）：用于设置扫描方式。它有三种类型：Linear（线性）指按交流信号源的频率变化等间隔取测试点，适用于带宽较窄的情况；Decade（十倍频程）指以十倍频程扫描，用于带宽特别宽的情况；Octave（倍频程）指以二倍频程扫描，用于带宽较宽的情况。

Number of points per decade（每十倍频点数）：设置每个倍频程中的频率点数，默认值为 10。

Vertical scale（垂直刻度）：设置输出波形的数值类型，分为 Linear（线性）、Logarithmic（对数）、Decibel（分贝）和 Octave（倍频程）四种，通常选择对数和分贝。

（3）Transient Analysis（瞬态分析）。

瞬态分析用于在时域中选定电路节点的瞬态描述，属于非线性分析。当电路的偏置点固定时，需要考虑电容和电感的初始值。

选中瞬态分析即可进行瞬态分析仿真参数设置，如图 4-3-19 所示。

Initial conditions（初始条件）：分为将初始值设置为 0、用户定义初始值、通过计算直流工作点得到的初始值、自动设置初始值。

Start time（起始时间）：设置开始分析的时间，通常设置为 0。

End time（结束时间）：设置结束分析的时间，根据具体电路进行设置。

Maximum time step settings（最大时间步长）：时间增量值的最大变化量。

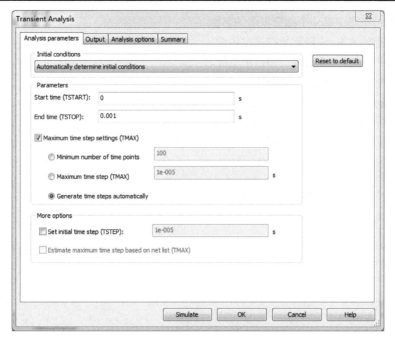

图 4-3-19　瞬态分析仿真参数设置

（4）DC Sweep Analysis（直流扫描分析）。

直流扫描分析是利用电路中某个（或两个）独立直流电源的变化情况，分析电路中直流输出变量的相应变化曲线。

选中直流扫描分析即可进行直流扫描分析参数设置，如图 4-3-20 所示。

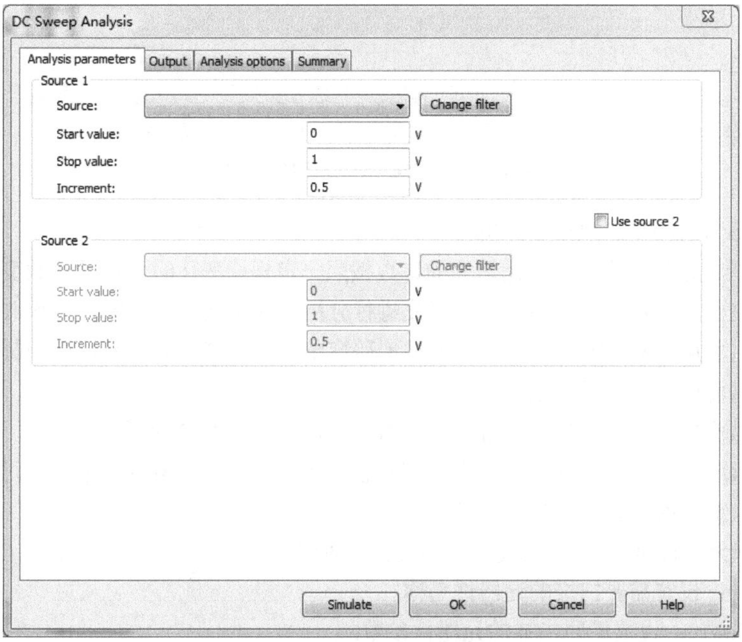

图 4-3-20　直流扫描分析参数设置

直流扫描分析可以设置 2 个源，Source 1（源 1）为主源，Source 2（源 2）为可选源。

Source（源）：电路中第一个独立电源的名称。

Start value（起始值）：设置起始扫描电压值。

Stop value（终止值）：设置终止扫描电压值。

Increment（增量）：设置扫描增量值。

（5）Single Frequency AC Analysis（单频交流分析）。

单频交流分析是指 Multisim 中包含的虚拟仪表的仿真分析。

选中单频交流分析即可进行单频交流分析参数设置，如图 4-3-21 所示。

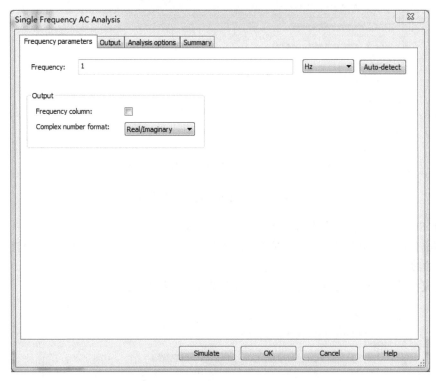

图 4-3-21　单频交流分析参数设置

（6）Parameter Sweep（参数扫描分析）。

参数扫描分析是指当电路中某些元器件的参数按照一定规律变化时，对该参数变化可能引起的电路直流工作点、交流频率特性和瞬态特性的变化进行分析。这相当于该元器件每次取不同的值，进行多次仿真、比较。利用参数扫描分析可以很方便地研究电路参数变化对电路特性的影响，其分析功能与蒙特卡罗分析和温度扫描分析类似。

选中参数扫描分析即可进行参数扫描分析参数设置，如图 4-3-22 所示。

① Sweep parameters（扫描参数）：选择设置扫描的电路参数或元器件的值，通过下拉列表选择，包括元器件参数、模型参数和电路参数 3 种。

Device type（元器件类型）：设置需要扫描的元器件类型。

Name（名称）：设置需要扫描的元器件名称。

Parameter（参数）：设置需要扫描的元器件参数。

Present value（当前值）：需要扫描的元器件当前值。

Description（描述）：元器件参数含有的说明。

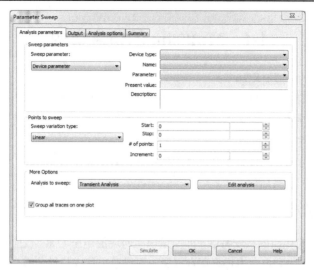

图 4-3-22　参数扫描分析参数设置

② Points to sweep（待扫描的点）：选择扫描变量类型，通过下拉列表选择。

Start（开始）：扫描变量的起始值。

Stop（终止）：扫描变量的终止值。

# of points（点数）：扫描变量的测量点数目。

Increment（增量）：扫描变量的增量。

③ More Options（更多选项）。

Analysis to sweep（待扫描的分析）：设置扫描的分析类型。选择好扫描类型后，单击"Edit analysis"（编辑分析）按钮弹出选中分析类型编辑的对话框。若选择扫描类型为瞬态扫描分析，会弹出瞬态扫描分析对话框，设置该扫描类型的参数，如图 4-3-23 所示。

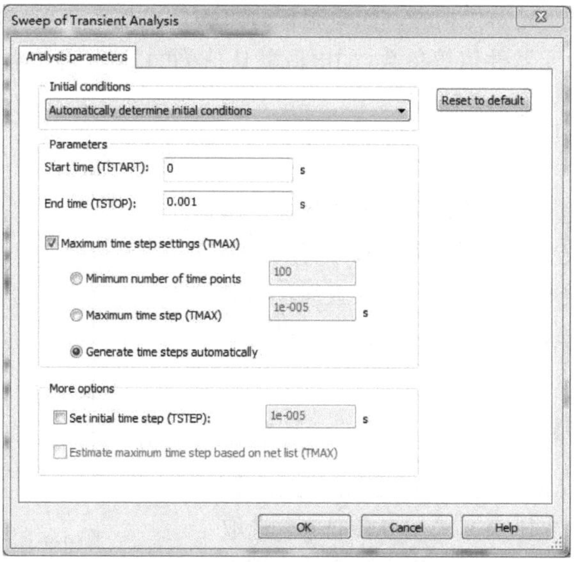

图 4-3-23　瞬态扫描分析参数设置

4-4 Multisim 的仿真实例

Multisim 电路仿真的一般流程如下：

第一步，选择要使用的元器件（包括电源），放在电路窗口中希望的位置；

第二步，调整元器件的位置、方向并修改元器件参数及标号；

第三步，连接元器件；

第四步，调用仿真分析方法或调用并连接虚拟仪器仿真电路；

第五步，保存电路和仿真结果。

一、直流电路仿真实例

用 Multisim 仿真测定电阻的伏安特性，即测量电阻两端的电压 U 和流过的电流 I 的关系。要求与在真实实验室一样用电压表和电流表进行逐点测量，再描绘出伏安特性曲线。

1. 选择元器件

在元器件工具栏的电源器件库（Sources）中，"DC_POWER"选取 12V 直流电压源；在基本元件库（Basic）中，"RESISTOR"选取 1kΩ 电阻。

2. 调整元器件

根据电路原理图的布局调整仿真电路元器件位置与方向，伏安特性原理图如图 4-4-1 所示。具体方法如下：用鼠标选中电阻图标，右击，在弹出的快捷菜单中选择"90 Clockwise"（顺时针旋转 90°）或"90 Counter Clockwise"（逆时针旋转 90°），将电阻转成竖向放置，移动元器件到合适位置。

根据电路原理图修改元器件的标号，选中需修改的元器件并双击，弹出参数设置对话框，在"Label"选项卡中修改元器件标号，如电源标号可按需求更改"Label/RefDes"值为"Us"；在"Value"选项卡中修改元器件值等参数，如电源默认值为"12V"，可按需求更改"Value/Voltage"值为"10V"。

3. 连接元器件

参照图 4-4-1 所示电路，已将所需元器件放在工作区的合适位置，当鼠标光标位于元器件引脚时变成一个小黑点，单击左键移动光标，即可拉出一条直线，移动光标到下一个元器件引脚后，显示红色圆点，单击左键完成布线。

4. 调用虚拟仪器仿真

在指示器件库（Indicator）中，"VOLTMETER"选取"VOLTMETER_V"（电压表），"AMMETER"选取"AMMETER_H"（电流表）（"_V"表示"+"输入端在

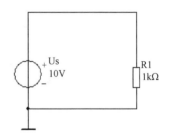

图 4-4-1　伏安特性原理图

上，"_VR"表示"+"输入端在下，垂直方向放置的仪表；"_H"表示"+"输入端在左，"_HR"表示"+"输入端在右，水平方向放置的仪表），分别放置于工作区。电压表并联在被测对象两端，

其连接方式与元器件连接方式类似。电流表串联在被测支路，只需将被测支路预留足够长度，然后移动电流表靠近连线，工作电流表就会自动断开连线串联接入。连接完成的最终电路如图 4-4-2 所示。

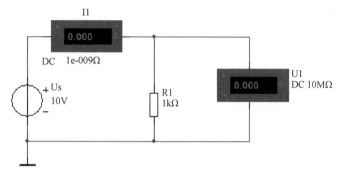

图 4-4-2　最终电路

打开仿真开关，通过改变直流电压源的电压值，记录相应的电压和电流变化，填写在表 4-4-1 中，通过表格测量的参数绘制出电阻的伏安特性曲线。

表 4-4-1　电压表和电流表的读数

直流电压源 U_s（V）	电压表（V）	电流表（mA）
0		
2		
4		
6		
8		
10		

Multisim 提供了一系列的虚拟仪器，这里除可以使用指示器件库的电压表和电流表测量外，还可以使用虚拟仪器仪表工具栏中的数字万用表（Multimeter），选择"DC"模式的电压"V"和电流"A"分别测量直流电压和直流电流。

5. 调用 DC Sweep Analysis 方法仿真

在 Multisim 中测定电阻的伏安特性，调用 DC Sweep Analysis 方法形成伏安特性曲线。

伏安特性测试电路如图 4-4-3 所示，启动 Simulate 菜单中 Analysis 下的 DC Sweep 命令，弹出 DC Sweep Analysis 对话框，在 Analysis parameters 选项卡中进行设置，如图 4-4-4 所示。

在 Output 选项卡中选取节点 1 电压为输出变量，再单击"Simulate"按钮测量得到伏安特性曲线，如图 4-4-5 所示。

6. 保存电路

关闭仿真开关，打开 File 菜单选择 Save 命令保存当前文件。

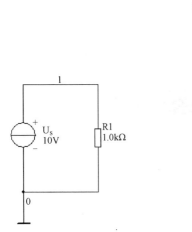

图 4-4-3　伏安特性测试电路

图 4-4-4　DC Sweep Analysis 对话框

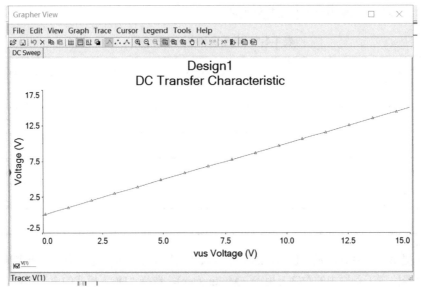

图 4-4-5　伏安特性曲线

二、RC 暂态电路的仿真实例

在 Multisim 中可以方便、直观地观察到电容的充放电特性。RC 暂态测试电路如图 4-4-6 所示，"XSC1"是虚拟仪器仪表栏中的示波器，"S1"是一个单刀双掷的开关，通过按空格键可切换连接直流电源和地。

双击示波器图标，打开示波器显示面板，如图 4-4-7 所示，对示波器进行设置。反复按空格键并观察 RC 暂态电路输入与响应的波形，如图 4-4-8 所示，其中通道 A 是输入波形，通道 B 是响应波形。

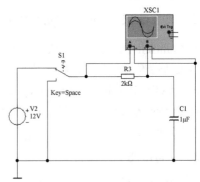

图 4-4-6　RC 暂态测试电路

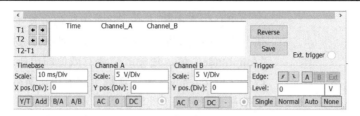

图 4-4-7　示波器显示面板

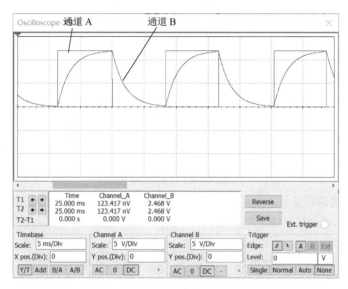

图 4-4-8　RC 暂态电路输入与响应的波形

三、交流电路频率特性的仿真实例

1．调用虚拟仪器仿真

交流电路的频率特性主要是指通过示波器观察激励和响应的波形测试电路的幅频和相频特性，如图 4-4-9 所示是 RC 串联、并联选频网络特性测试电路，其中"XFG1"是虚拟仪器栏的函数信号发生器，主要用于提供电路的激励信号；"XSC1"是虚拟仪器栏的示波器，可通过游标测试激励与响应的幅值与相位的变化。

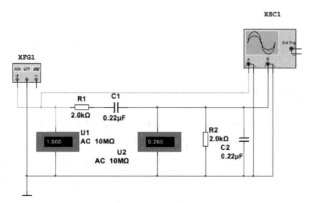

图 4-4-9　RC 串联、并联选频网络特性测试电路

图 4-4-10　函数信号发生器面板

闭合仿真电源开关，双击函数信号发生器图标，打开函数信号发生器面板，如图 4-4-10 所示。选择正弦波，改变"Amplitude"值，使输入交流有效值即电压表"U1"显示 1V；改变"Frequency"值，使输出交流电压有效值即电压表"U2"示数最大，记录下此时的频率为 f_0，然后在 f_0 左右两侧各选几个频率点，测量 U_O 的值。通过测量的频率 f_0 和输出电压有效值 U_O，绘制幅频特性曲线。

闭合仿真电源开关，双击函数信号发生器图标，打开函数信号发生器面板，改变"Frequency"值，双击示波器图标，如图 4-4-11 左图所示，调整示波器"Timebase"值，水平拉升显示波形，使激励与响应波形相位差为 0，如图 4-4-11 右图所示，记录下此时的频率为 f_0。

改变函数信号发生器频率 f，再次打开仿真开关，如图 4-4-12 所示，打开示波器面板，调整"Timebase"值，水平拉升显示波形，移动波形显示窗口左侧的游标，使游标 1、2 分别指示激励、响应两波形对应点，然后根据显示坐标参数"Time""T2-T1"获得两个波形之间水平距离 ΔX，则两个信号相位差为：

$$\Delta\varphi = (\Delta X / T) \times 360°$$

相位差的正负根据波形显示的响应激励的超前滞后关系去判断。在 f_0 左右两侧各选几个频率点，测量 ΔX 值，再根据上式获得相频特性曲线。

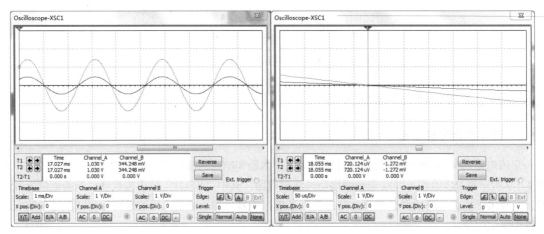

图 4-4-11　RC 串联、并联选频相频特性测试一

此外，还可通过调用虚拟仪器仪表栏的波特图仪"Bode Plotter"测量电路的幅频和相频特性曲线。

2．调用 AC Analysis 方法仿真

AC Analysis 方法用于分析电路的小信号频率响应。交流分析输出的是幅频特性曲线和相频特性曲线。交流分析中所有输入源都被认为是正弦波，并不用设置输入信号的频率。

如图 4-4-13 所示，以 RC 串联、并联选频网络特性测试电路为例，执行菜单命令"Simulate/Analysis"，调用"AC Analysis"（交流分析），打开 AC Analysis 对话框，如图 4-4-14 所示。在多数情况下，只要在 Frequency parameters 选项卡中设置起始频率"Start frequency"和结束

频率"Stop frequency"，在 Output 选项卡中设置需要分析的输出量"Add"操作即可。图 4-4-15 所示为 RC 串联、并联选频网络特性测试电路调用交流分析得出的幅频特性曲线、相频特性曲线，以及移动游标测量不同频率下的幅值和相移（游标指示）。

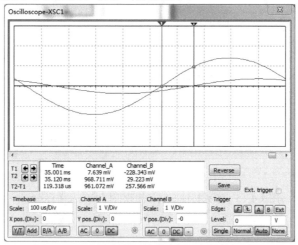

图 4-4-12　RC 串联、并联选频相频特性测试二

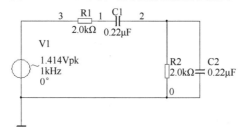

图 4-4-13　RC 串联、并联选频网络特性测试电路

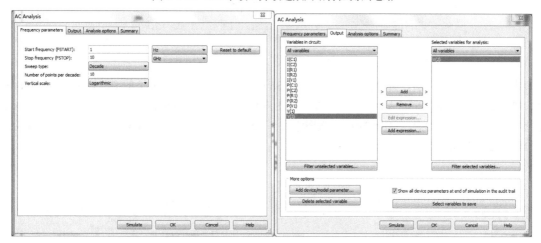

图 4-4-14　"AC Analysis"对话框

四、单管放大电路仿真实例

1．调用 DC Operating Point Analysis 方法仿真

直流工作点分析用于确定电路的直流工作点，对于直流分析，假设交流信号为零，且电路处于稳

态，即电容开路，电感短路。单管放大电路如图 4-4-16 所示。

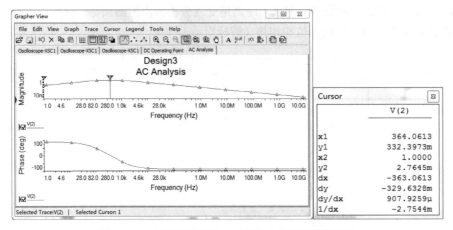

图 4-4-15　幅频特性曲线、相频特性曲线及游标指示

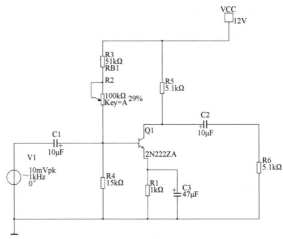

图 4-4-16　单管放大电路

调用直流工作点分析，具体方法如下：启动 Simulate 菜单中 Analysis 下的 DC Operating Point 命令，弹出 DC Operating Point Analysis 对话框，如图 4-4-17 所示。在 Output 选项卡的 Variables in circuit 选项中选择需要分析的点，单击 "Add" 按钮添加到 Selected variables for analysis 选项中，仿真后会产生分析数据，如图 4-4-18 所示。

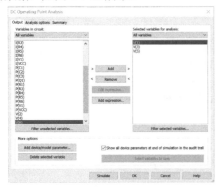

图 4-4-17　DC Operating Point Analysis 对话框

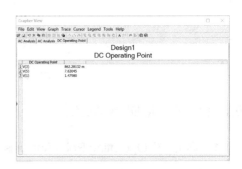

图 4-4-18　直流工作点分析数据

2．调用 AC Analysis 方法仿真

交流分析的结果如图 4-4-19 所示，包括幅频特性和相频特性两条曲线。

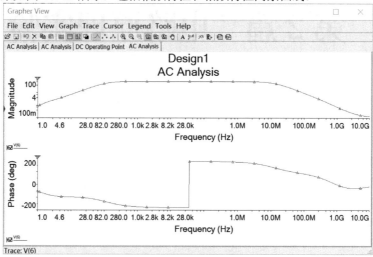

图 4-4-19　交流分析的结果

第2篇　电路原理实验

第 5 章　电路定律与定理

5-1　常用电工元器件认知实验

一、实验目的

1. 认知电路元器件的性能和规格，学会正确选用元器件。
2. 掌握电路元器件的测量方法，了解它们的特性和参数。

二、原理说明

无论是电工实验还是电子实验，以及今后的设计性工作，都离不开电工元器件。实验前必须先了解元器件的基本知识，包括元器件的名称、用途、分类、参数等特性。能够正确认识和测量元器件，正确判别和选用元器件，是进行电工电子实验的必备基础。

电工电子常用的元器件分为无源元件和有源器件两种，常用的无源元件主要包括电阻、电容、电感、开关、熔断器等，有源器件主要有晶体管、运算放大器等。本节主要介绍常用无源元件的种类、性能及技术参数等。

（一）电阻器（Resistor）

电阻器在电路中通常被简称为电阻。电阻器是一种限流元件，在电路中消耗能量，属于耗能元件。电阻器接在电路中，所起的作用不尽相同。电阻器常用作负载、分压器、分流器；与电容或电感组合使用，可实现滤波、相位控制、信号发生等功能。电阻器在电路中的符号用 R 表示，单位为 Ω，大阻值也可以用 kΩ 和 MΩ，1kΩ=1000Ω，1MΩ=1000 kΩ。

电阻器的内部结构不同，型号种类也有很多。

1. 电阻器的型号

通常电阻器的型号由四部分组成：第一部分是主称，用 R 表示；第二部分代表电阻体的材料；第三部分代表分类；第四部分为序号。电阻器型号命名法如图 5-1-1 所示，表 5-1-1 所示为电阻器型号各部分具体定义。

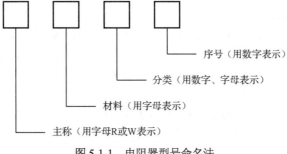

图 5-1-1　电阻器型号命名法

表 5-1-1　电阻器型号各部分具体定义

第一部分		第二部分		第三部分		第四部分
用字母表示主称		用字母表示材料		用数字或字母表示分类		用数字表示序号
符号	意义	符号	意义	符号	意义	
R	电阻器	T	碳膜	1	普通	
W	电位器	P	硼碳膜	2	普通	
		U	硅碳膜	3	超高频	
		H	合成膜	4	高阻	
		I	玻璃釉膜	5	高阻	
		J	金属膜	6	/	
		Y	氧化膜	7	精密	
		C	沉积膜	8	高压	
		S	有机实心	9	特殊	
		N	无机实心	G	高功率	
		X	线绕	T	可调	
		R	热敏	X	小型	
		G	光敏	L	测量用	
		M	压敏	W	微调	
				D	多圈	

2. 常用电阻器

普通电阻器可分为固定和可变两类。按内部组成结构来分则有合成电阻器、薄膜电阻器、线绕电阻器和敏感电阻等。下面介绍几种常用的电阻器。

（1）合成电阻器。

合成电阻器是将导电材料与非导电材料按一定的比例合成材料，再将一定电阻率的材料制成电阻器，改变导电材料和非导电材料的配比就可以改变电阻率的大小。合成电阻器的优点是材料成本不高、易于企业批量生产、成品可靠性高、体积小、价格较低，缺点是稳定性较差、噪声也较大，一般在对精度要求不高的电路中应用。

（2）薄膜电阻器。

薄膜电阻器是在一个绝缘载体上面真空喷镀一层导电膜或通过化学反应沉淀一层导电膜，两端加上引脚，外面再喷涂一层保护漆而制成的。薄膜电阻器的阻值可通过改变导电镀膜厚度来控制，更多的是采用刻槽的办法来控制。

① 金属膜电阻器（RJ）。

金属膜电阻器的生产工艺大多是采用真空蒸发法制造的。导电镀膜层是金属或合金材料，在真空环境下制成，电阻器的线性性能优良，能适应温度变化较大的工作环境，温度系数、电压系数和噪声都较低，阻值范围很大，在精密电子仪器电路中应用较多。

② 金属氧化膜电阻器（RY）。

金属氧化膜电阻器是在陶瓷或玻璃上形成氧化的电阻膜层的电阻器，其导电镀膜层是由金属氧化物构成的，其性能与金属氧化物膜层关系较大。其优点是耐热性、噪声电势、温度系数、电压系数等电性能好，便于制成低阻值的电阻器；缺点是金属氧化膜层在直流电压下容易还原。

③ 碳膜电阻器（RT）。

　　碳膜电阻器是用有机黏合剂将碳墨、石墨和填充料配成悬浮液涂覆于绝缘基体上，经加热聚合而制成的，它具有较高的化学稳定性和较大的电阻率。因此，碳膜电阻器具有稳定性好、成本低、阻值范围大、受电压和频率的影响小、温度系数小、加工工艺简单等特点。通过控制碳膜厚度和对膜刻槽来控制阻值的大小，其阻值范围从几十欧至几十兆欧，额定功率为 1/8～5W，是目前使用最多的一种电阻器，在精度要求不高的数百兆赫以下的电路中广泛应用。

　　（3）线绕电阻器（RX）。

　　线绕电阻器是以高电阻合金线（如康铜、锰铜、镍铬合金丝等材料制成）绕制在绝缘骨架（陶瓷等）上，两端引出引线制成的，表面有保护漆或玻璃釉层。其阻值范围为 $0.1\Omega\sim5M\Omega$，额定功率为 1/8～500W，主要用于低频电路中的限流电阻、分压电阻、大功率管的偏压电阻、负载电阻等。其优点是温度系数小、稳定性好、精度高、功率容量大；缺点是分布电容、电感较大，高频特性差。

　　（4）敏感电阻器。

　　敏感电阻器是一种对光照强度、压力、湿度、热度、力敏等模拟量敏感的特殊电阻器，广泛应用于测控和自动化等领域中。

　　① 光敏电阻器。

　　根据光敏电阻器的光谱特性，可将它分为普通光敏电阻器、红外光敏电阻器和紫外光敏电阻器。根据实际应用的条件，需要确定光谱特性，然后选择光敏电阻器的亮光电阻、暗电阻、最高工作电压、额定功率、灵敏度等参数。

　　② 压敏电阻器。

　　压敏电阻器是一种非线性电阻元件，其阻值与两端施加的电压大小有关，当加到压敏电阻器上的电压在其标称值以内时，其阻值呈现无穷大状态，几乎无电流通过。当压敏电阻器两端的电压略大于标称电压时，压敏电阻器迅速被击穿导通，其阻值很快下降，处于导通状态。当电压减小至标称电压以下时，其阻值又开始增加，又恢复为高阻状态。当压敏电阻器两端的电压超过其最大限制电压时，它将完全被击穿损坏，无法自行恢复。

　　压敏电阻器分为无极性和有极性两种。压敏电阻器的主要参数包括标称电压、最大连续工作电压、最大限制电压、通流容量及温度系数等。实际使用时，首先选择工作电压，工作电压过低，压敏电阻器无法起到电压保护的作用；工作电压过高，压敏电阻器容易误动作或被击穿。一般工作电压应是加在压敏电阻器两端电压的 2～2.5 倍。

　　③ 热敏电阻器。

　　热敏电阻器可由单晶、多晶及玻璃、塑料等半导体材料制成，其阻值随温度的变化而变化，分为正温度系数热敏电阻器（PTC）和负温度系数热敏电阻器（NTC）两大类。PTC 是指随着温度升高其阻值也不断增大的热敏电阻器。PTC 在达到某一特定温度前，阻值随温度变化非常缓慢，当超过这个温度时，PTC 的阻值急剧增大。发生阻值急剧变化的这个温度称为居里点温度，是 PTC 的重要指标之一。

　　PTC 常用于电动机过电流和过热保护电路、限流电路及恒温电加热电路中；NTC 常用于温度检测、补偿、控制及稳压等电路中。

　　（5）电位器。

　　电位器是一种可调的电子元件，其一般具有两个固定端头和一个滑动端头，阻值可按某种变化规律进行调节。电位器通常由电阻体和可移动的电刷组成，当电刷沿电阻体移动时，在输出端即获得与位移量成一定关系的阻值，它大多用作分压，调节电路中某一点的电位。电位器可以作为可变电阻器使用，也可以作为固定电阻器使用。

　　电位器的类型分为非接触式电位器和接触式电位器。

　　① 非接触式电位器，通过无磨损的非机械接触产生输出电压，如光电、磁敏电位器。

② 接触式电位器，通过电刷与电阻体直接接触获得电压输出，包含线绕电位器、合成型电位器和薄膜电位器。

A：线绕电位器（WX）：100Ω～100kΩ，用于高精度、大功率电路。

B：合成型电位器分类。

合成实心电位器（WS）：100Ω～10MΩ，用于耐磨耐热等电路。

合成碳膜电位器（WT）：470Ω～4.7MΩ，用于一般电路。

金属玻璃釉电位器（WI）：47Ω～4.7MΩ，用于高阻、高压及射频电路。

C：薄膜电位器分类。

金属膜电位器（WJ）：10Ω～100kΩ，用于100MHz以下的电路。

金属氧化膜电位器（WY）：10Ω～100kΩ，用于大功率电路。

电位器的型号如表5-1-2所示。

表 5-1-2　电位器的型号

型　号	名　　称
WT	合成碳膜电位器
WI	金属玻璃釉电位器
WY	金属氧化膜电位器
WJ	金属膜电位器
WS	合成实心电位器
WX	线绕电位器

电位器的误差一般为±10%和±20%，所以只按E12和E6标称值生产。

3．电阻器的主要特性指标参数

电阻器的参数主要有额定功率、标称值、容许误差等级、最大工作电压、温度系数和噪声。

（1）额定功率。

在正常大气压及额定温度条件下，电阻器长时间连续工作不损坏或不显著改变其性能所允许消耗的最大功率称为电阻器的额定功率。额定功率的大小取决于其结构、尺寸和材料。在实际应用中，选择电阻器额定功率时，通常要高于在电路中的实际值1.5～2倍。

电阻器的标称功率等级如表5-1-3所示，非标准功率等级的大功率电阻器和绕线电阻器一般也将功率等级印在电阻器上，其他电阻器一般不标注功率值。

表 5-1-3　电阻器的标称功率等级

名　称	标称功率（W）					
实心电阻器	1/4	1/2	1	2	5	
线绕电阻器	1/2	1	2	6	10	15
	25	35	50	75	100	150
薄膜电阻器	1/40	1/20	1/8	1/4	1/2	1
	2	5	10	25	50	100

（2）标称值。

标称值是指电阻器表面所标的阻值，为了便于生产，同时考虑能够满足实际使用的需要，国家规定了一系列数值作为产品的标准，这一系列数值就是电阻器的标称值。确定电阻器标称值的一般原则是，生产出来的电阻器按照一定的误差等级从小阻值到大阻值分布，使所有的阻值都能找到一个标称值或标称值组合，以免造成不必要的损失。

为了减小相对误差，电阻器标称值不是按等差的办法安排的，而是用相等的递增百分数，用等比数列的办法安排的，如在 a、b 之间安排 n 个阻值，按等比数列来安排，这些阻值应该是：a，$a(\sqrt[n]{b/a})$，$a(\sqrt[n]{b/a})^2$，$\cdots$，$a(\sqrt[n]{b/a})^{n-1}$，如表 5-1-4 中的 E12 系列，从 1 到 10 安排 12 个阻值，应该是 1.0、1.2、1.5、1.8、2.2、2.7、3.3、3.9、4.7、5.6、6.8、8.2，在这个系列中，两个相邻阻值之间的递增百分数都是 21%，因此无论需要什么数值的电阻，相对误差都不会大于递增百分数的一半，即 10%。

普通电阻器的标称值有 E6、E12、E24 三个系列，分别对应 ±20%、±10%、±5% 三个误差等级，分别有 6 个、12 个和 24 个标称值。高精度的电阻器则有 E48、E96 和 E192 三个系列，分别对应 ±2%、±1%、±0.5% 三个误差等级，分别有 48 个、96 个和 192 个标称值。高于 ±0.5% 的也使用 E192 误差等级。E6、E12、E24 和 E48 标称值系列如表 5-1-4 所示。标称值为表中的数值乘以 10^n，其中 n 为整数。

表 5-1-4　E6、E12、E24、E48 标称值系列

系 列	标　称　值												
E6	1.0	1.5	2.2	3.3	4.7	6.8							
E12	1.0	1.2	1.5	1.8	2.2	2.7	3.3	3.9	4.7	5.6	6.8	8.2	
E24	1.0	1.1	1.2	1.3	1.5	1.6	1.8	2.0	2.2	2.4	2.7	3.0	3.3
	3.6	3.9	4.3	4.7	5.1	5.6	6.2	6.8	7.5	8.2	9.1		
E48	100	105	110	115	121	127	133	140	147	154	162	169	178
	187	196	205	215	226	237	249	261	274	287	301	316	332
	348	365	383	402	422	442	464	487	511	536	562	590	619
	649	681	715	750	787	825	866	909	953				

（3）容许误差等级。

电阻器的标称值往往和它的实际阻值不完全相符。实际阻值和标称值的偏差，除以标称值所得的百分数，叫作阻值的误差。固定电阻器的容许误差一般分为 8 个等级，具体规定如表 5-1-5 所示，其中 N 级很少使用。

表 5-1-5　容许误差等级

容 许 误 差	文 字 符 号	标称值系列
±0.1%	B	E192
±0.25%	C	E192
±0.5%	D	E192
±1%	F	E96
±2%	G	E48
±5%	J	E24
±10%	K	E12
±20%	M	E6
±30%	N	E

（4）最大工作电压。

最大工作电压是指电阻器不发生击穿、放电等有害现象时，其两端所允许外加的最大工作电压 U_m。由额定功率和标称值可计算出一个电阻器在达到满功率时，两端所允许外加的电压 U_p。在实际应用中，电阻器两端所加的电压既不能超过 U_m，也不能超过 U_p。

（5）温度系数。

温度的变化会引起阻值的变化，温度系数是温度每变化 1℃产生的阻值的变化量与标准温度下（一般为 25℃）的阻值之比，单位为 1/℃，或写成 ppm/℃。温度系数为：

$$\alpha = \frac{1}{R_{25}} \frac{\Delta R}{\Delta T}$$

温度系数可正、可负，可能是线性的，也可能是非线性的。

（6）噪声。

电阻器的噪声是产生于电阻器中的一种不规则的电压起伏，主要是指导体中电子的不规则热运动引起的热噪声，热噪声是不可能消除的。流过电阻器电流的起伏会引起电流噪声，通常用一定通频带内电流噪声电势的均方根值与被测电压比值的分贝数来表示。

4．电阻器阻值标注方法

电阻器的标称值一般都标在电阻体上，其标注方法有四种：直标法、文字符号法、数码法和色标法。功率较大的电阻器的阻值和误差一般都用数字标印在电阻器上。但对于小功率的电阻器，由于体积很小，其阻值和误差常用色环来表示，即用不同的颜色来代表不同的数字。色环标记的电阻器便于机械手安装，安装时不必判断色环方向，因为总有一面是便于观察的。

（1）直标法。

用阿拉伯数字和单位符号在电阻器表面直接标出标称值和技术参数，阻值单位用 Ω 表示，大阻值也可以用 kΩ、MΩ 等表示。允许偏差直接标百分数或用 Ⅰ（±5%）、Ⅱ（±10%）、Ⅲ（±20%）表示。

（2）文字符号法。

用阿拉伯数字和文字符号两者有规律的组合来表示标称值，常用来表示带小数点阻值的电阻，如 5K6 表示 5.6 kΩ，4M3 表示 4.3MΩ。其允许偏差用文字符号表示：B（±0.1%）、C（±0.25%）、D（±0.5%）、F（±1%）、G（±2%）、J（±5%）、K（±10%）、M（±20%）。

（3）数码法。

用三位阿拉伯数字表示，前两位数字表示阻值的有效数字，第三位数字表示有效数字后面零的个数，单位为 Ω。当阻值小于 10Ω，常用*R*表示，将 R 看作小数点，如 0R2 表示 0.2Ω。偏差用符号表示，与文字符号表示法相同。

如：8R2J 表示 8.2Ω±5%；

335K 表示 3.3MΩ±10%；

223G 表示 22kΩ±2%。

（4）色标法。

色标法是用不同颜色的色环代表不同的数字，通过色环的颜色标注电阻器阻值的大小和容许误差的方法。色环对应的数字的巧记口诀一：棕红橙黄绿蓝紫灰白黑，分别对应数字 1、2、3、4、5、6、7、8、9 和 0，金-1、银-2 表示倍率。色环对应的数字的巧记口诀二：棕一红二橙是三，四黄五绿六为蓝，七紫八灰九对白，黑是零，金-1、银-2 表倍率。

常用的色环标注阻值的方法有四环法和五环法等。四环法适用于±5%及更大的误差的电阻器，五环法适用于±2%及更小误差的电阻器。色环颜色的规定如表 5-1-6 所示。

表 5-1-6　色环颜色的规定

颜色	左第一环数字	左第二环数字	左第三环数字	左第四环数字 （10 的方幂 n）	左第五环数字 （容许误差）
棕	1	1	1	10^1	棕 F±1%
红	2	2	2	10^2	红 G±2%
橙	3	3	3	10^3	—
黄	4	4	4	10^4	—
绿	5	5	5	10^5	绿 D±0.5%
蓝	6	6	6	10^6	蓝 C±0.25%
紫	7	7	7	10^7	紫 B±0.1%
灰	8	8	8	10^8	
白	9	9	9	10^9	—
黑	0	0	0	10^0	
金	—	—	—	10^{-1}	金 J±5%
银	—	—	—	10^{-2}	银 K±10% M±10%

具体色环标注法规定如下。

①四环：2 位有效数字、1 位倍率、1 位误差。

第一色环是十位数，第二色环是个位数，第三色环是应乘倍数，第四色环是误差。

② 五环：3 位有效数字、1 位倍率、1 位误差。

第一色环是百位数，第二色环是十位数，第三色环是个位数，第四色环是应乘倍数，第五色环是误差。

图 5-1-2 所示为色标法示例图，图 5-1-2（a）所示为四环电阻器，色环顺序从左到右依次是绿棕红银，表示阻值为 5.1kΩ±10%；图 5-1-2（b）所示为五环电阻器，色环顺序从左到右依次是黄紫黑金棕，表示阻值为 47Ω±1%。

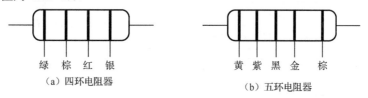

（a）四环电阻器　　　　　　　　（b）五环电阻器

图 5-1-2　色标法示意图

我们在读取色环表示的阻值和误差时，通常在确定色环电阻第一色环时会感到迷惑，第一色环可以按照下面的几条经验方法确定。

（1）金银色环只能表示误差环，不能作为第一环。

（2）橙黄灰色只能表示第一环，不用来表示误差。

（3）表示阻值的第一环一般距离电阻体端部较近，表示误差的环一般离电阻体端部较远。

（二）电容器（Capacitor）

电容器在电路中称为电容，是存储电荷的储能元件，理论上不耗能。电容器由两个金属极板及中间夹的绝缘材料（介质）构成。在电路中可进行充电、放电，具有"隔直、通交"的特性。在电路中可用作耦合交流信号，可实现滤波、旁路、降压、延时控制及储能的作用。

电容器在电路中的符号用 C 来表示，单位为 F。在实际应用中，单位 F 太大，实际还有 mF、μF，nF、pF 等单位。1F=1000mF，1mF=1000μF，1μF=1000nF，1nF=1000pF。

1. 电容器的型号

电容器的品种繁多，其型号由四部分组成。第一部分为主称，用字母 C 代表电容器；第二部分代表介质材料；第三部分表示结构类型和特征；第四部分为序号，如图 5-1-3 所示。表 5-1-7 所示为电容器的型号和意义。表 5-1-8 所示为电容器型号第三部分数字的含义。

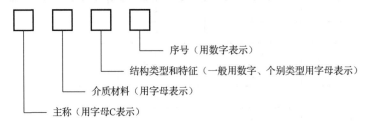

图 5-1-3　电容器的型号

表 5-1-7　电容器的型号和意义

第一部分	第二部分介质材料		第三部分结构类型和特征		第四部分序号
	符　号	意　义	符　号	意　义	
C	C	高频瓷	G	高功率	
	T	低频瓷	W	微调	
		玻璃釉	1		
	0	玻璃膜	2		
	Y	云母	3		
	Z	纸介质	4		
	J	金属化纸介质	5	见表 5-1-8（只针对四种电容器）	
	B	聚苯乙烯等非极性有机薄膜	6		
	L	涤纶等有极性有机薄膜	7		
	Q	漆膜	8		
	H	纸膜复合介质	9		
	D	铝电解电容	—	—	
	A	钽电解电容	—	—	
	N	铌电解电容	—	—	
	G	金属电解电容	—	—	
	E	其他材料电解电容	—	—	

表 5-1-8　电容器型号第三部分数字的含义

	1	2	3	4	5	6	7	8	9
瓷介电容器	圆片	管状	叠片	独石	穿心	支柱管	—	高压	—
云母电容器	非密封	非密封	密封	密封	—	—	—	高压	—
有机电容器	非密封	非密封	密封	密封	穿心	—	—	高压	特殊
电解电容器	箔式	箔式	烧结粉液体	烧结粉固体	—	无极性	—	—	特殊

2. 常用电容器

电容器按结构分为固定电容器、可变电容器和微调电容器。按绝缘介质材料又分为纸介、云母、瓷介电容器等。下面介绍几种常用的电容器。

（1）纸介电容器。

纸介电容器以介质厚度很薄的纸作为介质，铝箔作为电极，经缠绕成圆柱状，再经过浸渍用外壳封装或环氧树脂灌封组成的电容器。它具有成本低等优点，但损耗较大。主要在频率较低的电路中用作旁路、耦合、滤波等。

（2）云母电容器。

云母电容器以天然云母作为介质，在云母片上喷涂银层作为电极板，电极板和云母一层一层叠合后，再压铸在胶木粉或封固在环氧树脂中制成，它具有很高的绝缘性能，热稳定性很好，有较高的绝缘电阻和较低的损耗，耐压很高。其成品容量为 $10pF \sim 0.1\mu F$，额定电压为 $100V \sim 7kV$，主要应用于对电容器的稳定性和可靠性有较高要求的高频振荡、脉冲电路中。

（3）瓷介电容器。

瓷介电容器用高介电常数、低损耗的陶瓷材料作为介质，做成管状或圆片状，并用烧渗法将银镀在陶瓷上作为电极制成。它按特性可分为高频瓷介电容器（CC）和低频瓷介电容器（CT）。高频瓷介电容器具有损耗小、电容对频率和温度稳定性高等特点，可用于高频谐振电路。低频瓷介电容器损耗较大，电容量随温度呈非线性变化，主要用于对损耗和电容量稳定性要求不高的低频电路。

（4）独石电容器。

独石电容器又称多层陶瓷电容器，具有电容量大、体积小、可靠性高、电容量稳定、耐高温等特点。其电容量为 $0.5pF \sim 1\mu F$，额定电压为 $6.3 \sim 100V$，主要用作谐振、耦合、滤波、旁路等。广泛用于印制电路、厚薄膜混合集成电路中的外贴元件。

（5）有机薄膜电容器。

常见的有机薄膜电容器有聚酯电容器（CL）、聚苯乙烯电容器（CB）、聚丙烯电容器（CBB）等。

聚酯电容器又称涤纶电容器，用两片金属箔做电极，夹在极薄的绝缘介质中，卷成圆柱状或扁柱状芯子，介质是涤纶，其电容量和电压范围很大，耐热性好，但介质损耗较大，频率特性及其温度稳定性差。它主要在各种直流或中低频脉动电路中使用。

聚苯乙烯电容器其介质为聚苯乙烯薄膜，电极有金属箔式和金属膜式两种，具有绝缘电阻高、损耗小、容量精度高、电参数随频率及温度变化小等特点，但是体积较大、工作温度差别较大。它主要用于滤波器、高频调谐器、均衡器等电路中。

聚丙烯电容器以金属箔作为电极，将其和聚丙烯薄膜从两端重叠后，卷绕成圆筒状的构造，其性能和聚苯乙烯电容器相似，但体积小，工作温度可达 $85 \sim 100℃$，介质损耗小，绝缘电阻高，常用于高频谐振、积分、微分、滤波、取样保持等电路中。

（6）铝电解电容器。

电解电容器是以铝、钽、铌、钛的氧化膜为介质的电容器。铝电解电容器由铝箔带组成负极，里面装有液体电解质，插入一片弯曲的铝带卷绕成正极而制成，它具有容量大、能耐受大的脉动电流等特点，缺点是容量误差大、泄漏电流大。电容量范围为 0.47～22000μF，额定工作电压为 6.3～450V，一般用作整流滤波、低频放大电路的耦合、去耦、旁路电容器中。

电解电容器是有极性的，使用时要特别注意电压的极性不能接反。如果极性接反，则电解作用会反向进行，氧化膜很快变薄，漏电急增，在较高的直流电压作用下，电解电容器会发热甚至爆炸。

电解电容器的极性有两种识别方法，一种是对于新的电解电容器，其比较长的引脚为正极；另一种是在电解电容器的外壳上，标有"–"符号的引脚为负极。

（7）钽电解电容器。

钽电解电容器有固态电容器和液态电容器两种，目前生产的钽电解电容器主要有烧结型固体、箔形卷绕固体、烧结型液体等三种，其特点是体积小、寿命长、绝缘电阻高、漏电流小、容量误差小、可靠性高等。在温度特性（–50～100℃）、频率特性、介质损耗方面都优于普通铝电解电容器。电容量范围通常为 0.1～1000μF，额定电压 6.3～125V，主要用于一些对电参数性能要求较高的电路中。在工业控制、影视设备、仪器仪表、军事通信、航天等领域广泛使用。

（8）可变电容器。

电容量可在一定范围内调节的电容器称为可变电容器。可变电容器一般由相互绝缘的两组极片组成，固定不动的一组极片称为定片，可动的一组极片称为动片。几只可变电容器的动片可合装在同一个转轴上，组成同轴可变的电容器（俗称双联、三联等）。可变电容器都有一个长柄，可装上拉线或拨盘调节，通常在无线电接收电路中当作调谐电容器使用。

（9）微调电容器。

微调电容器通过调节两极板的距离、相对位置或面积，而改变电容量。微调电容器的中间填充介质有空气、陶瓷、云母膜等，主要用于与电感线圈等振荡元件一起来调整谐振频率。

3．电容器的主要特性指标参数

（1）额定电压。

电容器的额定电压是指在一定温度范围内，能够连续正常工作的最高直流电压或交流电压有效值。电容器外壳上标注的是直流电压值，当使用在交流电路中时，应特别注意交流电压的峰值不超过额定电压。一般情况下，纸介质和瓷介质电容器的工作电压从几十伏到几万伏，电解电容器的工作电压从几伏到上千伏。常用固定式电容器的直流工作电压系列标称为（单位为 V）6.3，10，16，25，32，50，63，100，250，400，500，……

（2）标称容量。

固定电容器的标称容量系列如表 5-1-9 所示。表中标称电容量为表中的数值乘以 10^n，其中 n 为整数。

表 5-1-9　固定电容器的标称容量系列

名　称	容许误差	容量范围	标称容量系列
瓷介电容器	±5%	100pF～1μF	1.0，1.5，2.2，3.3，4.7，6.8
金属化纸介电容器	±10%		
纸膜复合介质电容器	±20%	1～100μF	1，2，4，6，8，10，15，20，30，50，60，80，100
低频（有极性）有机薄膜介质电容器			

续表

名　称	容许误差	容量范围	标称容量系列
高频（无极性）有机薄膜介质电容器	±5%		E24
瓷介电容器	±10%	—	E12
玻璃釉电容器	±20%		E6
云母电容器	±20%	—	E6
铝、钽、铌电解电容器	±10% ±20% +50% −20% +100% −10%	—	1，1.5，2.2，3.3， 4.7，6.8（单位：μF）

（3）电容器的其他参数指标。

电容器的其他参数指标包括电容器的容许误差、电容器的温度系数、绝缘电阻、能量损耗、固有电感等。

常用电容器的几项主要特性如表 5-1-10 所示。

表 5-1-10　常用电容器的几项主要特性

名　称	型　号	容量范围	直流工作电压（V）	适用频率	误　差	备注
纸介电容器	CZ	470pF～0.22μF	63～630	<8MHz	±(5%～20%)	
金属壳密封纸介电容器	CZ3	0.01～10μF	250～1600	直流、脉动电流	±(5%～20%)	
金属化纸介电容器	CJ	0.01～0.2μF	160，250，400	<8MHz	±(5%～20%)	
金属壳密封金属化纸介电容器	CJ3	0.22～30μF	160～1600	直流、脉动电流	±(5%～20%)	
薄膜电容器	CB	3pF～0.1μF	63～500	高频、低频	±(5%～20%)	
云母电容器	CY	10pF～0.051μF	100～7000	75～250MHz	±(2%～20%)	
瓷介电容器	CC	1pF～0.1μF	63～630	低频、高频50～3000MHz	±(2%～20%)	
铝电解电容器	CD	1～10000μF	4～500	直流、脉动电流	+50% −30%	
钽、铌电解电容器	CACN	0.47～1000μF	6.3～160	直流、脉动电流	+20% −30%	
瓷介微调电容器	CCW	2/7～7/25pF	250～500	高频		
可变电容器	CB-n[①]	7～1000pF	<100	低频、高频		

注：①可变电容器符号 CB 后面的 n 为多联可变电容器。如 CB-1 为单联可变电容器。

4. 电容器容量标注方法

电容器的容量值一般标注在电容器的外壳，其标注容量值的方法有多种，下面介绍几种常用的方法。

（1）直标法。

直接在电容器本体上标注主要参数，如 16V 220μF、620pF/200V。

（2）字符法。

字符法是用表示十进制倍数的字头 m、μ、n、p 和数字来表示电容器容量的方法。如 2n2 表示 2.2nF = 2.2×10^{-9}F，33n 表示 33 nF =33×10^{-9}F，4p7 表示 4.7pF。

有时用无十进制倍数字头的数字表示容量，当数字大于 1 时，其单位为 pF，当数字小于 1 时，其单位为 μF。如 2200 表示 2200pF，0.022 表示 0.022μF。

例如，3n3=3.3nF=3.3×10^{3}pF；3p3=3.3pF；p33=0.33pF；33n=33nF。

（3）数码法。

一般用 3 位数字表示容量的大小，单位为 pF，前两位为有效数字，第三位数字表示倍率，即乘以 10^{i}，i 为第三位数字，当第三位数字是 9 时，表示的倍率为 10^{-1}。

例如，224=22×10^{4}pF=220000pF=0.22μF；101=10×10^{1}pF=100pF；479=47×10^{-1}pF=4.7pF。

（4）色环表示法。

电容器的色环表示法和电阻器的色环表示法（色标法）类似，颜色涂在电容器的一端或从顶端向另一端排列。前两环为有效数字，第三环为倍率，单位为 pF。

（三）电感器与变压器

电感器与变压器是根据电磁感应原理用绝缘导线绕制而成的电磁感应元件。电磁感应元件分为两大类：一类是利用自感作用的电感器；另一类是利用互感作用的变压器和互感器。

1．电感器（Inductor）

电感器在电路中称为电感，是存储磁场的储能元件，理论上也不耗能。电感器又称扼流器、电抗器、动态电抗器，是用绝缘导线绕成的一匝或多匝的各种线圈，也常称电感线圈或简称线圈。为了增加电感量、提高 Q 值并缩小体积，常在线圈中插入磁芯。电感器在电路具有"储能、通直、阻交"等多种用途，主要应用在振荡、调谐、耦合、滤波、匹配、储能等电路中。电感器在电路中的符号用 L 来表示，单位为 H，还有 mH、μH 等。

（1）电感器的型号。

电感器的种类非常多，按电感形式可分为固定电感器、可调电感器和微调电感器；按磁导体性质可分为空心电感器、铁氧体线圈、铁芯线圈、铜芯线圈；按绕制的方式可分为单层电感线圈、多层电感线圈和蜂房式电感线圈等；按工作性质可分为天线线圈、振荡线圈、扼流线圈、陷波线圈、偏转线圈。

电感器的型号由四部分组成。第一部分用字母 L 代表电感器；第二部分代表特性；第三部分表示分类；第四部分为序号，如图 5-1-4 所示。

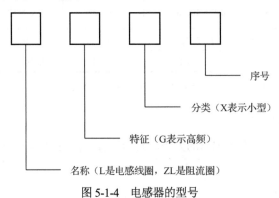

图 5-1-4　电感器的型号

（2）常用电感器。

① 扼流圈。

这是最常用的一种电感器，用于限制或阻止所通过的稳定电流的波动，其形式和种类多种多样。

② 调谐电感器。

调谐电感器中间含有磁芯，可用于调节电感值。调谐电感器一般有多组抽头，能够和电容器配合组成调谐回路，用于选频网络。

③ 环形电感线圈。

环形电感线圈是将绝缘导线绕制在一个环形磁芯上形成的。单位体积内具有很高的电感量和较高的品质因数（Q），并且能够自我屏蔽，允许大电流工作，频率范围较大。

④ 天线。

天线电感线圈可以放大磁场，使电感线圈对电流的小变化非常敏感。这类电感线圈用于调制更高频的信号，如射频信号。

（3）电感器的主要特性指标参数。

① 电感量。

电感量 L 表示电感线圈本身的固有特性，其大小主要取决于电感线圈的线芯、匝数、结构及绕制方法等因素。增大电感线圈圈数、增大电感线圈截面、插入铁芯或磁芯可增大电感量。

② 品质因数。

品质因数 Q 是衡量电感线圈的重要参数。Q 值越低，电感线圈的损耗越大；Q 值越高，电感线圈的损耗越小。Q 值的定义为：当电感线圈在某一频率的交流电压下工作时，电感线圈所呈现的感抗和电感线圈直流电阻的比值，即

$$Q = \frac{\omega L}{R}, \quad \omega = 2\pi f$$

式中，ω 为工作角频率；L 为线圈电感量；R 为电感线圈的电阻。

③ 额定电流。

电感器的额定电流是指电感线圈中最大允许通过的电流。在实际应用中，高频扼流圈、大功率谐振电感线圈及电源滤波电路中的低频扼流圈工作电流较大，选用这些电感线圈的额定电流应是要考虑的重要因素。当工作电流大于电感线圈的额定电流时，电感线圈就会发热而改变其原有参数，严重时甚至会烧坏电感线圈。

④ 分布电容。

电感线圈匝与匝之间、层与层之间、线圈与地之间及线圈与屏蔽罩之间存在的电容称为分布电容。分布电容的存在会降低电感线圈的 Q 值，降低电感线圈的稳定性，因此应采取有效措施降低电感线圈的分布电容。

（4）电感器电感量标识方法。

电感器电感量的标识方法一般有直标法、数码法、色标法等。直标法的单位有 H（亨）、mH（毫亨）、μH（微亨）；数码法与电容器的标识方法相同，单位为 μH；色标法与电阻器的色标法相似，一般有四环颜色，前两环颜色为有效数字，第三环颜色为倍率，单位为 μH，第四环颜色是误差数字。

2. 变压器（Transformer）

变压器是利用电磁感应原理来改变交流电压的装置，主要结构包括一次绕组（或一次侧、原边）、二次绕组（或二次侧、副边）和铁芯（磁芯）。与交流电源连接的绕组称为一次绕组（或一次侧、原边），不接电源而与负载相连的绕组称为二次绕组（或二次侧、副边）。主要功能有：电压变换（升压和降压）、

电流变换、阻抗变换、隔离、稳压（磁饱和变压器）等。

（1）常用变压器。

① 电源变压器。

电源变压器一般是指将高压交流电变换为低压可作为工作电源的变压器。电源变压器使用的铁芯结构通常采用 E 型、C 型、R 型及 O 型等多种。

② 自耦变压器。

自耦变压器是一种圈式变压器，一次侧和二次侧共用一个绕组，也就是公用一个零线，其一次绕组和二次绕组有直接的电联系，因此不具备隔离直流的功能。

③ 低频变压器。

低频变压器主要用于传播信号电压和信号功率，还可实现电路之间的阻抗匹配，对直流电具有隔离作用。低频变压器的铁芯一般用高磁导率的硅钢片，低频变压器可分为级间耦合变压器、输入变压器和输出变压器。

④ 中频变压器。

中频变压器一般与电容器搭配，组成调谐回路，常用于收音机和电视机中作为选频元件。中频变压器分为单调谐和双调谐两种，属于可调磁芯变压器。

⑤ 高频变压器。

高频变压器与低频变压器在原理上没有区别，但由于高频和低频的频率不同，变压器所用的铁芯不同。高频变压器采用高频铁氧体铁芯，常用于高频开关电源等电路中。

⑥ 隔离变压器。

隔离变压器具有隔离电源、切断干扰源的耦合通路和传输通道等作用。加入隔离变压器可实现"悬浮"供电，可使两个有联系的电路不能形成回路，有效地切断干扰信号的通路。

（2）变压器的主要参数。

① 额定功率。

额定功率是指变压器在额定的工作频率和电压下，能长期工作而不超过规定温度时的输出功率。由于额定功率中存在无功功率，因此变压器的容量单位用 V·A（伏安）表示。

② 额定电压。

额定电压是指在变压器的线圈上所允许施加的电压，工作时不得大于规定值。

③ 匝数比。

变压器的匝数比 $K = U_1 / U_2 = N_1 / N_2$，又称为变压器的变压比。$N_1$ 为一次侧线圈的匝数，N_2 为二次侧线圈的匝数，U_1 为一次侧线圈两端接入的交流电压，U_2 为二次侧线圈两端产生的感应电压。

升压变压器的匝数比 $K<1$，降压变压器的匝数比 $K>1$，隔离变压器的匝数比 $K \approx 1$。

④ 工作频率。

工作频率即变压器的工作频率范围。由于变压器的铁芯损耗与频率关系很大，不同工作频率范围的变压器一般不能互换使用，否则会发生温度升高或造成故障等现象。

⑤ 空载电流。

变压器二次侧开路时，一次侧仍有一定的电流，这部分电流称为空载电流。空载电流由磁化电流（产生磁通）和铁损电流（由铁芯损耗引起）组成。

⑥ 空载损耗。

空载损耗指变压器二次侧开路时，在一次侧测得功率损耗，主要损耗是铁芯损耗，其次是空载电流在一次侧线圈铜阻上产生的损耗（铜损），这部分损耗很小。

⑦ 效率。

在额定负载时，变压器的输出功率（P_o）与输入功率（P_i）的比值，称为变压器的效率（η），即

$$\eta = \frac{P_o}{P_i} \times 100\%。$$

由于变压器在传输能量时会产生损耗并通过热能的形式表现出来，因此变压器的效率 η 是小于100%的。变压器的效率与变压器的功率等级成正比，功率越大，损耗与输出功率相比就越小，效率也越高。反之，功率越小，效率也越低。为了减少损耗，变压器的铁芯通常采用磁导率高而磁滞小的软磁材料制作，如硅钢片、坡莫合金等。

三、实验设备

1. 数字万用表
2. 电阻器、电容器、电感器若干

四、实验内容

1. 辨认一组电阻器

辨认所给色标电阻器的标称值及容许误差，判断其额定功率，并用数字万用表测量进行比较，将所测电阻器（至少 10 个电阻器）按从大到小的顺序填入表 5-1-11 中。测量电阻器时不能带电，不能用手接触电阻器引线两端，防止人体电阻并入被测电阻，同时选择合适的量程，提高测量精度。

表 5-1-11　电阻器辨认、测量表（至少画出 10 行）

序　号	型　号	名　称	色　环	额 定 功 率	标 称 值	容 许 误 差	测 量 值
1							

2. 辨认一组电容器

电容器在使用前应对其性能进行测量，检查其是否存在短路、断路、漏电、失效等故障。

（1）容量测量：可通过数字万用表、电桥法（采用比较法测量）测量。若用模拟表测量，可利用电容器的充放电判断其容量大小。

（2）漏电测量：利用万用表的欧姆挡测量电容器时，阻值应为无穷大，其阻值为电容器的绝缘电阻，阻值越大表明漏电越小。

辨认电容器的材料、标称容量及容许误差，并用数字万用表测量进行比较，将所测电容器（至少10 个电容器）按从大到小的顺序填入表 5-1-12 中。测量时，被测电容器应放电完毕，以免损坏万用表，同时选择合适的量程，提高测量精度。

关于电容的放电方法，实验室采用的大多数为小容量低压电容器，断电后电容器的电压不高，放电的方式比较简单。对电解电容器，可采用万用表的电阻挡（200K）放电，将两表笔分别连接在电容器引脚上，可以看到万用表的数字或指针一直下降，直到为 0，放电完毕，即可断开表笔；对其他的小容量电容器，可用表笔或导线直接短接引脚放电。对高压电容器一般用放电线圈辅助放电。

表 5-1-12　电容器辨认、测量表（至少画出 10 行）

序　号	型　号	名　称	直流工作电压	标 称 容 量	容 许 误 差	测 量 值	漏电测量情况
1							

3. 电位器的性能测试

电位器的调节可以通过旋转轴带动滑动端，也可以直接推拉。滑动端的移动与阻值的变化有三种形式：直线式、对数式和指数式。

根据电位器的标称值大小选择万用表测量电位器两个固定端的阻值是否与标称值相等。测量滑动端与任一固定端之间的阻值变化情况：缓慢移动滑动端，若数字变动平稳，没有突然跳动或跌落现象，表明电位器电阻体良好，滑动端接触可靠。旋转转轴或滑动端时，应感觉平滑且无过紧或过松的现象。

自拟表格记录给定其他器件的测量情况。

五、实验注意事项

1. 测量电阻时，所测电阻器不能带电，不能用手接触电阻器引线两端，不能接入电路构成回路，同时选择合适的量程，提高测量精度。

2. 测量电容器时应保证电容器放电完毕，以免损坏万用表，选择合适的量程，提高测量精度。

六、实验报告要求

1. 将辨认的一组电阻器按表 5-1-11 格式填写，至少辨认测量 10 个电阻器。
2. 将辨认的一组电容器按表 5-1-12 格式填写，至少辨认测量 10 个电容器。
3. 将给定其他器件的测量结果填入自拟的表格中。
4. 回答思考题。

思 考 题

1. 电阻器的主要特性是什么？如何选用？
2. 电容器的主要特性是什么？如何选用？
3. 电感器的主要特性是什么？如何选用？

5-2 电阻元件伏安特性曲线的测绘

一、实验目的

1. 掌握线性电阻、非线性电阻元件伏安特性的逐点测试法。
2. 学习直流稳压电源、直流数字电压表及直流数字电流表的使用方法。
3. 学会用仿真软件对实验电路进行仿真。

二、原理说明

任一电阻元件的特性可用该元件上的端电压 U 与通过该元件的电流 I 之间的函数关系 $U = f(I)$ 来表示，即用 U–I 平面上的一条曲线来表征，这条曲线称为该电阻元件的伏安特性曲线。根据伏安特性的不同，电阻元件分两大类：线性电阻元件和非线性电阻元件。线性电阻元件的伏安特性曲线是一条通过坐标原点的直线，如图 5-2-1（a）所示，该直线的斜率只由电阻元件的阻值 R 决定，其阻值为常数，与元件两端的电压 U 和通过该元件的电流 I 无关，绝大部分的电阻元件都是线性电阻；非线性电阻元件的伏安特性是一条经过坐标原点的曲线，其阻值 R 不是常数，即在不同的电压作用下，阻值是不同的，常见的非线性电阻如白炽灯丝、普通二极管、稳压二极管等，它们的伏安特性曲线如图 5-2-1（b）、

图 5-2-1（c）、图 5-2-1（d）所示。在图 5-2-1 中，$U>0$ 的部分为正向特性，$U<0$ 的部分为反向特性。

绘制伏安特性曲线通常采用逐点测试法，即在不同的端电压作用下，测量出相应的电流，然后逐点绘制出伏安特性曲线，根据伏安特性曲线便可计算其阻值。

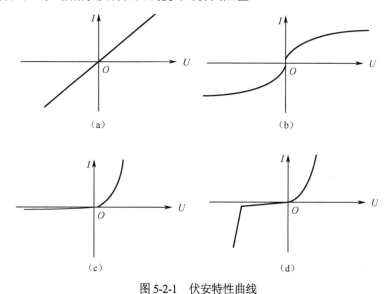

（a）　　　　　　　　　　（b）

（c）　　　　　　　　　　（d）

图 5-2-1　伏安特性曲线

三、实验设备

1. 直流稳压电源
2. 直流数字电压表
3. 直流数字电流表
4. 元器件若干

四、实验内容

1. 测定线性电阻元件的伏安特性

按图 5-2-2 所示电路接线，电源 U 选用直流稳压电源输出，通过直流数字毫安表与 1kΩ 线性电阻元件相连，电流表接入时极性与该图一致，电阻两端的电压用直流数字电压表测量，接入时端子极性注意要与电源极性一致。

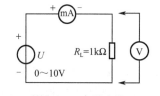

图 5-2-2　实验电路 1

调节直流稳压电源的输出电压 U，从 0V 开始缓慢地增加（不能超过 10V），电源输出值以直流数字电压表测量为准，在表 5-2-1 中记下相应的直流电压表和电流表的读数。

表 5-2-1　线性电阻元件伏安特性数据

U（V）	0	2	4	6	8	10
I（mA）						

2. 测定半导体二极管的伏安特性

按图 5-2-3 所示电路接线，R 为限流电阻，取 200Ω，二极管的型号为 1N4007，直流数字电流表接入时的极性与该图一致，电压表的极性与该图中电源极性一致。测二极管的正向特性时，其正向电流不得超过 25mA，二极管的正向压降可在 0～0.75V 之间取值。特别是在 0.5～0.75V 之间更应多取几个测量点；测反向特性时，将直流电源的输出端正、负连线互换，电压表接入时的极性保持与图 5-2-3 中电源极性一致。调节直流稳压电源输出电压 U，从 0V 开始缓慢地增加（不能超过−30V），电源输出值以直流数字电压表测量为准。将测量的电流值分别记入表 5-2-2 和表 5-2-3 中。

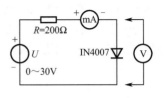

图 5-2-3　实验电路 2

表 5-2-2　二极管正向特性实验数据

U（V）	0	0.2	0.4	0.45	0.5	0.55	0.60	0.65	0.70	0.75
I（mA）										

表 5-2-3　二极管反向特性实验数据

U（V）	0	−5	−10	−15	−20	−25	−30
I（mA）							

五、实验注意事项

1. 测量时，直流稳压电源的输出电压由 0V 缓慢地增加，应时刻注意电压表和电流表，不能超过其规定值。

2. 直流稳压电源输出端切勿碰线短路。

3. 直流电压表接入电路应注意仪表极性。

4. 测量中要随时注意电流表读数，及时更换电流表量程，勿使仪表超量程。

六、实验报告要求

1. 根据实验数据，分别在方格纸上绘制出各个电阻器的伏安特性曲线。

2. 根据伏安特性曲线，计算线性电阻元件的阻值，并与实际的阻值比较。

3. 回答思考题。

思　考　题

1. 线性电阻元件与非线性电阻元件的伏安特性有何区别？它们的阻值与通过的电流有无关系？

2. 如何计算线性电阻与非线性电阻的电阻值？

3. 举例说明哪些元件是线性电阻，哪些元件是非线性电阻，它们的伏安特性曲线是什么形状？

4. 设某电阻元件的伏安特性函数式为 $I=f(U)$，如何用逐点测试法绘制出伏安特性曲线？

5-3　电位、电压的测定及电路电位图的绘制

一、实验目的

1. 学会测量电路中各点电位和电压的方法，理解电位的相对性和电压的绝对性。

2. 学会电路电位图的测量、绘制方法。

3．掌握直流稳压电源、直流数字电压表的使用方法。

4．学会用仿真软件对实验电路进行仿真。

二、原理说明

在一个确定的闭合电路中，各点电位的大小视所选的电位参考点的不同而异，但任意两点之间的电压（即两点之间的电位差）是不变的，这一性质称为电位的相对性和电压的绝对性。据此性质，我们可用电压表来测量出电路中各点的电位及任意两点间的电压。

若以电路中的电位值作为纵坐标，电路中各点位置（电阻或电源两端）作为横坐标，将测量到的各点电位在该坐标平面中标出，并把标出点按顺序用直线连接，就可以得到电路的电位图，每一个直线段即表示该两点电位的变化情况。而且，任意两点的电位变化即为该两点之间的电压。

在电路中，电位参考点可任意选定，对于不同的参考点，所绘出的电位图是不同的，但其各点电位变化的规律却是一样的。

三、实验设备

1．直流稳压电源

2．直流数字电压表

3．元器件若干

四、实验内容

实验电路如图 5-3-1 所示，图中的电源 U_{S1} 用和 U_{S2} 用双路直流稳压电源输出，U_{S1}=6V，U_{S2}=12V，电源输出值以直流数字电压表测量值为准。

1．测量电路中各点电位

（1）以图 5-3-1 中的 C 点作为电位参考点，分别测量 A、B、D、E、F 各点的电位。

用电压表的负极性端子与 C 点相连，正极性端子分别与 A、B、D、E、F 各点相连，测量数据记入表 5-3-1 中。若电压表显示正值，则表明该点电位为正（即高于参考点电位）；若显示负值，则表明该点电位为负（即该点电位低于参考点电位）。

（2）以 D 点作为电位参考点，重复上述步骤，将测量数据记入表 5-3-1 中。

表 5-3-1　电路中各点电位数据　　　　（单位：V）

电位参考点	V_A	V_B	V_C	V_D	V_E	V_F
C						
D						

2．测量电路中相邻两点之间的电压值

（1）在图 5-3-1 中，测量电压 U_{AB}，电压下标 AB 代表了电压的参考方向，由 A 指向 B，电压表的正、负极性端子分别与 A、B 两点相连，将电压表测量数据记入表 5-3-2 中。若电压表显示正值，则表明电压参考方向与实际方向一致；若显示负值，则表明电压参考方向与实际方向相反。

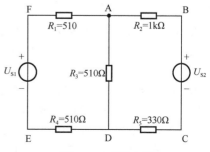

图 5-3-1　实验电路

（2）按同样方法测量 U_{BC}、U_{CD}、U_{DE}、U_{EF} 及 U_{FA}，将测量数据记入表 5-3-2 中。

表 5-3-2　电路中各电压数据单位　　　　　　　　（单位：V）

U_{AB}	U_{BC}	U_{CD}	U_{DE}	U_{EF}	U_{FA}

五、实验注意事项

1．使用直流数字电压表测量电位时，负极性端子接参考电位点，正极性端子接被测各点。

2．使用直流数字电压表测量电压时，正极性端子接被测电压参考方向的正（+）端，负极性端子接被测电压参考方向的负（−）端。

六、实验报告要求

1．根据实验数据，分别绘制出电位参考点为 C 点和 D 点的两个电位图。

2．根据电路参数计算出各点电位和相邻两点之间的电压，与实验数据相比较，对误差做出必要的分析。

3．回答思考题。

思　考　题

1．电位参考点不同，各点电位是否相同？任意两点的电压是否相同？为什么？

2．在测量电位、电压时，为何数据前会出现+、−号？它们各表示什么意思？

3．什么是电位图？不同的电位参考点电位图是否相同？如何利用电位图求出各点的电位和任意两点之间的电压。

5-4　基尔霍夫定律的验证

一、实验目的

1．验证基尔霍夫定律，加深对基尔霍夫定律的理解。

2．掌握电流、电压参考方向的含义及其应用。

3．学会用仿真软件对实验电路进行仿真。

二、原理说明

基尔霍夫电流定律和电压定律是电路的基本定律，它们分别用来描述电路中节点电流和回路电压的现象。

基尔霍夫电流定律（简称 KCL）表述为：对电路中的任一节点而言，在设定电流的参考方向下，任一时刻流出（或流入）任一节点的支路电流代数和为零，即 $\Sigma I=0$，一般流出节点的电流取负号，流入节点的电流取正号。

基尔霍夫电压定律（简称 KVL）表述为：对任何一个闭合回路而言，在设定电压的参考方向下，任一时刻沿任一回路各支路电压的代数和为零，即 $\Sigma U=0$，一般电压方向与绕行方向一致的电压取正号，电压方向与绕行方向相反的电压取负号。

在电路分析或实验时，必须设定电路中所有电流、电压的参考方向，其中电阻上的电压方向一般应与电流方向一致。

三、实验设备

　　1．直流稳压电源

　　2．直流数字电流表

　　3．台式数字万用表

　　4．电阻器若干

四、实验内容

1．基尔霍夫电流定律实验内容

　　（1）实验电路如图 5-4-1 所示，U_{S1}=6V，U_{S2}=-12V，电源输出值以直流数字电压表测量值为准。按先串联后并联的原则进行电路连接，连接时请注意直流电源的方向和各电阻器的阻值。

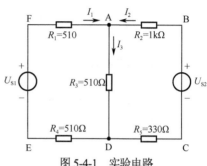

图 5-4-1　实验电路

　　测量支路电流时，将电流表按参考方向接入该支路（电流由电流表的"+"端流入，"-"端流出），若此时电流表读数为正，则说明该支路实际电流方向与参考方向一致；若电流表读数为负，则说明该支路实际电流方向与参考方向相反，记录该电流值时应该在前面加负号。

　　（2）连接完成后，用直流电流表测量电流 I_1、I_2、I_3，记录电流表显示的数值，记入表 5-4-1 中。

　　（3）以流入节点 A 的电流方向为正，流出节点 A 的电流方向为负，计算 $\Sigma I=0$ 是否成立，若不成立请分析原因。

表 5-4-1　节点电流数据　　　　　　　　　　　　　　（单位：mA）

节 点 电 流	I_1	I_2	I_3
计算值			
测量值			
相对误差			

2．基尔霍夫电压定律实验内容

　　（1）实验电路如图 5-4-1 所示，依次测量回路中各支路电压，测量时应注意表 5-4-2 中所规定电压测量的参考方向，按表 5-4-2 中电压双下标参考方向接入直流电压表，将电压表"+"端与该支路参考方向"+"端相连，电压表"-"端与该支路参考方向"-"端相连，若此时电压表读数为正，则说明该支路实际电压方向与参考方向一致；若电压表读数为负，则说明该支路电压方向与参考方向相反，记录该电压值时应该在前面加负号。

　　（2）记录电压表显示的数值，记入表 5-4-2 中。

　　（3）自行设定回路方向，计算 $\Sigma U=0$ 是否成立，若不成立请分析原因。

表 5-4-2　各元件电压数据　　　　　　　　　　　　　（单位：V）

各元件电压	U_{S1}	U_{S2}	U_{FA}	U_{BA}	U_{AD}	U_{DE}	U_{DC}
计算值							
测量值							
相对误差							

五、实验注意事项

1. 电路中所有需要测量的电压值（包括电压源的输出值）、电流值，均以同一仪表测量的读数为准，以减小测量误差。

2. 直流仪表接入电路时应注意极性。

3. 注意仪表量程应根据实际测量数据大小及时更换。

4. 遵守先接线后通电、先断电再拆线的良好实验安全操作习惯。

六、实验报告要求

1. 根据实验数据表 5-4-1，选定实验电路中的任意一个节点，验证基尔霍夫电流定律（KCL）的正确性。

2. 根据实验数据表 5-4-2，选定实验电路中的任意一个闭合回路，验证基尔霍夫电压定律（KVL）的正确性。

3. 列出求解 U_{EA} 和 U_{CA} 的电压方程，并根据实验数据求出它们的数值。

4. 回答思考题。

思　考　题

1. 在图 5-4-1 所示的电路中，A、D 两节点的电流方程是否相同？为什么？

2. 在图 5-4-1 所示的电路中，可以列出几个电压方程？它们与绕行方向有无关系？

3. 计算测量时的相对误差，并分析误差产生的原因及减小的方法。

5-5　电压源、电流源及其电源等效变换的研究

一、实验目的

1. 掌握建立电源模型的方法。

2. 掌握电源外特性的测试方法。

3. 加深对电压源和电流源特性的理解。

4. 研究电源模型等效变换的条件。

5. 学会用仿真软件对实验电路进行仿真。

二、原理说明

1. 理想电压源和理想电流源

理想电压源具有端电压保持恒定不变，而输出电流的大小由负载决定的特性。其外特性（伏安特性），即端电压 U 与输出电流 I 的关系 $U = f(I)$ 是一条平行于 I 轴的直线。实验中使用的恒压源在规定的电流范围内，具有很小的内阻，可以将它视为一个理想电压源。

理想电流源具有输出电流保持恒定不变，而端电压的大小由负载决定的特性。其外特性（伏安特性），即输出电流 I 与端电压 U 的关系 $I = f(U)$ 是一条平行于 U 轴的直线。同样，实验中使用的恒流源在规定的电流范围内，具有极大的内阻，可以将它视为一个理想电流源。

2. 实际电压源和实际电流源

实际上任何电源内部都存在电阻，通常称为内阻。因此，实际电压源可以用一个外加内阻 R_S 和电压源 U_S 串联表示，其端电压 U 随输出电流 I 的增大而降低。在实验中，可以用一个小阻值的电阻与恒压源串联来模拟一个实际电压源。

实际电流源可以使用一个外加内阻 R_S 和电流源 I_S 并联表示，其输出电流 I 随端电压 U 增大而减小。在实验中，可以用一个大阻值的电阻与恒流源并联来模拟一个实际电流源。

3. 实际电压源和实际电流源的等效变换

一个实际的电源，就其外部特性而言，既可以看成一个电压源，又可以看成一个电流源。若视为电压源，则可用一个理想电压源 U_S 与一个电阻 R_S 串联表示；若视为电流源，则可用一个理想电流源 I_S 与一个电阻 R_S 并联来表示。若它们向同样大小的负载供出同样大小的电流和端电压，则称这两个电源是等效的，即具有相同的外特性。

实际电压源与实际电流源等效变换的条件如下。

（1）实际电压源与实际电流源的内阻均为 R_S。

（2）若已知实际电压源的参数为 U_S 和 R_S，则实际电流源的参数为 $I_s = \dfrac{U_S}{R_S}$ 和 R_S。

（3）若已知实际电流源的参数为 I_S 和 R_S，则实际电压源的参数为 $U_s = I_s R_s$ 和 R_S。

三、实验设备

1. 直流稳压电源
2. 恒流源
3. 直流数字电流表
4. 台式数字万用表
5. 直流毫安表
6. 元器件若干

四、实验内容

1. 测定理想电压源与实际电压源的外特性

理想电压源的外特性测量电路如图 5-5-1 所示，图中的电源 U_S=+6V，电阻 R_1=200Ω，电阻 R_2 阻值根据表 5-5-1 中的要求，由大至小变化，将所测电流、电压的读数记入表 5-5-1 中。

在图 5-5-1 所示电路中，将理想电压源改成实际电压源，如图 5-5-2 所示，内阻 R_S 取 51Ω 的固定值，R_S 和电源 U_S 串联在电路中，然后反复调节电阻箱，令其 R_2 阻值根据表 5-5-1 的要求由大至小变化，将所测电流表、电压表的读数记入表 5-5-1 中。

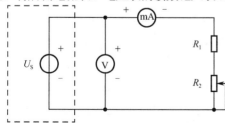

图 5-5-1　理想电压源的外特性测量电路

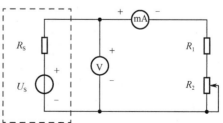

图 5-5-2　实际电压源的外特性测量电路

表 5-5-1　理想电压源和实际电压源外特性数据

	R_2（Ω）	470	400	300	200	100	0
$R_S = 0\Omega$ （理想电压源）	I（mA）计算值						
	I（mA）测量值						
	相对误差						
	U（V）计算值						
	U（V）测量值						
	相对误差						
$R_S = 51\Omega$ （实际电压源）	I（mA）计算值						
	I（mA）测量值						
	相对误差						
	U（V）计算值						
	U（V）测量值						
	相对误差						

2. 测定理想电流源与实际电流源的外特性

如图 5-5-3 所示，I_S 为恒流源，调节其输出电流为 5mA，R_2 为可变电阻，在 R_S 分别为 1kΩ 和 ∞ 两种情况下，改变负载电阻 R_2，令其阻值根据表 5-5-2 要求由大至小变化，将所测电流表、电压表的读数记入表 5-5-2 中。

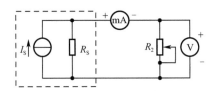

图 5-5-3　理想电流源与实际电流源的外特性测量电路

表 5-5-2　理想电流源与实际电流源外特性数据

	R_2（Ω）	470	400	300	200	100	0
$R_S = \infty$ （理想电流源）	I（mA）计算值						
	I（mA）测量值						
	相对误差						
	U（V）计算值						
	U（V）测量值						
	相对误差						
$R_S = 1k\Omega$ （实际电流源）	I（mA）计算值						
	I（mA）测量值						

续表

	R_2（Ω）	470	400	300	200	100	0
$R_S = 1\text{k}\Omega$ （实际电流源）	相对误差						
	U（V）计算值						
	U（V）测量值						
	相对误差						

3. 研究实际电源等效变换的条件

如图 5-5-4 所示电路，其中图 5-5-4（a）（虚框的部分为实际电压源）、图 5-5-4（b）（虚框的部分为实际电流源）的内阻 R_S 均为 51Ω，负载电阻 R 均为 200Ω。

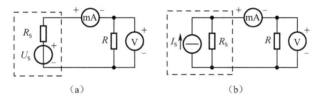

（a）   （b）

图 5-5-4 实际电源等效变换电路

在图 5-5-4（a）所示电路中，电源 U_S=+6V 输出，测量并记录电流值、电压值。然后根据图 5-5-4（b）另搭建电路，调节电路中恒流源 I_S，令其两表的读数与图 5-5-4（a）中的电压表、电流表的读数相等，记录 I_S 值，验证等效变换条件的正确性，并计算相对误差。

五、实验注意事项

1. 在测电压源外特性时，不要忘记测量空载（I=0）时的电压值。测电流源外特性时，不要忘记测量短路（U=0）时的电流值，注意恒流源负载电压不可超过 20V，负载更不可开路。

2. 换接电路时，必须先关闭电源开关，这是实验中要严格遵守的原则和良好习惯。

3. 直流仪表接入电路时应注意极性与量程。

4. 注意电压源和电流源操作方法的不同。

5. 电路中所有需要测量的电压值（包括电压源的输出值）、电流值（包括电流源的输出值），均以同一仪表测量的读数为准，以减小测量误差。

六、实验报告要求

1. 根据实验数据绘出电源的四条外特性曲线，并总结、归纳两类电源的特性。

2. 从实验数据所得的结果，验证电源等效变换的条件。

3. 计算测量时的相对误差，并分析误差产生的原因及减小的方法。

4. 回答思考题。

思　考　题

1. 电压源的输出端为什么不允许短路？电流源的输出端为什么不允许开路？

2. 说明电压源和电流源的特性，其输出是否在任何负载下能保持恒值？

3. 实际电压源与实际电流源的外特性为什么呈下降变化趋势，下降速度的快慢主要受哪个参数影响？

4. 实际电压源与实际电流源等效变换的条件是什么？所谓"等效"是对谁而言的？电压源与电流源能否等效变换？

5-6　受控源研究

一、实验目的

1. 加深对受控源的理解。
2. 熟悉由运算放大器组成受控源电路的分析方法。
3. 掌握受控源特性的测量方法。

二、原理说明

1. 受控源

受控源向外电路提供的电压或电流受其他支路的电压或电流控制，因此受控源是双口元件：一个为控制端口，或称输入端口，输入控制量（电压或电流）；另一个为受控端口或称输出端口，向外电路提供电压或电流。根据控制变量与受控变量的不同组合，受控源可分为四类。

（1）电压控制电压源（VCVS），如图 5-6-1（a）所示，其特性为：

$$u_2 = \mu u_1$$

式中，$\mu = \dfrac{u_2}{u_1}$ 称为转移电压比（即电压放大倍数）。

（2）电压控制电流源（VCCS），如图 5-6-1（b）所示，其特性为：

$$i_2 = g u_1$$

式中，$g = \dfrac{i_2}{u_1}$ 称为转移电导。

（3）电流控制电压源（CCVS），如图 5-6-1（c）所示，其特性为：

$$u_2 = r i_1$$

式中，$r = \dfrac{u_2}{i_1}$ 称为转移电阻。

（4）电流控制电流源（CCCS），如图 5-6-1（d）所示，其特性为：

$$i_2 = \beta i_1$$

式中，$\beta = \dfrac{i_2}{i_1}$ 称为转移电流比（即电流放大倍数）。

2. 用运算放大器组成的受控源

运算放大器的电路符号如图 5-6-2 所示，它具有两个输入端：同相输入端 u_+ 和反相输入端 u_-，一个输出端 u_O，放大倍数为 A，则 $u_O = A(u_+ - u_-)$。

对于理想运算放大器，放大倍数 A 为∞，输入电阻为∞，输出电阻为 0Ω，由此可得出运算放大器工作在线性区的两个特性：

特性 1（运算放大器的虚短特性）：$u_+ = u_-$；

特性 2（运算放大器的虚断特性）：$i_+ = i_- = 0$。

（1）电压控制电压源（VCVS）。

电压控制电压源电路如图 5-6-3 所示。

由运算放大器的特性 1 可知：

$$u_+ = u_- = u_1$$

则 $i_{R1} = \dfrac{u_1}{R_1}$，$i_{R2} = \dfrac{u_2 - u_1}{R_2}$，由运算放大器的特性 2 可知，$i_{R1} = i_{R2}$，代入 i_{R1}、i_{R2} 得：

$$u_2 = \left(1 + \frac{R_2}{R_1}\right) u_1$$

可见，运算放大器的输出电压 u_2 受输入电压 u_1 控制，其电路模型如图 5-6-1（a）所示，转移电压比：$\mu = \left(1 + \dfrac{R_2}{R_1}\right)$。

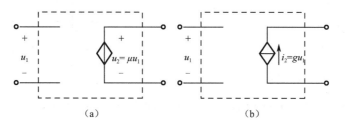

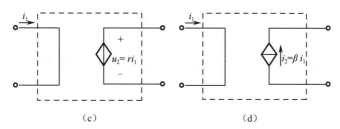

图 5-6-1　实验原理

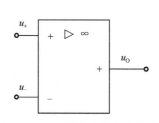

图 5-6-2　运算放大器的电路符号

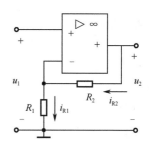

图 5-6-3　VCVS 电路

（2）电压控制电流源（VCCS）电路如图 5-6-4 所示。由运算放大器的特性 1 可知，$u_+ = u_- = u_1$，则 $i_R = \dfrac{u_1}{R_1}$。由运算放大器的特性 2 可知：

$$i_2 = i_R = \frac{u_1}{R_1}$$

即 i_2 只受输入电压 u_1 控制，与负载 R_L 无关（实际上要求 R_L 为有限值）。其电路模型如图 5-6-1（b）所示。转移电导为：$g = \dfrac{i_2}{u_1} = \dfrac{1}{R_1}$。

（3）电流控制电压源（CCVS）。

电流控制电压源电路如图 5-6-5 所示。由运算放大器的特性 1 可知，$u_- = u_+ = 0$，$u_2 = -R\,i_R$；由运算放大器的特性 2 可知，$i_R = i_1$，代入上式，得：

$$u_2 = -R\,i_1$$

即输出电压 u_2 受输入电流 i_1 控制。其电路模型如图 5-6-1（c）所示。转移电阻为：$r = \dfrac{u_2}{i_1} = -R$。

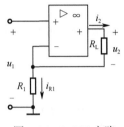

图 5-6-4　VCCS 电路

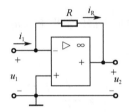

图 5-6-5　CCVS 电路

（4）电流控制电流源（CCCS）。

电流控制电流源电路如图 5-6-6 所示。由运算放大器的特性 1 可知，$u_- = u_+ = 0$，则 $i_{R1} = -\dfrac{R_2}{R_1 + R_2}\,i_2$；由运算放大器的特性 2 可知，$i_{R1} = i_1$，代入上式，得

$$i_2 = -\left(1 + \dfrac{R_1}{R_2}\right)i_1$$

即输出电流 i_2 只受输入电流 i_1 控制，与负载 R_L 无关。它的电路模型如图 5-6-1（d）所示。转移电流比：$\beta = \dfrac{i_2}{i_1} = -\left(1 + \dfrac{R_1}{R_2}\right)$。

三、实验设备

1. 直流稳压电源
2. 恒流源
3. 直流数字电流表
4. 台式数字万用表
5. 元器件若干

四、实验内容

1. 测试电压控制电流源（VCCS）特性

实验电路如图 5-6-7 所示，U_1 使用直流稳压电源的可调电压输出端，Z_L 为 10kΩ 可变电阻器。

（1）测试 VCCS 的转移特性 $I_2 = f(U_1)$。

调节电源输出电压 U_1，$Z_L = 2$kΩ，用电流表测量对应的输出电流 I_2，将数据记入表 5-6-1 中。

（2）测试 VCCS 的负载特性 $I_2 = f(R_L)$。

保持 U_1=2V，负载 Z_L 为 10kΩ 可变电阻器，根据表 5-6-2 中的要求调节其大小，用电流表测量对应的输出电流 I_2，将数据记入表 5-6-2 中。

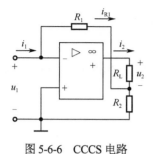

图 5-6-6　CCCS 电路

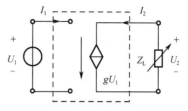

图 5-6-7　VCCS 实验电路

表 5-6-1　VCCS 的转移特性数据

U_1（V）	0	0.5	1	1.5	2	2.5	3	3.5	4
I_2（mA）									

表 5-6-2　VCCS 的负载特性数据

Z_L（kΩ）	10	5	3	1	0.5	0.2	0.1
I_2（mA）							

2. 测试电流控制电压源（CCVS）特性

实验电路如图 5-6-8 所示，I_1 用恒流源，Z_L 为 10kΩ 可变电阻器。

（1）测试 CCVS 的转移特性 $U_2=f(I_1)$。

调节恒流源输出电流 I_1，Z_L=2kΩ，用电压表测量对应的输出电压 U_2，将数据记入表 5-6-3 中。

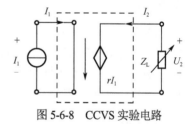

图 5-6-8　CCVS 实验电路

表 5-6-3　CCVS 的转移特性数据

I_1（mA）	0	0.05	0.1	0.15	0.2	0.25	0.3	0.4
U_2（V）								

（2）测试 CCVS 的负载特性 $U_2=f(R_L)$。

保持 I_1=0.2mA，调节可变电阻器大小，用电压表测量对应的输出电压 U_2，将数据记入表 5-6-4 中。

表 5-6-4　CCVS 的负载特性数据

Z_L（Ω）	50	100	150	200	500	1K	2K
U_2（V）							

五、实验注意事项

1. 在使用恒流源供电的实验中，不允许恒流源开路。

2. 运算放大器输出端不能与地短路，输入端电压不宜过高（小于 5V）。

六、实验报告要求

1. 根据实验数据，在方格纸上分别绘出四种受控源的转移特性和负载特性曲线，并求出相应的转移参量 μ、g、r 和 β。

2. 参考各表中的数据，说明转移参量 μ、g、r 和 β 受电路中哪些参数的影响。如何改变它们的大小？

3. 对实验结果合理分析，总结四种受控源的认识和理解。

4. 回答思考题。

思　考　题

1. 什么是受控源？了解四种受控源的缩写、电路模型、控制量与被控量的关系。

2. 四种受控源中的转移参量 μ、g、r 和 β 的意义是什么？如何测得？

3. 若受控源控制量的极性反向，试问其输出极性是否发生变化？

4. 了解运算放大器的特性，分析四种受控源实验电路的输入、输出关系。

5-7　线性电路叠加性和齐次性验证

一、实验目的

1. 验证叠加原理和齐次性原理。

2. 了解叠加原理和齐次性原理的应用场合。

3. 理解线性电路的叠加性和齐次性。

4. 学会用仿真软件对实验电路进行仿真。

二、原理说明

1. 理论基础

叠加原理指出：在有几个电源共同作用下的线性电路中，通过每一个元件的电流或其两端的电压，可以看成由每一个电源单独作用时在该元件上所产生的电流或电压的代数和。具体方法是：一个电源单独作用时，其他电源必须去掉（电压源短路，电流源开路）；测量取得数据后，求证电流或电压的代数和，当电源单独作用的电流或电压的参考方向与共同作用的参考方向一致时，符号取正，否则取负。叠加原理反映了线性电路的叠加性，如图 5-7-1 所示电路叠加计算过程：

$$I_1 = I_1' + I_1'' \qquad I_2 = I_2' + I_2''$$
$$I_3 = I_3' + I_3'' \qquad U = U' + U''$$

叠加原理反映了线性电路的叠加性，线性电路的齐次性是指当激励信号（如电源作用）增加或减小 K 倍时，电路的响应（即在电路其他各电阻元件上所产生的电流值和电压值）也将增加或减小 K 倍。叠加性和齐次性原理只适用于求解线性电路中的电流、电压。对于非线性电路，叠加性和齐次性原理则不适用。

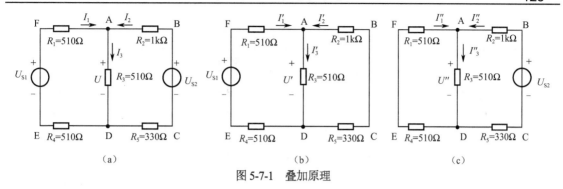

图 5-7-1　叠加原理

2. 测量方法

电压与电流的参考方向，是为了分析与计算电路而引入的概念。研究线性电路的叠加性时，由于所求的叠加量是代数和，所以一定要用参考方向来判断实际电压与电流的正负，实验中按电路图中的参考方向测量电压与电流时，应按以下方法操作。

测量支路电流时，将电流表按参考方向接入该支路（电流由电流表的"+"端流入，由"−"端流出），若此时电流表读数为正，则说明该支路实际电流方向与参考方向一致；若电流表读数为负，则说明该支路实际电流方向与参考方向相反，记录该电流值时应该在前面加负号。

测量支路电压时，将电压表"+"端与该支路参考方向"+"相连，电压表"−"端与该支路参考方向"−"相连，若此时电压表读数为正，则说明该支路实际电压方向与参考方向一致；若电压表读数为负，则说明该支路电压与参考方向相反，记录该电压值时应该在前面加负号。

三、实验设备

1. 直流稳压电源
2. 直流数字电流表
3. 台式数字万用表
4. 元器件若干

四、实验内容

1. 叠加定理

（1）U_{S1} 电源单独作用，参考图 5-7-1（b）进行电路连接，由于需要测量多个支路的电流，所以需要使用电流插座。根据图中的电流参考方向，按照电流由红色端子流入、黑色端子流出的原则将电流插座接入电路。用台式数字万用表测量各电阻元件两端电压时，注意所测电压的测量方向，按照表 5-7-1 中规定的电压参考方向，将电压表的红（正）接线端连接被测电阻元件电压参考方向的正端，电压表的黑（负）接线端连接电阻元件电压参考方向的负端，测量各电阻元件两端电压，将数据记入表 5-7-1 中。

在进行数据测量时，应按图中的参考方向测试各电压、电流。既要测试电压、电流的大小，还要判断电压、电流的真实方向是否与参考方向一致，一致时其电压、电流为正值，否则为负值。

（2）U_{S2} 电源单独作用，根据图 5-7-1（c）改接电路，按照上述测量电压、电流的方法进行测量，将测量数据填入表 5-7-1 中。

（3）U_{S1} 和 U_{S2} 共同作用，根据图 5-7-1（a）改接电路，用同样的方法测量电压、电流，将测量数据填入表 5-7-1 中。

表 5-7-1　叠加性定理实验数据

实验内容		测量项目									
		U_{S1}（V）	U_{S2}（V）	I_1（mA）	I_2（mA）	I_3（mA）	U_{AB}（V）	U_{CD}（V）	U_{AD}（V）	U_{DE}（V）	U_{FA}（V）
U_{S1}单独作用	计算值	12	0								
	测量值										
	相对误差										
U_{S2}单独作用	计算值	0	−6								
	测量值										
	相对误差										
U_{S1}，U_{S2}共同作用	计算值	12	−6								
	测量值										
	相对误差										
2U_{S2}单独作用	计算值	0	−12								
	测量值										
	相对误差										

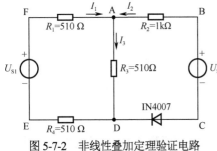

图 5-7-2　非线性叠加定理验证电路

2. 齐次性定理

（1）将 U_{S2} 的电压值调至之前的 2 倍，重复第 2 步的测量，并将数据记录在表 5-7-1 中，验证线性电路的齐次性。

（2）如图 5-7-2 所示，在电路中串入二极管 1N4007，重复上述测量步骤，并将数据记入表 5-7-2 中，比较表 5-7-1 和表 5-7-2 所测数据，验证非线性电路叠加性和齐次性是否成立。

表 5-7-2　齐次性定理实验数据

实验内容	测量项目									
	U_{S1}（V）	U_{S2}（V）	I_1（mA）	I_2（mA）	I_3（mA）	U_{AB}（V）	U_{CD}（V）	U_{AD}（V）	U_{DE}（V）	U_{FA}（V）
U_{S1}单独作用	12	0								
U_{S2}单独作用	0	−6								
U_{S1}，U_{S2}共同作用	12	−6								
U_{S2}单独作用	0	−12								

五、实验注意事项

1. 注意及时更换仪表量程，保证测量数据最高的精确度和仪表的安全。

2. 用电流插头辅助测量各支路电流时，应注意仪表连接和读数的极性，以及数据表格中"+""−"号的记录。

六、实验报告要求

1. 根据表 5-7-1 实验数据，通过求各支路电流和各电阻元件两端电压，验证线性电路的叠加性和齐次性。

2. 各电阻元件所消耗的功率能否用叠加原理计算得出？试用上述实验数据计算、说明。

3. 根据表 5-7-1 实验数据，当 $U_{S1} = U_{S2} = 12V$ 时，用叠加原理计算各支路电流和各电阻元件两端电压。

4. 根据表 5-7-2 实验数据，说明叠加性和齐次性是否适用该电路。

5. 回答思考题。

思　考　题

1. 叠加原理中 U_{S1} 和 U_{S2} 分别单独作用，实验中应如何操作？可否将要去掉的恒压源输出端（U_{S1} 或 U_{S2}）直接短路？

2. 实验电路中，若有一个电阻元件改为二极管，试问叠加性还成立吗？为什么？

3. 计算测量时的相对误差，并分析误差产生的原因及减小的方法。

5-8　有源二端网络等效参数的测定及等效定理的验证

一、实验目的

1. 验证戴维宁定理、诺顿定理的正确性，加深对该定理的理解。

2. 掌握测量有源二端网络等效参数的一般方法。

3. 学会用仿真软件对实验电路进行仿真。

二、原理说明

1. 理论基础

戴维宁定理指出：任何一个有源二端网络，如图 5-8-1（a）所示虚线框内的部分，总是可以用一个电压源 U_S 和一个电阻 R_S 串联组成的实际电压源来代替，如图 5-8-1（b）所示虚线框内的部分，电压源 U_S 等于这个有源二端网络的开路电压 U_{OC}，内阻 R_S 等于该网络中所有独立电源均置零（电压源短接，电流源开路）后的等效电阻 R_O。

诺顿定理指出：任何一个有源二端网络，总可以用一个电流源 I_S 和一个电阻 R_S 并联组成的实际电流源来代替，如图 5-8-1（c）所示虚线框内的部分，电流源 I_S 等于这个有源二端网络的短路电流 I_{SC}，内阻 R_S 等于该网络中所有独立电源均置零（电压源短接，电流源开路）后的等效电阻 R_O。

U_S、I_S 和 R_S 称为有源二端网络的等效参数。

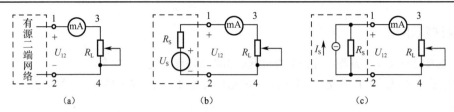

图 5-8-1　戴维宁定理和诺顿定理原理说明

2．测量有源二端网络等效参数的方法

（1）开路电压、短路电流法。

在有源二端网络输出端开路时，用电压表直接测其输出端的开路电压 U_{OC}，然后再将其输出端短路，测其短路电流 I_{SC}，则内阻为：$R_S = \dfrac{U_{OC}}{I_{SC}}$。

注意，若有源二端网络的内阻值很低时，则不宜采用短路电流测量方法。

（2）伏安法。

一种方法是用电压表、电流表测出有源二端网络的外特性曲线，如图 5-8-2 所示。开路电压为 U_{OC}，短路电流为 I_{SC}，根据外特性曲线求出斜率 $\tan\varphi$，则内阻为：$R_S = \tan\varphi = \dfrac{\Delta U}{\Delta I}$。

另一种方法是测量有源二端网络的开路电压 U_{OC}，以及额定电流 I_N 和对应的输出端额定电压 U_N，如图 5-8-2 所示，则内阻为：$R_S = \dfrac{U_{OC} - U_N}{I_N}$。

（3）半电压法测内阻。

如图 5-8-3 所示，调节负载电阻 R_L 的阻值，当负载电压为被测网络开路电压 U_{OC} 的一半时，负载电阻 R_L 的大小即为被测有源二端网络的等效内阻 R_S 数值。

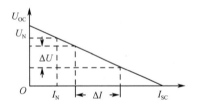

图 5-8-2　有源二端网络的外特性曲线

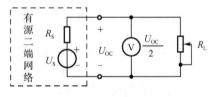

图 5-8-3　半电压法

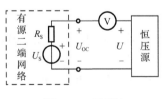

图 5-8-4　零示法

（4）零示法测开路电压。

在测量具有高内阻有源二端网络的开路电压时，用电压表进行直接测量会造成较大的误差，为了消除电压表内阻对测量数据的影响，常采用零示法，如图 5-8-4 所示。零示法测量原理是：用一个低内阻的恒压源与被测有源二端网络进行比较，当恒压源的输出电压与有源二端网络的开路电压相等时，电压表的读数将为 0V（电压表两端电压平衡，电位为零），然后将电路断开，使用直流数字电压表测量此时恒压源的输出电压 U 的数值，即为被测有源二端网络的开路电压 U_{OC}。

3．等效定理的验证

戴维宁定理中的有源二端网络可以等效为一个实际电压源，诺顿定理中的有源二端网络可以等效为一个实际电流源。所谓等效，是指对外部电路而言的，不是对内部电路，即两者对同一个外部变化的负载作用效果完全一样。验证基尔霍夫定理的实验设计即基于此。

三、实验设备

1．直流稳压电源
2．恒流源
3．台式数字万用表
4．直流数字电流表
5．元器件若干

四、实验内容

1．等效参数测量

本实验电路如图 5-8-5 所示，虚线框内的部分是有源二端网络，U_S 为电压源，I_S 为电流源。二端口为 AB。

（1）开路电压、短路电流法测量有源二端网络的等效参数。

在图 5-8-5 所示的电路中，$U_S = +10V$，$I_S = 20mA$。

测量开路电压 U_{OC}（A、B 两点之间），测量短路电流 I_{SC}（A、B 两点之间短接），将数据记入表 5-8-1 中。

计算 $R_S = U_{OC}/I_{SC}$，填入表 5-8-1 中。

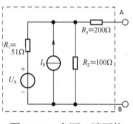

图 5-8-5　有源二端网络

表 5-8-1　开路电压、短路电流数据

项　　目	U_{OC}（V）	I_{SC}（mA）	$R_s = U_{OC}/I_{SC}$
计算值			
测量值			
相对误差			

（2）用半电压法和零示法测量有源二端网络的等效参数。

半电压法：在图 5-8-5 所示的电路中，测量有源二端网络的开路电压 U_{OC}，参考图 5-8-3 所示的测量方法，接入负载电阻 R_L，调整 R_L 阻值大小，直到负载 R_L 两端电压等于 $U_{OC}/2$ 为止，此时负载电阻 R_L 的大小即为等效电源的等效电阻 R_S 的数值。记录 U_{OC} 和 R_S 数值于表 5-8-2 中。

表 5-8-2　测量有源二端网络的等效参数

项　　目	半电压法		零示法	除源等效法	伏安法	
	U_{OC}（V）	R_S（Ω）	U_{OC}（V）	R_S（Ω）	U_{OC}（V）	R_S（Ω）
计算值						
测量值						
相对误差						

零示法测开路电压 U_{OC}：参考图 5-8-4 所示的测量方法，二端口 AB 接稳压电源的输出端，调整电源的输出电压 U，观察电路中电压表的数值，当其等于零时，稳压电源输出电压 U 的数值即为有源二端网络的开路电压 U_{OC}。断开稳压电源，用直流数字电压表测量其输出电压，并将 U_{OC} 数值记录于表 5-8-2 中，与半电压法取得的数据进行比较。

（3）除源等效法测量有源二端网络等效电阻。

在图 5-8-5 所示的电路中，将被测有源二端网络内的所有独立电源均置零（即去掉电流源 I_S，原所接两点开路；去掉电压源 U_S，原所接两点短接），称为除源等效法，然后用万用表的欧姆挡去测 AB 两点间的阻值，此值即为被测有源二端网络的等效电阻 R_S，将所测数据记入表 5-8-2 中。

2. 测量有源二端网络的外特性

如图 5-8-5 所示的电路中，$U_S = +10\text{V}$、$I_S = 20\text{mA}$，按照表 5-8-3 中电阻数据要求，利用可变电阻器改变负载电阻 R_L 的阻值，同时逐点测量对应的电压值、电流值，将数据记入表 5-8-3 中，并计算有源二端网络的等效参数 U_S 和 R_S，将数据记入表 5-8-2 中。

表 5-8-3　有源二端网络外特性数据

R_L（Ω）	900	800	700	600	500	400	300	200	100
U_{AB}（V）计算值									
U_{AB}（V）测量值									
相对误差									
I（mA）计算值									
I（mA）测量值									
相对误差									

3. 验证戴维宁定理

按照图 5-8-6 搭接等效电压源电路，用来代替图 5-8-5 实际有源二端网络电路，根据上面步骤得到的电路等效参数 U_S 和 R_S 来设置。其中，电压源 U_S 调至表 5-8-1 中记录的 U_{OC} 数值，内阻 R_S 按表 5-8-1 中计算出来的 R_S（取整）选取电阻值（利用 1K 电位器调节）。然后，根据表 5-8-4 的数据要求，改变负载电阻 R_L 的阻值，逐点测量对应的电压 U_{AB}、电流 I，将数据记入表 5-8-4 中。将表 5-8-4 和表 5-8-3 数据对比，验证戴维宁定理的正确性。

4. 验证诺顿定理

按照图 5-8-7 连接等效电流源电路，用来代替图 5-8-5 实际有源二端网络电路，根据上面步骤得到的电路等效参数 I_S 和 R_S 来设置。其中，电流源 I_S 调至表 5-8-1 中的 I_{SC} 数值，内阻 R_S 按表 5-8-1 中计算出来的 R_S（取整）选取电阻值（利用 1K 电位器调节）。然后，用电阻箱根据表 5-8-5 的数据要求，改变负载电阻 R_L 的阻值，逐点测量对应的电压 U_{AB}、电流 I，将数据记入表 5-8-5 中。

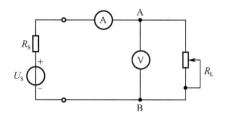

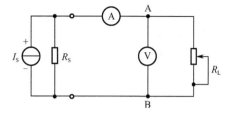

图 5-8-6　有源二端网络等效电压源　　　　　　　　　图 5-8-7　有源二端网络等效电流源

表 5-8-4　有源二端网络等效电压源的外特性数据

R_L（Ω）	900	800	700	600	500	400	300	200	100
U_{AB}（V）计算值									
U_{AB}（V）测量值									
相对误差									
I（mA）计算值									
I（mA）测量值									
相对误差									

表 5-8-5　有源二端网络等效电流源的外特性数据

R_L（Ω）	900	800	700	600	500	400	300	200	100
U_{AB}（V）计算值									
U_{AB}（V）测量值									
相对误差									
I（mA）计算值									
I（mA）测量值									
相对误差									

五、实验注意事项

1．测量时，及时更换电表量程。

2．改接线路时，要关掉电源。

六、实验报告要求

1．根据表 5-8-1 和表 5-8-2 的数据，计算有源二端网络的等效参数 U_S 和 R_S。

2．计算测量时的相对误差，并分析误差产生的原因及减小的方法。

3．实验中用各种方法测得的 U_{OC} 和 R_S 是否相等？试分析其原因。

4. 根据表 5-8-3、表 5-8-4 和表 5-8-5 的数据，绘出有源二端网络和有源二端网络等效电路的外特性曲线，验证戴维宁定理和诺顿定理的正确性。

5. 说明戴维宁定理和诺顿定理的应用场合。

6. 回答思考题。

思 考 题

1. 如何测量有源二端网络的开路电压和短路电流？在什么情况下不能直接测量开路电压和短路电流？

2. 说明测量有源二端网络开路电压及等效内阻的几种方法，并比较其优缺点。

5-9　最大功率传输条件的研究

一、实验目的

1. 理解阻抗匹配，掌握最大功率传输的条件。

2. 掌握根据电源外特性设计实际电源模型的方法。

3. 学会用仿真软件对实验电路进行仿真。

二、原理说明

电源向负载供电的电路如图 5-9-1 所示，R_S 为电源内阻，R_L 为负载电阻。当电路电流为 I 时，负载 R_L 得到的功率为：

$$P_L = I^2 R_L = \left(\frac{U_S}{R_S + R_L} \right)^2 \times R_L$$

可见，当电源 U_S 和 R_S 确定后，负载得到的功率大小只与负载电阻 R_L 有关。

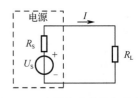

图 5-9-1　电源向负载供电的电路

令 $\dfrac{dP_L}{dR_L} = 0$，解得 $R_L = R_S$ 时，负载得到最大功率：

$$P_L = P_{Lmax} = \frac{U_S^2}{4 R_S}$$

$R_L = R_S$ 称为阻抗匹配，即电源的内阻抗（或内电阻）与负载阻抗（或负载电阻）相等时，负载可以得到最大功率。也就是说，最大功率传输的条件是供电电路必须满足阻抗匹配。负载得到最大功率时电路的效率：$\eta = \dfrac{P_L}{U_S I} = 50\%$。实验中，负载得到的功率用电压表、电流表测量的数据计算得到。

三、实验设备

1. 直流稳压电源

2. 直流数字电流表

3. 台式数字万用表

4. 元器件若干

四、实验内容

1．设计一个实际电压源模型

已知电源外特性曲线如图 5-9-2 所示，根据图中给出的开路电压和短路电流数值，计算出实际电压源模型中的电压源 U_S 和内阻 R_S。实验中，电压源 U_S 用直流稳压电源输出，内阻 R_S 选用固定电阻。

2．测量电路传输功率

用上述设计的实际电压源与负载电阻相连，其电路如图 5-9-3 所示，选用可变电阻器，从 $0\sim600\Omega$ 改变负载电阻 R_L 的数值，测量对应的电压、电流，将数据记入表 5-9-1 中。

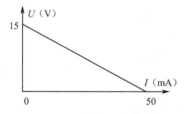

图 5-9-2　电源外特性曲线

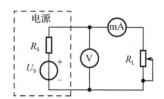

图 5-9-3　实际电压源与负载电阻相连电路

表 5-9-1　电路传输功率数据

R_L（Ω）	0	100	200	300	400	500	600
U（V）							
I（mA）							
P_L（mW）							
η							

五、实验注意事项

电源用直流稳压电源输出，其输出电压根据计算的电压源 U_S 数值进行调整，防止电源短路。

六、实验报告要求

1．根据图 5-9-2 给出的电源外特性曲线，计算出实际电压源模型中的电压源 U_S 和内阻 R_S，作为实验电路中的电源。

2．根据表 5-9-1 的实验数据，计算出对应的负载功率 P_L，并画出负载功率 P_L 随负载电阻 R_L 变化的曲线，找出传输最大功率的条件。

3．回答思考题。

思　考　题

1．什么是阻抗匹配？电路传输最大功率的条件是什么？

2．电路传输的功率和效率如何计算？

5-10　互易定理

一、实验目的

1. 验证互易定理。
2. 进一步熟悉直流电流表、直流电压表及电压源和电流源的使用方法。
3. 了解仪表误差对测量结果的影响。
4. 学会用仿真软件对实验电路进行仿真。

二、原理说明

互易定理是线性电路的一个重要性质。所谓互易，是指对线性电路，当只有一个激励源（一般不含受控源）时，激励与其在另一支路中的响应可以等值地相互换位置。

互易定理有三种基本形式，图 5-10-1 所示是互易定理的第一种形式，在只有一个独立电压源激励下，在图 5-10-1（a）中的 1-1' 端接一个电压源 U_S，将 2-2' 端短路，且该电路 I_1 是电路中唯一的电压源 U_S 所产生的响应。将电压源 U_S 移至 2-2' 端，而将 1-1' 端短路，如图 5-10-1（b）所示，那么有 $I_2=I_1$。

图 5-10-2 所示是互易定理的第二种形式，在只有一个独立电流源激励下，在图 5-10-2(a)中的 3-3' 端接一个电流源 I_S，将 4-4' 端开路，且该电路端口电压 U_1 是电路中唯一的电流源 I_S 所产生的响应。将电流源 I_S 移至 4-4' 端，而将 3-3' 端开路，如图 5-10-2（b）所示，那么有 $U_2=U_1$（或等于电流源 I_S 扩大或减小的倍数与 U_1 的乘积）。

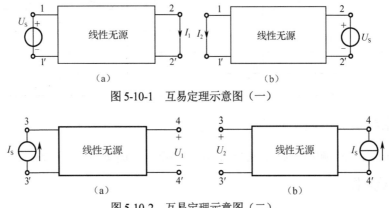

图 5-10-1　互易定理示意图（一）

图 5-10-2　互易定理示意图（二）

图 5-10-3 所示是互易定理的第三种形式，在两组相同的电路中分别有一个单独的激励源，其中激励源 I_S 与激励源 U_S 在数值上相等。在图 5-10-3（a）中的 5-5' 端接一个电流源 I_S，将 6-6' 端短路，且该电路端口电流 I_3 是电路中唯一的电流源 I_S 所产生的响应。将电流源 I_S 改为电压源 U_S 移至 6-6' 端，而将 5-5' 端开路，如图 5-10-3（b）所示，那么有 U_3 与 I_3 在数值上相等。

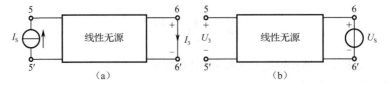

图 5-10-3　互易定理示意图（三）

三、实验设备

1. 直流稳压电源
2. 恒流源
3. 直流数字电流表
4. 台式数字万用表
5. 元器件若干

四、实验内容

（1）如图 5-10-4 所示，电路中激励源 U_{11} 由可调电压源提供，首先将激励源接在 200Ω 的支路上，测量其在 300Ω 支路中的电流响应 I_{11}；再将激励源 U_{11} 移至 300Ω 的支路上，测量其在 200Ω 支路上的电流响应 I_{12}。激励源 U_{11} 分别取 5 组不同的电压值，记录不同电压值下 I_{11} 和 I_{12} 的值，记录在表 5-10-1 中，分析测量结果，并验证互易定理。

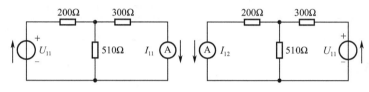

图 5-10-4　互易定理图（四）

表 5-10-1　互易定理第一种形式

U_{11}（V）	6.00	7.00	8.00	9.00	10.00
I_{11}（mA）					
I_{12}（mA）					

（2）如图 5-10-5 所示，电路中激励源 I_{21} 由可调电流源提供，先将激励源接在 200Ω 电阻上，测量其在 300Ω 电阻上的电压响应 U_{21}；再将激励源 I_{21} 连接在 300Ω 电阻上，测量其在 200Ω 电阻上的电压响应 U_{22}。激励源 I_{21} 分别取 5 组不同的电流值，记录不同电流值下 U_{21} 和 U_{22} 的值，记录在表 5-10-2 中，分析测量结果，并验证互易定理。

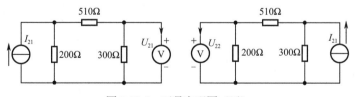

图 5-10-5　互易定理图（五）

表 5-10-2　互易定理第二种形式

I_{21}（mA）	10.00	12.00	14.00	16.00	18.00
U_{21}（V）					
U_{22}（V）					

（3）如图 5-10-6 所示，在两组相同的电路中分别有一个单独的激励源，其中激励源 I_{31} 与激励源

U_{31} 在数值上相等。先将激励源 I_{31} 接在 200Ω 支路上，测量其在 300Ω 支路上的电流响应 I_{32}；再将激励源 U_{31} 接在 300Ω 支路上，测量其在 200Ω 支路上的电压响应 U_{32}。取 5 组不同的激励源的值，分别记录 I_{32} 和 U_{32} 的值，记录在表 5-10-3 中，分析测量结果，并验证互易定理。

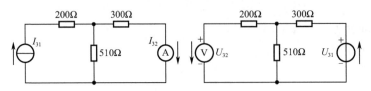

图 5-10-6　互易定理图（六）

表 5-10-3　互易定理第三种形式

I_{31}（mA）	10.00	12.00	14.00	16.00	18.00
I_{32}（mA）					
U_{31}（V）	10.00	12.00	14.00	16.00	18.00
U_{32}（V）					

五、实验注意事项

1. 连接实验电路前，将电源的电压值或电流值还原到初始状态，然后关掉电源待用。

2. 谨防稳压电源输出端短路。当一个激励源单独作用时，应将另一电源拆除，用短路线代替，不能直接将电源短路，特别注意拆改线路前要先关断电源。

3. 注意测量数据的实际方向和参考方向之间的关系。

六、实验报告要求

结合电路结构及电路参数，计算实验电路中被测量的数值，验证互易定理。

第 6 章　一阶与二阶电路的时域分析

6-1　典型电信号的观察与测量

一、实验目的

1. 加深理解周期性信号有效值、平均值的概念，学会计算方法。
2. 了解正弦波、矩形波、三角波等几种周期性信号有效值、平均值和幅值之间的关系。
3. 掌握信号源的一般使用方法。
4. 学会使用示波器观察周期信号的波形，定量测出周期信号的波形参数，熟悉示波器的操作规范和使用方法。

二、原理说明

正弦波、矩形波和三角波都属于周期性的脉冲信号，它们的电压波形如图 6-1-1 所示。图中各波形的幅值为 U_m，周期为 T。用有效值表示周期性信号的大小（做功能力），平均值表示周期性信号在一个周期里平均的大小。

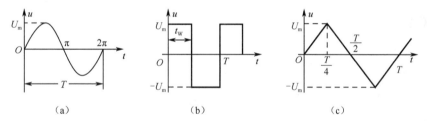

图 6-1-1　三种周期信号的电压波形

1. 正弦波电压有效值、平均值的计算

正弦信号（如电压）波形的主要参数有幅值 U_m、周期 T（或频率 f）和初相 φ，如图 6-1-1（a）所示。设正弦波电压 $u = U_m \sin \omega t$，有效值为：

$$U = \sqrt{\frac{1}{T}\int_0^T u^2 \mathrm{d}t} = \sqrt{\frac{1}{T}\int_0^T U_m^2 \sin^2 \omega t\, \mathrm{d}(\omega t)} = \frac{U_m}{\sqrt{2}} \approx 0.707 U_m$$

由于正弦信号的对称性，平均值为正半周的平均值，其值为：

$$U_V = \frac{1}{\frac{T}{2}}\int_0^{\frac{T}{2}} u\mathrm{d}t = \frac{1}{\frac{T}{2}}\int_0^{\frac{T}{2}} U_m \sin \omega t\, \mathrm{d}(\omega t) = \frac{4U_m}{T} = \frac{2U_m}{\pi} \approx 0.636 U_m$$

2. 矩形波电压有效值、平均值的计算

矩形波脉冲信号的波形除幅值 U_m、周期 T 外，还有脉冲宽度 t_W，如图 6-1-1（b）所示。有效值

等于电压的"方均根"，有效值为：

$$U = \sqrt{\frac{1}{\frac{T}{2}}\int_0^{\frac{T}{2}} U_m^2 dt} = \sqrt{\frac{U_m^2}{\frac{T}{2}} \times t\Big|_0^{\frac{T}{2}}} = U_m$$

取波形绝对值的平均值，平均值为：

$$U_V = \frac{U_m \times \frac{T}{2}}{\frac{T}{2}} = U_m$$

3. 三角波电压有效值、平均值的计算

如图 6-1-1（c）所示，由于波形对称，在四分之一个周期里，$u = \frac{4U_m}{T} \times t$，则有效值为：

$$U = \sqrt{\frac{1}{\frac{T}{4}}\int_0^{\frac{T}{4}} u^2 dt} = \sqrt{\frac{4}{T}\int_0^{\frac{T}{4}} \frac{4^2 U_m^2}{T^2} \times t^2 dt} = \sqrt{\frac{4^3 U_m^2}{T^3}\int_0^{\frac{T}{4}} t^2 dt} = \frac{U_m}{\sqrt{3}} = 0.577U_m$$

取波形绝对值的平均值，同样，只计算四分之一个周期即可，平均值为：

$$U_V = \frac{\left(U_m \times \frac{T}{4}\right)/2}{\frac{T}{4}} = \frac{U_m}{2} = 0.5U_m$$

三、实验设备

1. 双踪示波器
2. 函数信号发生器
3. 台式数字万用表

四、实验内容

1. 观测正弦波

（1）接通信号源电源，选择正弦波输出。

（2）将信号源的信号输出端与示波器连接。

（3）调节信号源的频率，使输出正弦波的频率如表所示，调节输出信号的大小，使信号源输出正弦波的有效值如表所示，观察波形，填写表 6-1-1、表 6-1-2。

表 6-1-1　三种波形频率的测定

测 定 项 目	正弦波		矩形波（占空比 80%）		三角波	
	500Hz	2kHz	200Hz	5kHz	250Hz	10kHz
示波器的"t/div"（秒/格）						
根据格数计算的周期						
Meas 键自动测量的周期						
光标测量的周期						

表 6-1-2 三种波形大小的测定

测 定 项 目	正弦波		矩形波（电压偏移量 1V）		三角波	
	0.5V（有效值）	2V（有效值）	2V（峰峰值）	5V（峰峰值）	1V（峰峰值）	4V（峰峰值）
示波器的"V/div"（伏/格）						
根据格数计算的峰峰值						
Meas 键自动测量的峰峰值						
光标测量的峰峰值						

2．观测矩形波

将信号源的波形输出选择为矩形波，重复上述步骤，填写表 6-1-1、表 6-1-2。

3．观测三角波

将信号源的波形输出选择为三角波，重复上述步骤，填写表 6-1-1、表 6-1-2。

五、实验注意事项

1．调节仪器旋钮时，动作要轻柔。

2．调节示波器时基旋钮时，同步调整双通道扫描速度（t/div），旋钮顺时针旋转时波形为展开效果，逆时针旋转时为缩小效果。调节示波器垂直灵敏度旋钮，用于分别改变 CH$_1$ 和 CH$_2$ 通道电压（Y 轴）的灵敏度（V/div），"单位"实时显示在显示屏的左上方；按压旋钮可进行粗调和细调之间的转换。要注意时基旋钮和垂直灵敏度旋钮的配合使用，使显示的波形完整。

3．为防止干扰信号，信号源的接地端与示波器的接地端连接在一起（称"共地"）。

六、实验报告要求

1．回答思考题。

2．整理实验数据，并与计算值（思考题 2）相比较。

3．试计算图 6-1-2 所示波形（方波）的有效值和平均值。

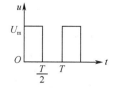

图 6-1-2 方波

思 考 题

1．什么是周期性信号的有效值、平均值和幅值？

2．若正弦波、矩形波、三角波的幅值均为 2V，试计算它们的有效值和平均值（正弦波的平均值按全波整流波形计算）。

6-2 一阶电路暂态过程的研究

一、实验目的

1．研究 RC 一阶电路的零输入响应、零状态响应和全响应的规律和特点。

2．学习一阶电路时间常数的测量方法，了解电路参数对时间常数的影响。

3．掌握微分电路和积分电路的基本概念。

4．学会用仿真软件对实验电路进行仿真。

二、原理说明

1．RC 一阶电路的零状态响应

RC 一阶电路如图 6-2-1 所示，开关 S 在 "1" 的位置，$u_C=0$，处于零状态。当开关 S 合向 "2" 的位置时，电源通过电阻向电容充电，$u_C(t)$ 称为零状态响应：

$$u_C = U_S - U_S e^{-\frac{t}{\tau}}$$

变化曲线如图 6-2-2 所示，当 u_C 上升到 $0.632U_S$ 所需要的时间称为时间常数 τ，$\tau = RC$。

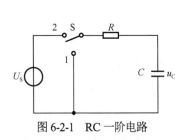

图 6-2-1　RC 一阶电路

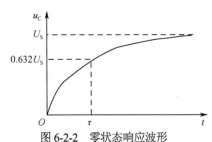

图 6-2-2　零状态响应波形

2．RC 一阶电路的零输入响应

在图 6-2-1 中，开关 S 在 "2" 的位置，电路电源通过电阻向电容充电稳定后，再合向 "1" 的位置时，电容通过电阻放电，$u_C(t)$ 称为零输入响应：

$$u_C = U_S e^{-\frac{t}{\tau}}$$

变化曲线如图 6-2-3 所示，当 u_C 下降到 $0.368U_S$ 所需要的时间称为时间常数 τ，$\tau = RC$。

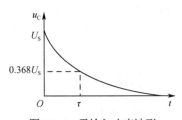

图 6-2-3　零输入响应波形

3．测量 RC 一阶电路时间常数 τ

图 6-2-1 电路的上述暂态过程很难观察，为了用普通示波器观察电路的暂态过程，需采用图 6-2-4 所示的周期性方波 u_S 作为电路的激励信号，方波信号的周期为 T，只要满足 $\dfrac{T}{2} \geqslant 5\tau$，便可在普通示波器的显示屏上形成稳定的响应波形。

电阻、电容串联与函数信号发生器的输出端连接，函数信号发生器输出方波，用示波器观察电容电压 u_C，便可观察到稳定的指数曲线。如图 6-2-5 所示，在示波器屏幕上测得电容电压最大值 $U_{cm}=a$（V），取 $b=0.632a$（V），与指数曲线交点对应时间 t 轴的 x 点即为该电路的时间常数。

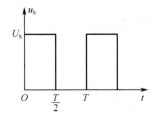

图 6-2-4　方波激励信号

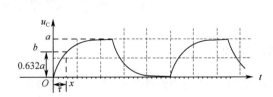

图 6-2-5　方波信号激励下电压 u_C 的波形

4．微分电路和积分电路

方波信号 u_S 作用在电阻和电容的串联电路中，当满足电路时间常数 τ 远远小于方波周期 T 的条件时，电阻两端（输出）的电压 u_R 与方波输入信号 u_S 呈微分关系，$u_R \approx RC\dfrac{\mathrm{d}u_S}{\mathrm{d}t}$，该电路称为微分电路。当满足电路时间常数 τ 远远大于方波周期 T 的条件时，电容两端（输出）的电压 u_C 与方波输入信号 u_S 呈积分关系，$u_C \approx \dfrac{1}{RC}\displaystyle\int u_S \mathrm{d}t$，该电路称为积分电路。

电路输入波形如图 6-2-6（a）所示，通过电路后输出波形，微分电路如图 6-2-6（b）所示，积分电路如图 6-2-6（c）所示。

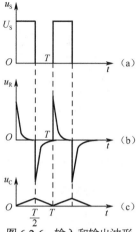

图 6-2-6　输入和输出波形

三、实验设备

1．双踪示波器
2．函数信号发生器
3．元器件若干

四、实验内容

实验电路如图 6-2-7 所示（请认清激励与响应端口所在的位置，认清电阻、电容元件的布局及其标称值），用双踪示波器观察电路激励（方波）信号和响应信号。u_S 为方波输出信号，调节函数信号发生器，用示波器观察输出信号，使方波的峰–峰值和频率为：

$$V_{\mathrm{pp}}=2\mathrm{V}，\ f=1\mathrm{kHz}$$

1．RC 一阶电路的充、放电过程

实验电路如图 6-2-7 所示，u_S 为方波输出信号，调节函数信号发生器，使方波的峰-峰值和频率为，$V_{\mathrm{pp}}=2\mathrm{V}$，$f=1\mathrm{kHz}$，用双踪示波器观察电路激励（方波）信号和响应信号。

（1）测量时间常数 τ。

令 $R=10\mathrm{k}\Omega$，$C=0.01\mu\mathrm{F}$，用示波器观察激励 u_S 与响应 u_C 的变化规律，测量并记录时间常数 τ，保存带有测量时间常数 τ 的电路激励和响应的波形。

（2）观察时间常数 τ 对暂态过程的影响。

改变电路参数 R、C，可以改变时间常数 τ，定性观察电容或电阻标称值的变化对响应波形的影响并保存波形。

2．积分电路和微分电路

（1）积分电路。

积分电路如图 6-2-8 所示，自行选择电阻、电容，自行调节函数信号发生器方波信号的频率，满足形成积分电路的条件，用双踪示波器观察激励 u_S 与响应 u_C 的变化规律并保存波形图。

（2）微分电路。

微分电路如图 6-2-9 所示，自行选择电阻、电容，自行调节函数信号发生器方波信号的频率，满足形成微分电路的条件，用双踪示波器观察激励 u_S 与响应 u_R 的变化规律并保存波形图。

五、实验注意事项

1．调节电子仪器各旋钮时，动作不要过猛。实验前，需熟读双踪示波器的使用说明，特别是观察双踪信号时，要特别注意开关、旋钮的操作与调节。由于此次使用的示波器为双踪共地，所以探头

的地线不允许同时接在不同的电势。

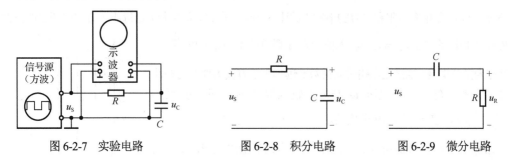

图 6-2-7　实验电路　　　　图 6-2-8　积分电路　　　　图 6-2-9　微分电路

2．信号发生器接地端与示波器接地端测量时需要连在一起（称"共地"），以防外界干扰而影响测量的准确性。使用时要特别注意因设备"共地"的原因而造成的电路短路现象。

六、实验报告要求

1．根据实验 1 观测结果，保存 RC 一阶电路充、放电时响应信号 u_C 与激励信号 u_S 对应的变化曲线，由曲线测得 τ 值，并与参数值的理论计算结果进行比较，分析误差原因。

2．根据实验 2 观测结果，保存并打印积分电路、微分电路输出信号与输入信号对应的波形。

3．回答思考题。

思　考　题

1．用示波器观察 RC 一阶电路零输入响应和零状态响应时，为什么激励波形必须是方波信号？

2．已知 RC 一阶电路的 $R=10\text{k}\Omega$，$C=0.01\mu\text{F}$，试计算时间常数 τ。并根据 τ 值的物理意义，编写测量 τ 的方案。

3．在 RC 一阶电路中，当电阻、电容的标称值大小变化时，对电路的响应有何影响？

4．何谓积分电路和微分电路？它们必须具备什么条件？它们在方波激励下，其输出信号波形的变化规律如何？这两种电路有何功能？

6-3　二阶电路暂态过程的研究

一、实验目的

1．研究 RLC 二阶电路的零输入响应、零状态响应的规律和特点，了解电路参数对响应的影响。

2．学习二阶电路衰减系数、振荡频率的测量计算方法，了解电路参数对它们的影响。

3．观察、分析二阶电路响应的三种变化曲线及其特点，加深对二阶电路响应的认识与理解。

4．学会用仿真软件对实验电路进行仿真。

二、原理说明

1．零状态响应

在图 6-3-1 所示的电路中，$u_C(0)=0$，在 $t=0$ 时开关 S 置于位置 1，电压方程为：

$$LC\frac{d^2 u_C}{dt} + RC\frac{du_C}{dt} + u_C = U$$

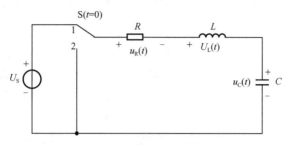

图 6-3-1　零状态响应电路

这是一个二阶常系数非齐次微分方程，该电路称为二阶电路，电源电压 U 为激励信号，电容两端电压 u_C 为响应信号。根据微分方程理论，u_C 包含两个分量：暂态分量 u_C'' 和稳态分量 u_C'，即 $u_C = u_C'' + u_C'$，具体的解与电路参数 R、L、C 有关。

当满足 $R < 2\sqrt{\dfrac{L}{C}}$ 时：$u_C(t) = u_C'' + u_C' = Ae^{-\delta t}\sin(\omega t + \varphi) + U$。

其中，衰减系数 $\delta = \dfrac{R}{2L}$，衰减时间常数 $\tau = \dfrac{1}{\delta} = \dfrac{2L}{R}$。

振荡频率 $\omega = \sqrt{\dfrac{1}{LC} - \left(\dfrac{R}{2L}\right)^2}$，振荡周期 $T = \dfrac{1}{f} = \dfrac{2\pi}{\omega}$。

变化曲线如图 6-3-2（a）所示，u_C 的变化处在衰减振荡状态，由于电阻 R 比较小，又称为欠阻尼状态。

当满足 $R = 2\sqrt{\dfrac{L}{C}}$ 时，u_C 的变化处在临界阻尼状态，变化曲线如图 6-3-2（b）所示。

当满足 $R > 2\sqrt{\dfrac{L}{C}}$ 时，u_C 的变化处在过阻尼状态，由于电阻 R 比较大，电路中的能量被电阻很快消耗掉，u_C 无法振荡，变化曲线如图 6-3-2（c）所示。

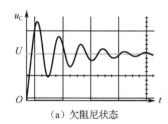
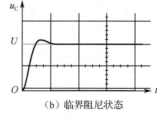
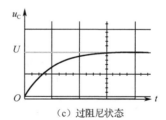

（a）欠阻尼状态　　　　　　　　（b）临界阻尼状态　　　　　　　　（c）过阻尼状态

图 6-3-2　三种阻尼状态

2. 零输入响应

在图 6-3-3 所示的电路中，开关 S 与 1 端闭合，电路处于稳定状态，$u_C(0)=U$，在 $t=0$ 时开关 S 置于位置 2，输入激励为零，电压方程为：

$$LC\frac{d^2 u_C}{dt} + RC\frac{du_C}{dt} + u_C = 0$$

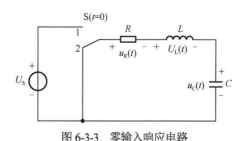

图 6-3-3　零输入响应电路

这是一个二阶常系数齐次微分方程，根据微分方程理论，u_C 只包含暂态分量 u_C''，稳态分量 u_C' 为零。和零状态响应一样，根据 R 与 $2\sqrt{\dfrac{L}{C}}$ 的大小关系，u_C 的变化规律分为欠阻尼、过阻尼和临界阻尼三种状态，它们的变化曲线与图 6-3-2 中的暂态分量 u_C'' 类似，衰减系数、衰减时间常数、振荡频率与零状态响应完全一样。

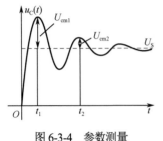

图 6-3-4　参数测量

本实验对 RLC 串联电路进行研究，激励信号采用方波脉冲，二阶电路在方波信号的激励下，可获得零状态与零输入响应。测量 u_C 衰减振荡的参数，如图 6-3-4 所示。用示波器测出振荡周期 $T_d=t_2-t_1$，便可计算出振荡频率 $\omega=\dfrac{2\pi}{T_d}$，按照衰减轨迹曲线，测量出第一峰值 U_{cm1}、第二峰值 U_{cm2}，便可计算出衰减系数 $\delta=\dfrac{1}{T_d}\ln\dfrac{U_{cm1}}{U_{cm2}}$。

三、实验设备

1. 双踪示波器
2. 函数信号发生器
3. 台式数字万用表
4. 元器件若干

四、实验内容

实验电路如图 6-3-5 所示，其中：使用 $10\text{k}\Omega$ 的电位器，$L=15\text{mH}$，$C=0.01\mu\text{F}$，函数信号发生器的输出为 $U_m=2\text{V}$、频率 $f=1\text{kHz}$ 的方波脉冲，接至实验电路的激励端，同时将双踪示波器的两路探头分别接至电路的激励端和响应端。

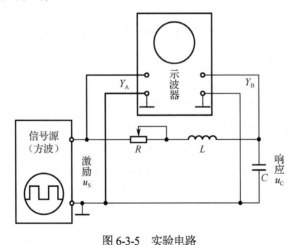

图 6-3-5　实验电路

1. 改变电位器的阻值，观察二阶电路的零输入响应和零状态响应由过阻尼过渡到临界阻尼，最后过渡到欠阻尼的变化过渡过程，并保存三种状态下的波形。

2. 调节电位器的阻值，使示波器屏幕上呈现稳定的欠阻尼响应波形，记录此时 R 的值。定量测定此时电路的振荡周期 T_d、第一峰值 U_{cm1}、第二峰值 U_{cm2}，并计算衰减常数 δ 和振荡频率 ω，记入表 6-3-1 中。

3. 改变电路参数，按表 6-3-1 中的数据重复步骤 2 的测量，仔细观察改变电路参数时 δ 和 ω 的变化趋势，并将数据记入表 6-3-1 中。

表 6-3-1　二阶电路暂态过程实验数据

实 验 次 数	元 件 参 数			测 量 值			计 算 值	
	R（调至欠阻尼状态）	L（mH）	C	T_d	U_{cm1}	U_{cm2}	δ	ω
1		15	0.01μF					
2		15	0.002μF					
3		15	0.001μF					

五、实验注意事项

1. 调节电位器时，要细心、缓慢，临界阻尼状态要找准。

2. 在双踪示波器上同时观察激励信号和响应信号时，显示要稳定，如果不同步，则注意同步触发信号的选择或可采用外同步法触发（参考示波器使用说明）。

六、实验报告要求

1. 保存二阶电路过阻尼、临界阻尼和欠阻尼的响应波形。

2. 测算欠阻尼振荡曲线上的振荡周期 T、第一峰值 U_{cm1}、第二峰值 U_{cm2}、衰减系数 δ 和振荡频率 ω。

3. 归纳、总结电路元件参数的改变，对响应变化趋势的影响。

4. 回答思考题。

思　考　题

1. 什么是二阶电路的零状态响应和零输入响应？它们的变化规律和哪些因素有关？

2. 根据二阶实验电路元件的参数，计算出处于临界阻尼状态的 R 值。

3. 在示波器显示屏上，如何测算二阶电路零状态响应和零输入响应欠阻尼状态的衰减系数 δ 和振荡频率 ω？

6-4　电路状态轨迹的观测

一、实验目的

1. 利用状态轨迹分析 RLC 串联电路的零输入响应和零状态响应。

2. 学习欠阻尼波形参数的测量方法，比较测量值与理论计算值。

3. 学习临界阻尼两个电阻值的测量方法，比较测量值与理论计算值。

4. 学会用仿真软件对实验电路进行仿真。

二、原理说明

实验电路如图 6-4-1 所示。

电路含有两个独立储能元件，能用二阶微分方程描述的电路称为二阶电路。当输入信号为零，初始状态不为零时，所引起的响应称为零输入响应。

当初始状态为零，输入信号不为零时，所引起的响应称为零状态响应。零状态响应电压方程为：

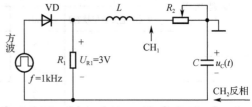

$$LC\frac{d^2 u_C}{dt^2} + RC\frac{du_C}{dt} + u_C = U \qquad (6\text{-}4\text{-}1)$$

零输入响应电压方程为：

$$LC\frac{d^2 u_C}{dt^2} + RC\frac{du_C}{dt} + u_C = 0 \qquad (6\text{-}4\text{-}2)$$

图 6-4-1　实验电路

求解这两个方程，便可得到零状态响应和零输入响应的 $u_C(t)$。由微分方程的理论可知，式（6-4-1）的特征方程为：

$$LCs^2 + (R_2 + r_L)Cs + 1 = 0$$

其特征根为：

$$s_{1,2} = -\frac{R_2 + r_L}{2L} \pm \sqrt{\left(\frac{R_2 + r_L}{2L}\right)^2 - \frac{1}{LC}} = -\delta_1 \pm \sqrt{\delta_1^2 - \omega_0^2} \qquad (6\text{-}4\text{-}3)$$

式（6-4-2）的特征方程为：

$$LCs^2 + (R_1 + R_2 + r_L)Cs + 1 = 0$$

其特征根为：

$$s_{1,2} = -\frac{R_1 + R_2 + r_L}{2L} \pm \sqrt{\left(\frac{R_1 + R_2 + r_L}{2L}\right)^2 - \frac{1}{LC}}$$
$$= -\delta_2 \pm \sqrt{\delta_2^2 - \omega_0^2} \qquad (6\text{-}4\text{-}4)$$

1. 欠阻尼，振荡充放电过程

（1）由式（6-4-3）可见，$\delta_1 < \omega_0$，即

$$R_2 + r_L < 2\sqrt{\frac{L}{C}}, \quad R_2 < 2\sqrt{\frac{L}{C}} - r_L$$

式（6-4-3）可以写成：

$$s_{1,2} = -\delta_1 \pm j\omega_1$$

式中，$\delta_1 = \frac{R_2 + r_L}{2L}$，称为阻尼常数；$\omega_1 = \sqrt{\omega_0^2 - \delta_1^2}$，称为有衰减时的振荡角频率；$\omega_0 = \frac{1}{\sqrt{LC}}$，称为无衰减时的谐振（角）频率；$s_{1,2}$ 为特征根，也称电路的固有频率。

可见，δ_1，ω_1，ω_0，$s_{1,2}$ 均是仅与电路结构和元件参数有关，完全表征了 RLC 串联电路的属性。

（2）由式（6-4-4）可见，$\delta_2 < \omega_0$，即

$$R_1 + R_2 + r_L < 2\sqrt{\frac{L}{C}}, \quad R_2 < 2\sqrt{\frac{L}{C}} - r_L - R_1$$

则，式（6-4-4）可以写成：

$$s_{1,2} = -\delta_2 \pm j\omega_2$$

式中，$\delta_2 = \dfrac{R_1 + R_2 + r_L}{2L}$，称为阻尼常数；$\omega_2 = \sqrt{\omega_0^2 - \delta_2^2}$，称为有衰减时的振荡角频率；$\omega_0 = \dfrac{1}{\sqrt{LC}}$，称为无衰减时的谐振（角）频率。

有了固有频率，对于阶跃信号激励（零状态响应），式（6-4-1）的解为：

$$u_C = U_{iP}[1 - \frac{\omega_0}{\omega_1} \cdot e^{-\delta_1 t} \cdot \sin(\omega_1 t + \beta_1)] \tag{6-4-5}$$

式中，$\beta_1 = \arctan \dfrac{\omega_1}{\delta_1}$。

流过电感的电流 i 为：

$$i(t) = C\frac{\mathrm{d}u_C(t)}{\mathrm{d}t} = \frac{U_{iP}}{\omega_1 L} e^{-\delta_1 t} \sin\omega_1 t \tag{6-4-6}$$

对于零输入响应，式（6-4-2）的解为：

$$u_C = U_{iP} \cdot \frac{\omega_0}{\omega_2} \cdot e^{-\delta_2 t} \cdot \sin(\omega_2 t + \beta_2) \tag{6-4-7}$$

式中，$\beta_2 = \arctan \dfrac{\omega_2}{\delta_2}$。

流过电感的电流 i 为：

$$i(t) = C\frac{\mathrm{d}u_C(t)}{\mathrm{d}t} = -\frac{U_{iP}}{\omega_2 L} e^{-\delta_2 t} \sin\omega_2 t \tag{6-4-8}$$

由式（6-4-5）、为式（6-4-6）、为式（6-4-7）、为式（6-4-8）可以看出，电容上的 u_C 和流过电感的 i_L 的波形将呈现衰减振荡的形状，在整个过程中，它们将周期性地改变方向，储能元件电感和电容也将周期性地交换能量。在示波器上观察到的 u_C 和 i_L 波形如图 6-4-2 所示。

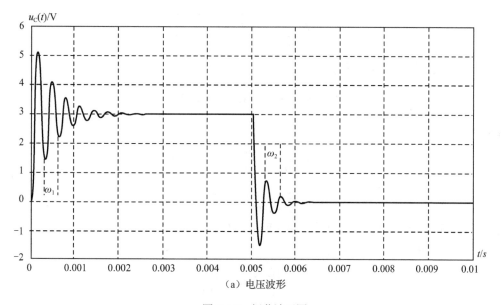

（a）电压波形

图 6-4-2　振荡波形图

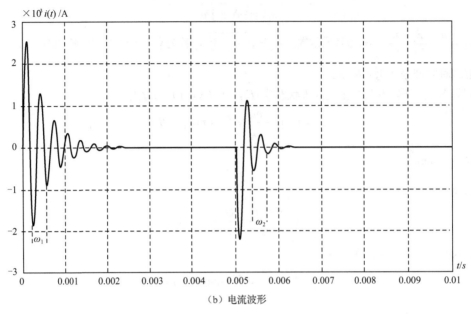

（b）电流波形

图 6-4-2 振荡波形图（续）

注意：示意图中的 ω_1 和 ω_2，在示波器观察时用 T_1（ms）和 T_2（ms）表示。

2．过阻尼，非振荡充放电过程

（1）由式（6-4-3）可见，$\delta_1 > \omega_0$，即

$$R_2 + r_{\rm L} > 2\sqrt{\frac{L}{C}}, \quad R_2 > 2\sqrt{\frac{L}{C}} - r_{\rm L}$$

固有频率：

$$s_{1,2} = -\frac{R_2 + r_{\rm L}}{2L} \pm \sqrt{\left(\frac{R_2 + r_{\rm L}}{2L}\right)^2 - \frac{1}{LC}}$$

为两个不相等的负实数，电容电压为：

$$u_{\rm C}(t) = U_{\rm iP}\left[\frac{1}{s_1 - s_2}(s_2 e^{s_1 t} + s_1 e^{s_2 t}) + 1\right] \tag{6-4-9}$$

流过电感的电流为：

$$i(t) = C\frac{{\rm d}u_t}{{\rm d}t} = -\frac{CU_{\rm iP}s_1 s_2}{s_1 - s_2}(e^{s_1 t} - e^{s_2 t})$$

$$= \frac{U_{\rm iP}}{L(s_1 - s_2)}(e^{s_1 t} - e^{s_2 t}) \tag{6-4-10}$$

零状态响应 $u_{\rm C}$ 和 i 随时间的变化曲线如图 6-4-3 所示，为非振荡波形。

（2）由式（6-4-4）可见，$\delta_2 > \omega_0$，即

$$R_1 + R_2 + r_{\rm L} > 2\sqrt{\frac{L}{C}}, \quad R_2 > 2\sqrt{\frac{L}{C}} - r_{\rm L} - R_1$$

固有频率：

$$s_{1,2} = -\frac{R_1 + R_2 + r_{\rm L}}{2L} \pm \sqrt{\left(\frac{R_1 + R_2 + r_{\rm L}}{2L}\right)^2 - \frac{1}{LC}}$$

为两个不相等的负实数，电容电压为：

$$u_C(t) = \frac{U_{iP}}{s_2 - s_1}(s_2 e^{s_1 t} - s_1 e^{s_2 t}) \qquad (6\text{-}4\text{-}11)$$

流过电感的电流为：

$$i(t) = C\frac{du_t}{dt} = -\frac{CU_{iP}s_1 s_2}{s_2 - s_1}(e^{s_1 t} - e^{s_2 t}) \qquad (6\text{-}4\text{-}12)$$

因为 $s_1 s_2 = \dfrac{1}{LC}$，代入（6-4-12）式得：

$$i(t) = -\frac{U_{iP}}{L(s_2 - s_1)}(e^{s_1 t} - e^{s_2 t}) \qquad (6\text{-}4\text{-}13)$$

零输入响应 u_C 和 i 随时间的变化曲线如图 6-4-4 所示，为非振荡波形。

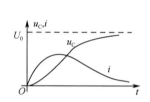

图 6-4-3　零状态响应曲线图

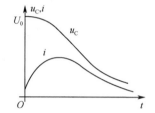

图 6-4-4　零输入响应曲线图

3. 临界阻尼，非振荡充放电过程

（1）由式（6-4-3）可见，$\delta_1 = \omega_0$，即

$$R_2 + r_L = 2\sqrt{\frac{L}{C}}, \quad R_2 = 2\sqrt{\frac{L}{C}} - r_L$$

固有频率 $s_1 = s_2 = -\delta_1$ 为两个相等的负实数，电容电压为：

$$u_C(t) = U_{iP}[1 - (1 + \delta_1 t)e^{-\delta_1 t}] \qquad (6\text{-}4\text{-}14)$$

流过电感的电流为：

$$i(t) = C\frac{du_t}{dt} = \frac{U_{iP}}{L}t e^{-\delta_1 t} \qquad (6\text{-}4\text{-}15)$$

响应 u_C 和 i 随时间的变化曲线与过阻尼时的零状态响应曲线相似，仍为非振荡波形。

（2）由式（6-4-4）可见，$\delta_2 = \omega_0$，即

$$R_1 + R_2 + r_L = 2\sqrt{\frac{L}{C}}, \quad R_2 = 2\sqrt{\frac{L}{C}} - r_L - R_1$$

固有频率 $s_1 = s_2 = -\delta_2$ 为两个相等的负实数，电容电压为：

$$u_C(t) = U_{iP}(1 + \delta_2 t)e^{-\delta_2 t} \qquad (6\text{-}4\text{-}16)$$

流过电感的电流为：

$$i(t) = -C\frac{du_t}{dt} = \frac{U_{iP}}{L}t e^{-\delta_2 t} \qquad (6\text{-}4\text{-}17)$$

响应 u_C 和 i 随时间的变化曲线与过阻尼时的零输入响应的相似，仍为非振荡波形。

　　任何变化的物理过程在每一时刻所处的"状态"，都可以概括地用若干个被称为"状态变量"的物理量来描述。对于二阶 RLC 系统，可用两个状态变量 $i(t)$ 和 $u(t)$ 来表示，这两个状态变量所形成的空间成为状态空间。在状态空间中，状态变量随时间变化而描出的路径称为状态轨迹。

按图 6-4-1 接线，根据李沙育图形法，可在示波器上观测图 6-4-5 所示的状态轨迹波形。

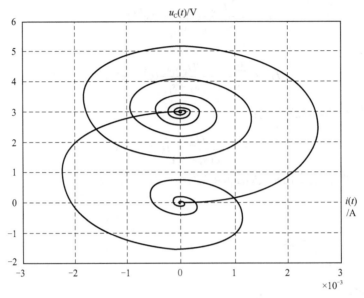

图 6-4-5　状态轨迹波形

三、实验设备

1. 双踪示波器
2. 函数信号发生器
3. 台式数字万用表
4. 元器件若干

四、实验内容

按实验电路图 6-4-1 接线，R_1=200Ω，L=15mH，C=0.015μF，二极管 VD 选择 1N4007，电阻 R_2 选择 10kΩ 电位器，方波频率取 f= 1kHz，由于信号源提供的是正、负交替的方波，故在实验中串联一个开关二极管削去矩形波的负脉冲部分，以获得所需的方波，方波幅值取 3V，电阻 R_1 的接入是为了在二极管截止时给 RLC 串联电路构成一个闭合回路，这样才能观察到电路的零输入响应、零状态响应和状态轨迹。

1. 测量实验所用电阻、电感、电容的实际值，电感的阻值，并自拟表格记录下来。

2. 欠阻尼状态。

调节电阻值 R_2 的大小，得到欠阻尼振荡波形，保存一个周期内的响应 $u_C(t)$、$i(t)$ 的波形图和状态轨迹。状态轨迹即李沙育图形，观测时需将示波器的时基模式改为 X-Y 模式。记录 R_2 的大小，并分别记录零状态响应和零输入响应时的 T_d、U_{cm1}、U_{cm2}，填入表 6-4-1 中。

表 6-4-1　欠阻尼状态测试数据

R_2	零状态响应			零输入响应		
	T_d	U_{cm1}	U_{cm2}	T_d	U_{cm1}	U_{cm2}

3. 临界阻尼状态。

调节电阻值 R_2，使电路处在临界阻尼状态，保存 $u_C(t)$、$i(t)$ 的波形和状态轨迹，记录临界阻尼时的两个电阻值 R（零状态响应和零输入响应）。保存波形时可以固定其中的一个电阻来保存响应 $u_C(t)$、$i(t)$ 的波形图和状态轨迹。

4. 过阻尼状态。

保持其他参数不变和条件不变，调节电阻值 R_2，使电路处在过阻尼状态，保存响应 $u_C(t)$、$i(t)$ 的波形图和状态轨迹。

五、实验注意事项

1. 电路与示波器要连接正确。
2. 调节电阻值 R_2 时，要细心、缓慢，找出最典型的三种阻尼状态。

六、实验报告要求

1. 测量实验所用电阻、电感、电容的实际值，电感的阻值，并自拟表格记录下来。
2. 根据观测结果，保存二阶电路欠阻尼时一个周期内的 $u_C(t)$、$i(t)$ 的波形图和状态轨迹。记录 R_2 的大小，并分别记录零状态响应和零输入响应时的 T_d、U_{cm1}、U_{cm2}，将 δ、ω 的测量计算值和理论计算值进行比较。
3. 根据观测结果，保存二阶电路临界阻尼时 $u_C(t)$、$i(t)$ 的波形图和状态轨迹，记录临界阻尼时的两个电阻值 R，将测量值和理论值进行比较。
4. 根据观测结果，保存二阶电路过阻尼时 $u_C(t)$、$i(t)$ 的波形图和状态轨迹。
5. 回答思考题。

思 考 题

1. 观察状态轨迹时示波器与电路应如何连接？
2. 什么是李沙育图形法？如何用示波器观测李沙育图形？

第7章　正弦稳态电路与三相电路

7-1　正弦稳态交流电路等效参数的测量

一、实验目的

1. 掌握用交流三表（电压表、电流表和功率表）测量交流电路的电压、电流和功率。
2. 掌握交流可调电源的使用。
3. 掌握用交流数字仪表测定交流电路参数的方法。
4. 掌握日光灯电路的接线。
5. 学会用仿真软件对实验电路进行仿真。

二、原理说明

1. 交流三表法测量交流电路元件参数

正弦交流电路中各个元件的参数值，可以用交流电压表、交流电流表及功率表，分别测量出元件两端的电压 U，流过该元件的电流 I 和它所消耗的功率 P，然后通过公式计算得到所求的各值，这种方法称为交流三表法，这是用来测量交流电路参数的基本方法，是等效参数的间接测量方法。

计算的基本公式如下。

（1）电阻元件的电阻 $R = \dfrac{U_R}{I}$ 或 $R = \dfrac{P}{I^2}$。

（2）电感元件的感抗 $X_L = \dfrac{U_L}{I}$，电感 $L = \dfrac{X_L}{2\pi f}$。

（3）电容元件的容抗 $X_C = \dfrac{U_C}{I}$，电容 $C = \dfrac{1}{2\pi f X_C}$。

（4）串联电路复阻抗的模 $|Z| = \dfrac{U}{I}$，阻抗角 $\varphi = \arctan \dfrac{X}{R}$。

其中，等效电阻 $R = \dfrac{P}{I^2}$，等效电抗 $X = \sqrt{|Z|^2 - R^2}$。

2. 交流三表的使用

交流电压表、交流电流表的基本使用方法与直流电压表、直流电流表的一样，测量电压时需要把电压表并联在被测电路两端，测量电流时需要把电流表串联在被测电路上；不同的是交流电压表、交流电流表接线柱没有极性，测量的值也没有正负，只反映交流量的大小，测量值是有效值。

交流电路功率用功率表测量，功率表（又称瓦特表）传统上是一种电动式仪表，其中电流线圈与负载串联，而电压线圈与电源并联，电流线圈和电压线圈的同名端（标有*号端）必须连在一起，如图 7-1-1 所示。

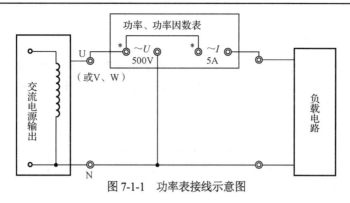

图 7-1-1　功率表接线示意图

三、实验设备

1. 交流可调电源
2. 交流电压表
3. 交流电流表
4. 交流功率表
5. 白炽灯、电容器、镇流器、日光灯管

四、实验内容

本次实验电阻元件采用白炽灯（非线性电阻）。电容元件采用电容器，一般可认为是理想的。电感线圈采用镇流器，由于镇流器线圈的金属导线具有一定电阻，因此，镇流器可以由电感和电阻相串联的模型表示。

1．测量白炽灯的电阻

根据图 7-1-2 搭接电路，先接电源外电路，功率表的接线参照图 7-1-1，其中 Z 为一个 15W/220V 的白炽灯，电路可等效为一个纯电阻电路。连线完毕后调节输出电压，使其为 110V，电源接入电路，测量电路电流和功率，将数据记入表 7-1-1 中。

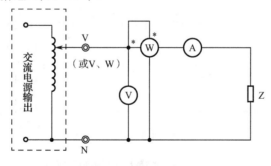

图 7-1-2　测量电路

将电压调到 220V，重复上述实验，将数据记入表 7-1-1 中。

表 7-1-1　测量白炽灯的电阻

U	I	P	计算值 R
110V			
220V			

2. 测量电容器的电容

将图 7-1-2 电路中的 Z 换成白炽灯串联一个 4.0μF 的电容器，注意改接电路时必须断开交流电源输出，电路等效为一个容性电路。将电压输出调到 220V 后接入电路，分别测量白炽灯电压 U_R 和电容电压 U_C、电路电流 I 和功率 P，记入表 7-1-2 中。

将电容器换为 0.47μF 的，重复上述实验。

表 7-1-2　测量电容器的电容

C	U_R	U_C	I	P	计算值 X_C	计算值 C
4.0μF						
0.47μF						

3. 测量镇流器的电感

接线前，先测量镇流器的直流电阻，然后将图 7-1-2 电路中的 Z 换为镇流器接入电路，将交流输出电压分别调到 180V 和 90V，测量电路的电流和功率，记入表 7-1-3 中。

测量镇流器的直流电阻 R_{ZL}=（　　　　）Ω。

表 7-1-3　测量镇流器的电感

U	I	P	计算值 R	计算值 X_L	计算值 L
180V					
90V					

4．测量日光灯管的电阻

用日光灯电路取代图 7-1-2 电路中的 Z，如图 7-1-3 所示。将电压调到 220V，测量日光灯两端电压 U_B、镇流器电压 U_L 和总电压 U，以及电流、功率和功率因数，并记入表 7-1-4 中。

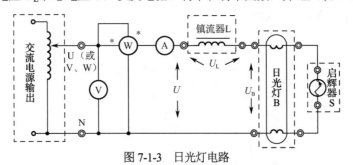

图 7-1-3　日光灯电路

表 7-1-4　测量日光灯电路的数据

电压 U	U_L (V)	U_B (V)	I (A)	P (W)	$\cos\varphi$	日光灯电阻 R 计算值
220V						

五、实验注意事项

1. 功率表通常不单独使用，要有电压表和电流表监测，使电路的电压和电流不超过功率表电压和电流的量限。

2. 注意功率表的正确接线，通电前必须反复、认真检查。

3. 可调电源的自耦调压器在接通电源前，应将其手柄放置在零位上。调节时，使其输出电压从零开始逐渐升高。每次改接实验电路或实验完毕，都必须先将其旋柄慢慢调回零位，再断开电源。这个安全操作规程必须严格遵守。

4. 交流实验实际操作过程，必须严格遵守安全用电规定。做到"先接线，后通电；先断电，再拆线"和"通电后单手操作"原则。

六、实验报告要求

1. 根据实验 1 的数据，计算白炽灯在不同电压下的电阻值。
2. 根据实验 2 的数据，计算电容器的容抗和电容值。
3. 根据实验 3 的数据，计算镇流器的参数（电阻 R 和电感 L）。
4. 根据实验 4 的数据，计算日光灯的等效电阻值。
5. 回答思考题。

思 考 题

1. 参阅课外资料，说明日光灯的电路连接和工作原理。注意镇流器有电感式和电子式的区别。

2. 当日光灯电路缺少启辉器时，人们常用一根带绝缘保护的导线，在启辉器插座的两端短接一下，然后迅速断开，使日光灯启辉点亮；或者用一只启辉器分别点亮多只同类型的日光灯，这是为什么？

7-2　正弦稳态交流电路的相量研究

一、实验目的

1. 研究正弦稳态交流电路中电压相量之间的关系。
2. 掌握 RC 串联电路的相量轨迹及其作为移相器的应用。
3. 加深对阻抗、阻抗角及相位差等概念的理解。
4. 学会用仿真软件对实验电路进行仿真。

二、原理说明

在单相正弦交流电路中，用交流电流表测得各支路的电流值，用交流电压表测得回路各元件两端的电压值，它们之间的关系满足相量形式的基尔霍夫定律，即 $\sum \dot{I} = 0$ 和 $\sum \dot{U} = 0$。

在 RLC 串联电路中，各元件电压之间存在相位差，电源电压应等于各元件电压的相量和，不等于有效值之和。

如图 7-2-1（a）所示的 RC 串联电路，在正弦稳态信号激励下，电阻电压与电容电压保持 90°的相位差，当 R 阻值改变时，电阻电压的相量轨迹是一个半圆，电源电压、电阻电压、电容电压三者形成一个直角电压三角形，如图 7-2-1（b）所示。R 值改变时，可改变夹角的大小，从而达到移相目的。

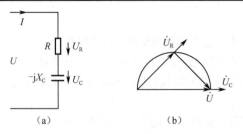

图 7-2-1　RC 串联电路

三、实验设备

1. 交流可调电源
2. 交流电压表
3. 交流电流表
4. 交流功率表
5. 白炽灯、电容器、镇流器、启辉器、日光灯

四、实验内容

1. 电容性负载电路的电压相量研究

用一个 220V/15W 的白炽灯和 4.0μF/ 275V 电容器组成如图 7-2-2 所示的实验电路。调节交流调压器输出至 110V，测量数据记入表 7-2-1 中，并根据要求进行计算，验证电压三角形关系。

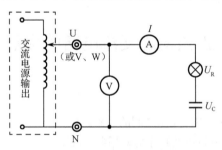

图 7-2-2　电容性负载电路

表 7-2-1　电容性负载电路实验数据

测　量　值			计　算　值		
U （V）	U_R （V）	U_C （V）	U' （U_R，U_C 组成 Rt△）	ΔU	$\Delta U/U$

2. 电感性负载电路的电压相量研究

日光灯电路按照图 7-1-3 连接，图中，L 为日光灯的镇流器，B 为日光灯，S 为启辉器。调节可调电源的输出，使其输出电压缓慢增大，直到日光灯刚启辉稳定点亮为止，根据表 7-2-2 要求，测量功率 P、电流 I、电压 U、U_L、U_B 等数值，然后将电压调至日光灯电路正常工作值即额定电压 220V，继续测量，将相关数据记入表 7-2-2 中。

表 7-2-2　电感性负载电路实验数据

测 量 值	P（W）	I（A）	U（V）	U_L（V）	U_B（V）
启辉值					
工作值					

五、实验注意事项

1. 实验电路连接前，要先检查灯管灯丝是否良好，线路接线正确，交流电压已达 220V，日光灯仍不能启辉时，应检查启辉器接触和熔断器是否良好。

2. 交流实验实际操作过程，必须严格遵守安全用电规定。做到"先接线，后通电；先断电，再拆线"和"通电后单手操作"原则。

六、实验报告要求

1. 完成表 7-2-1 中的数据计算，进行必要的误差分析。
2. 根据表 7-2-1、表 7-2-2 中的实验数据，分别绘出电压相量图，验证相量形式的基尔霍夫定律。
3. 回答思考题。

思 考 题

1. 请解释 RC 移相器原理。
2. 图 7-1-3 日光灯电路测得的镇流器电压 U_L、日光灯电压 U_B 相加是否等于电源电压？请解释。

7-3　正弦稳态交流电路功率因数的研究

一、实验目的

1. 掌握正弦稳态交流电路功率因数的测量方法。
2. 理解改善电路功率因数的意义并掌握其方法。
3. 学会用仿真软件对实验电路进行仿真。

二、原理说明

1. 负载的功率因数

在图 7-3-1 所示电路中，负载的有功功率 $P = UI\cos\varphi$，其中 $\cos\varphi$ 为功率因数，功率因数角 $\varphi = \arctan\dfrac{X_L - X_C}{R}$，且 $-90° \leqslant \varphi \leqslant 90°$。

$X_L > X_C$，$\varphi > 0$，$\cos\varphi > 0$，电感性负载；

$X_L < X_C$，$\varphi < 0$，$\cos\varphi > 0$，电容性负载；

$X_L = X_C$，$\varphi = 0$，$\cos\varphi = 1$，电阻性负载。

可见，功率因数的大小和性质由负载参数的大小和性质决定。

负载功率因数可以用三表法测量电源电压 U、负载电流 I 和有功功率 P，用公式 $\lambda = \cos\varphi = \dfrac{P}{UI}$ 计算。

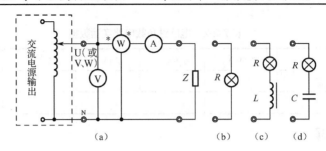

图 7-3-1   测量负载功率因数

2．提高负载功率因数的意义

供电系统由电源（发电机或变压器）通过输电线路向负载供电。负载有电阻性负载，如白炽灯、电阻加热器等，也有电感性负载，如电动机、变压器、线圈及日光灯照明电路，由于电感性负载有较大的感抗，因此负载功率因数较低。

功率因数过低会给供电系统带来很多问题。首先，若电源向负载传送的功率 $P = UI\cos\varphi$，当功率 P 和供电电压 U 一定时，功率因数 $\cos\varphi$ 越低，线路电流 I 就越大，从而增加了线路电压降和线路功率损耗；其次，负载的功率因数越低，表明无功功率就越大，电源就必须用较大的容量和负载电感进行能量交换，电源向负载提供有功功率的能力就必然下降，从而降低了电源容量的利用率。因此，提高供电系统的经济效益和供电质量，必须采取措施提高电感性负载的功率因数。

3．提高负载功率因数的方法

通常提高电感性负载功率因数的方法是在负载两端并联适当数量的电容器，使负载的总无功功率 $Q = Q_L - Q_C$ 减小，在传送的有功功率 P 不变时，使得功率因数提高，线路电流减小。当并联电容器的 $Q_C = Q_L$ 时，总无功功率 $Q = 0$，此时功率因数 $\cos\varphi = 1$，线路电流 I 最小。但若继续并联电容器，将导致功率因数下降，线路电流增大，这种现象称为过补偿。

三、实验设备

1．交流可调电源
2．台式数字万用表
3．交流电流表
4．交流功率表
5．日光灯、镇流器、电容器

四、实验内容

1．负载功率因数的测定

按图 7-3-1（a）接线，阻抗 Z 分别用电阻（15W /220V 白炽灯）、电感性负载（15W /220V 白炽灯和镇流器串联）和电容性负载（15W /220V 白炽灯和 4.0μF/275V 电容串联）代替，如图 7-3-1（b）、图 7-3-1（c）、图 7-3-1（d）所示，将测量数据记入表 7-3-1 中。

表 7-3-1　测定负载功率因数数据

负 载 情 况	U（V）	I（A）	P（W）	$\cos\varphi$	负 载 性 质
电阻					
电感性负载					
电容性负载					

2. 负载功率因数的改善

按图 7-3-2 所示的实验电路，调节自耦调压器的输出至 220V，记录功率和功率因数表及电压表的读数，通过数字钳形表分别测得三条支路的电流。

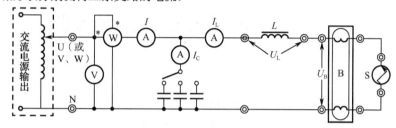

图 7-3-2　实验电路

按表 7-3-2 改变并联电容值，重复上述步骤，将上述实验步骤所取得的数据记入表 7-3-2 中。

表 7-3-2　功率因数提高实验数据

电 容	测 量 数 值							
C（μF）	P（W）	U（V）	U_C（V）	U_L（V）	U_B（V）	I（A）	I_C（A）	I_L（A）	$\cos\varphi$
0.47								
1								
1.47								
2.0								
3.0								
4.0								

五、实验注意事项

1. 实验电路连接前，要先检查灯管灯丝是否良好，线路接线正确，交流电压已达 220V，日光灯仍不能启辉时，应检查启辉器接触和熔断器是否良好。

2. 交流实验实际操作过程，必须严格遵守安全用电规定。做到"先接线，后通电；先断电，再拆线"和"通电后单手操作"原则。

六、实验报告要求

1. 根据表 7-3-2 中的数据说明并联电容器对功率因数的影响。

2. 选取表 7-3-2 中三组数据，画出相量图，说明并联电容器对负载功率因数的影响。

3. 回答思考题。

思 考 题

1. 什么是负载的功率因数？它的大小和性质由谁决定？
2. 测量负载的功率因数有几种方法？如何测量？
3. 为了提高电路的功率因数，常在感性负载上并联电容器，此时增加了一条电流支路，试问电路的总电流是增大还是减小？此时感性元件上的电流和功率是否改变？
4. 提高电路功率因数为什么只采用并联电容器法，而不用串联法？所并联的电容是否越大越好？
5. 一般的（非纯电阻）负载为什么功率因数较低？功率因数较低的负载对供电系统有何影响？为什么？

7-4　三相电路电压、电流的测量

一、实验目的

1. 练习三相负载的星形连接和三角形连接。
2. 了解三相负载电路线电压与相电压，线电流与相电流之间的关系。
3. 了解三相四线制供电系统中中线的作用，观察三相负载电路故障时的情况。
4. 学会用仿真软件对实验电路进行仿真。

二、原理说明

1. 三相对称负载接法

当三相对称负载进行星形连接时，线电压 U_L 是相电压 U_P 的 $\sqrt{3}$ 倍，线电流 I_L 等于相电流 I_P，即 $U_L = \sqrt{3}U_P$、$I_L = I_P$，流过中线的电流 $I_N = 0$，中线可以去掉；三相对称负载进行三角形连接时，线电压 U_L 等于相电压 U_P，线电流 I_L 是相电流 I_P 的 $\sqrt{3}$ 倍，即 $I_L = \sqrt{3}I_P$、$U_L = U_P$。

2. 三相不对称负载接法

不对称三相负载作为星形连接时，应采用星形接法，中线必须牢固连接，以保证三相不对称负载的每相电压等于电源的相电压（三相对称电压）。若中线断开，会导致三相负载电压不对称，致使负载轻的那一相的相电压过高，使负载遭受损坏，负载重的那一相的相电压又过低，使负载不能正常工作；对于不对称负载进行三角形连接时，$I_L \neq \sqrt{3}\,I_P$，但只要电源的线电压 U_L 对称，加在三相负载上的电压仍是对称的，对各相负载工作没有影响。

三、实验设备

1. 三相可调电源
2. 台式数字万用表
3. 交流电流表
4. 白炽灯若干

四、实验内容

1. 三相负载星形连接（三相四线制供电）

如图 7-4-1 所示，将 15W /220V 白炽灯实验电路连接成星形接法（其中 V 相接两组负载）。然后旋转调压器旋钮，调节电压的输出，使三相输出的线电压为 220V。

（1）在有中线的情况下（连接 NN′ 两点），测量三相负载对称和不对称时各相的相电流、中线电流和各相的相电压，数据记入表 7-4-1 中，并比较各相白炽灯之间的亮度。

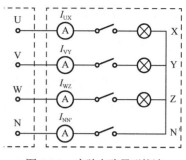

图 7-4-1 实验电路星形接法

（2）在无中线的情况下（断开 NN′ 之间的连线），测量三相负载对称和不对称时各相的相电流、相电压和电源中线 N 到负载中点 N′ 的中线电压 $U_{NN'}$，数据记入表 7-4-1 中，并比较各相白炽灯之间的亮度。注意，此时中线已断开，各相电压可能不平衡。

表 7-4-1 负载星形连接实验数据

中线连接	每相白炽灯盏数			负载相电压（V）			负载相电流（A）			中线电流 $I_{NN'}$（A）	中线电压 $U_{NN'}$（V）	亮度比较 U、V、W
	U	V	W	U_{UX}	U_{VY}	U_{WZ}	I_{UX}	I_{VY}	I_{WZ}			
有	1	1	1									
	1	2（并）	1									
	1	断开	1									
无	1	1	1									
	1	2（并）	1									
	1	断开	1									
	1	短路	1									

2. 三相负载三角形连接

将三组白炽灯按图 7-4-2 所示实验电路连接成三角形接法。

调节三相调压器的输出电压，使输出三相的线电压为 220V。测量三相负载对称和不对称时各相的相电流、线电流和各相的相电压，数据记入表 7-4-2 中，并比较各相白炽灯和星形接法白炽灯的亮度及负载不对称时的亮度。实验时，注意区分相电流和线电流的测试位置。

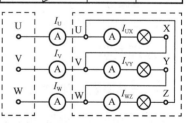

图 7-4-2 实验电路三角形接法

表 7-4-2 负载三角形连接实验数据

每相白炽灯盏数			负载相电压（V）			负载线电流（A）			负载相电流（A）			亮度比较
U-V	V-W	W-U	U_{UV}	U_{VW}	U_{WU}	I_U	I_V	I_W	I_{UX}	I_{VY}	I_{WZ}	
1	1	1										
1	2（并）	1										
1	2（并）	3（并）										

五、实验注意事项

1. 必须严格遵守"先接线，后通电；先断电，后拆线"的实验操作原则。注意带电实验时，应单手操作，不可同时接触两根带电导线。

2. 星形负载进行短路实验时，必须首先断开中线，以免发生短路事故。

3. 测量、记录各电压、电流时，注意分清它们是哪一相、哪一线，以防止记错。

六、实验报告要求

1. 根据实验数据，在负载为星形连接时，$U_\mathrm{I} = \sqrt{3}U_\mathrm{P}$ 在什么条件下成立？在负载为三角形连接时，$I_\mathrm{L} = \sqrt{3}I_\mathrm{P}$ 在什么条件下成立？

2. 用实验数据和观察到的现象，总结三相四线制供电系统中中线的作用。

3. 不对称三角形连接的负载，能否正常工作？实验是否能证明这一点？

4. 根据不对称负载三角形连接时的实验数据，画出各相电压、相电流和线电流的相量图，并证实实验数据的正确性。

5. 回答思考题。

思 考 题

说明在三相四线制供电系统中中线的作用，中线上能安装熔断器吗？为什么？

7-5 三相电路功率的测量

一、实验目的

1. 学会用功率表测量三相电路功率的方法。
2. 掌握功率表的接线和使用方法。
3. 学会用仿真软件对实验电路进行仿真。

二、原理说明

1. 三功率表法测有功功率

对于三相不对称负载，用三个单相功率表测量三相负载的有功功率，测量电路如图 7-5-1 所示，三个单相功率表的读数分别为 P_1、P_2、P_3，则三相功率 $P=P_1+P_2+P_3$，这种测量方法称为三瓦特（功率）表法；对于三相对称负载，用一个单相功率表测量即可，若功率表的读数为 P_1，则三相功率 $P=3P_1$，称为一瓦特（功率）表法。

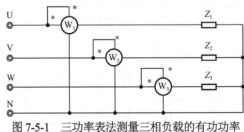

图 7-5-1 三功率表法测量三相负载的有功功率

2．二功率表法测有功功率

在三相三线制供电系统中，不论三相负载是否对称，也不论负载是星形接法还是三角形接法，都可用二功率表法测量三相负载的有功功率。测量电路如图 7-5-2 所示。若两个功率表的读数为 P_1、P_2，且三相负载对称，则三相功率 $P = P_1 + P_2 = U_l I_l \cos(30° - \varphi) + U_l I_l \cos(30° + \varphi)$，其中 φ 为负载的阻抗角（即功率因数角），两个功率表的读数与 φ 有下列关系。

（1）负载为纯电阻，$\varphi = 0$，$P_1 = P_2$，即两个功率表读数相等。

（2）负载功率因数 $\cos\varphi = 0.5$，$\varphi = \pm 60°$，有一个功率表的读数为零。

（3）负载功率因数 $\cos\varphi < 0.5$，$|\varphi| > 60°$，有一个功率表的读数为负值，指针式功率表将反方向偏转，这时应将功率表电流线圈的两个端子调换（不能调换电压线圈端子），而读数应记为负值；对于数字式功率表将出现负读数。

3．一功率表法测无功功率

对于三相三线制供电的三相对称负载，可用一功率表法测量三相对称负载的总无功功率 Q，测试电路如图 7-5-3 所示。

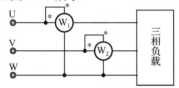

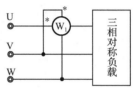

图 7-5-2　二功率表法测量三相负载的有功功率　　　　图 7-5-3　一功率表法测量三相负载的总无功功率

功率表读数 $Q' = U_l I_l \sin\varphi$，其中 φ 为负载的阻抗角，则三相对称负载的无功功率 $Q = \sqrt{3}Q'$。

三、实验设备

1．三相可调电源

2．数字钳形表

3．功率表

4．白炽灯、电容器若干

四、实验内容

1．三功率表法测有功功率

三相四线制供电，测量负载星形连接的三相功率。

（1）用一功率表法测量三相对称负载三相功率，实验电路如图 7-5-4 所示，

电路中的电流表和电压表用以监视三相电流和电压，不要超过功率表电压和电流的量程，调节三相电压输出，使线电压为 220V，按表 7-5-1 的要求进行测量及计算，将数据记入该表中。

（2）用三功率表法测量三相负载的有功功率，实验电路如图 7-5-1 所示，将数据记入表 7-5-1 中。

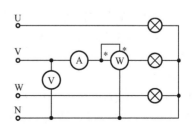

图 7-5-4　一功率表法测量三相对称负载三相功率

表 7-5-1 三功率表法测有功功率数据

负载情况	开灯盏数			测量值			计算值
	A相	B相	C相	P_1（W）	P_2（W）	P_3（W）	P（W）
星形接对称负载	1	1	1				
星形接不对称负载	1	2（并）	3（并）				

2．二功率表法测有功功率

（1）用二功率表法测量三相负载星形连接的三相功率，实验电路如图 7-5-5（a）所示。

图中"三相灯组负载"接为星形，如图 7-5-5（b）所示，接通三相电源，调节三相调压器的输出，使线电压为 220V，按表 7-5-2 的内容进行测量和计算，并将数据记入该表中。

（2）将"三相灯组负载"改成三角形接法，如图 7-5-5（c）所示，重复步骤（1），数据记入表 7-5-2 中。

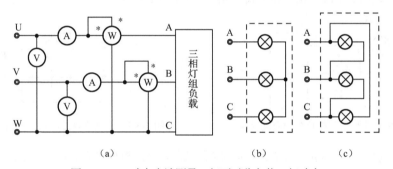

（a）   （b）   （c）

图 7-5-5 二功率表法测量三相不对称负载三相功率

表 7-5-2 二功率表法测有功功率数据

负载情况	开灯盏数			测量数据		计算值
	A相	B相	C相	P_1（W）	P_2（W）	P（W）
星形接对称负载	1	1	1			
星形接不对称负载	1	2并	3并			
三角形接不对称负载	1	2并	3并			
三角形接对称负载	1	1	1			

3．一功率表法测无功功率

用一功率表法测量三相对称星形负载的无功功率，实验电路如图 7-5-6（a）所示。

（1）将图 7-5-6（a）中"三相对称负载"按图 7-5-6（b）连接，每相的负载由一盏白炽灯组成，检查接线无误后，接通交流电源，将三相调压器的输出线电压调到 220V，测量和计算数据记入表 7-5-3 中。

（2）更换三相负载性质：图 7-5-6（a）中的"三相对称负载"分别按图 7-5-6（c）、图 7-5-6（d）连接，按表 7-5-3 的内容进行测量、计算，并将数据记入该表中。

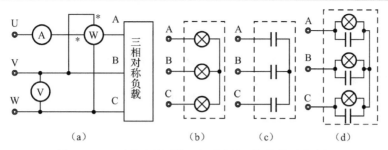

图 7-5-6　一功率表法测量三相对称星形负载的无功功率

表 7-5-3　三相对称负载无功功率数据

负 载 情 况	测 量 值			计 算 值
	U（V）	I（A）	Q'（var）	$Q=\sqrt{3}\,Q'$
三相对称灯组（每相 1 盏）				
三相对称电容（每相 2.0μF）				
上述灯组、电容并联负载				

五、实验注意事项

1. 每次实验完毕，均要将三相调压器旋钮调回零位，并关闭交流电源。若改变接线，则要断开三相电源，以确保人身安全。

2. 注意功率表的连接方法。

六、实验报告要求

1. 计算表 7-5-1、表 7-5-2 和表 7-5-3 的数据，并和理论计算值相比较。

2. 根据表 7-5-3 的数据，总结负载无功功率在什么情况下为零？在什么情况下不为零？为什么？

3. 总结、分析三相电路功率测量的方法。

4. 回答思考题。

思 考 题

1. 测量功率时为什么在电路中通常都接有电流表和电压表？

2. 说明三功率表法和二功率表法适用的供电系统接线方式及负载的要求。

7-6　三相交流电路相序测量

一、实验目的

1. 掌握三相交流电路相序的测量方法。

2. 了解三相交流电路相序测量的原理。

二、原理说明

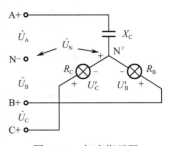

图 7-6-1 相序指示器

相序指示器如图 7-6-1 所示，它是由一个电容器和两个白炽灯按星形连接的电路，用来指示三相电源的相序。

在图 7-6-1 电路中，设 $\dot{U}_A$、$\dot{U}_B$、$\dot{U}_C$ 为三相对称电源相电压，中点电压：

$$\dot{U}_N = \frac{\dfrac{\dot{U}_A}{-jX_C} + \dfrac{\dot{U}_B}{R_B} + \dfrac{\dot{U}_C}{R_C}}{\dfrac{1}{-jX_C} + \dfrac{1}{R_B} + \dfrac{1}{R_C}}$$

设 $X_C = R_B = R_C$，$\dot{U}_A = U_P\angle 0° = U_P$ 代入上式得：$\dot{U}_N = (-0.2 + j0.6)U_P$。

则 $\dot{U}'_B = \dot{U}_B - \dot{U}_N = (-0.3 - j1.466)U_P$ $U'_B = 1.49U_P$。

$\dot{U}'_C = \dot{U}_C - \dot{U}_N = (-0.3 + j0.266)U_P$ $U'_C = 0.4U_P$。

可见 $U'_B > U'_C$，B 相的白炽灯比 C 相的亮。

综上所述，用相序指示器指示三相电源相序的方法是：如果连接电容器的一相是 A 相，那么白炽灯较亮的一相是 B 相，较暗的一相是 C 相。

三、实验设备

1. 交流可调电源
2. 台式数字万用表
3. 交流电流表
4. 白炽灯、电容器

四、实验内容

（1）按图 7-6-1 接线，图中，$C=4.0\mu F$，R_B、R_C 为 15W /220V 的白炽灯的阻值，调节三相调压器，输出相电压为 220V 的三相交流电压，测量电容器、白炽灯和中点电压 U_N，观察灯光明亮状态，做好记录，填入表 7-6-1 中。设电容器一相为 A 相，试判断 B、C 相。

表 7-6-1　测定三相电源的相序（一）

	U（V）	I（A）	亮　度	结　果
A 相				
B 相				
C 相				

（2）将电源线任意调换两相后，再接入电路，重复步骤（1），并指出三相电源的相序，做好记录，填入表 7-6-2 中。

表 7-6-2　测定三相电源的相序（二）

	U（V）	I（A）	亮　度	结　果
A 相				
B 相				
C 相				

五、实验注意事项

1. 每次改接电路都必须先断开电源，保证人身和设备安全。
2. 注意养成单手操作的习惯。

六、实验报告要求

1. 根据实验 1 的实验数据表 7-6-1 和表 7-6-2 的数据及现象，简述相序指示器的相序检测原理。
2. 回答思考题。

思 考 题

1. 在图 7-6-1 所示电路中，已知电源线电压为 220V，试计算电容器和白炽灯的电压。
2. 什么是负载的功率因数？它的大小和性质由谁决定？
3. 测量负载的功率因数有几种方法？如何测量？

第8章　电路的频率响应

8-1　RLC 元件的阻抗频率特性测定

一、实验目的

1. 研究电阻、感抗、容抗与频率的关系，测定它们随频率变化的特性曲线。
2. 学会测定交流电路频率特性的方法。
3. 了解滤波器的原理和基本电路。
4. 学会用仿真软件对实验电路进行仿真。

二、原理说明

1. RLC 元件阻抗的频率特性

（1）电阻元件，根据 $\dfrac{\dot{U}_R}{\dot{I}_R} = R\angle 0°$，其中 $\dfrac{U_R}{I_R} = R$，电阻 R 与频率无关。

（2）电感元件，根据 $\dfrac{\dot{U}_L}{\dot{I}_L} = jX_L$，其中 $\dfrac{U_L}{I_L} = X_L = 2\pi fL$，感抗 X_L 与频率成正比。

（3）电容元件，根据 $\dfrac{\dot{U}_C}{\dot{I}_C} = -jX_C$，其中 $\dfrac{U_C}{I_C} = X_C = \dfrac{1}{2\pi fC}$，容抗 X_C 与频率成反比。

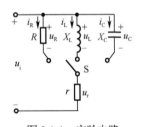

图 8-1-1　实验电路

测量元件阻抗频率特性的实验电路如图 8-1-1 所示，图中的 r 是提供测量回路电流用的标准电阻，也称采样电阻。流过被测元件的电流（I_R、I_L、I_C）可由 r 两端的电压 U_r 除以 r 所得，又根据上述三个公式，用被测元件的电流除以对应的元件电压，便可得到 R、X_L 和 X_C 的数值。

2. RLC 滤波电路的频率特性

由于交流电路中感抗 X_L 和容抗 X_C 均与频率有关，因此，输入电压（或称激励信号）在大小不变的情况下，改变频率大小，电路电流和各元件电压（或称响应信号）也会发生变化。这种电路响应随激励频率变化的特性称为频率特性。

若电路的激励信号为 $E_X(j\omega)$，响应信号为 $R_e(j\omega)$，则频率特性函数为：

$$N(j\omega) = \frac{R_e(j\omega)}{E_X(j\omega)} = A(\omega)\angle\varphi(\omega)$$

式中，$A(\omega)$ 为响应信号与激励信号的大小之比，是 ω 的函数，称为幅频特性；$\varphi(\omega)$ 为响应信号与激励信号的相位差角，也是 ω 的函数，称为相频特性。

在本实验中，研究几个典型电路的幅频特性，如图 8-1-2 所示，其中，图 8-1-2（a）在高频时有响应（即输出较大），称为高通滤波器；图 8-1-2（b）在低频时有响应，称为低通滤波器，图中对应

A=0.707 的频率 f_C 称为截止频率，图 8-1-2（c）在一个频带范围内有响应，称为带通滤波器，图中 f_{C1} 称为下限截止频率，f_{C2} 称为上限截止频率，通频带 $f_{BW}=f_{C2}-f_{C1}$。本实验中用 RC 网络组成高通滤波器和低通滤波器，它们的截止频率 f_C 均为 $1/2\pi RC$；用 RLC 组成带通滤波器，其谐振频率：

$$f_0 = \frac{1}{2\pi\sqrt{LC}}$$

上、下限截止频率：

$$f_{C1} = \left(-\frac{R}{2L} + \sqrt{\left(\frac{R}{2L}\right)^2 + \frac{1}{LC}} \right) / 2\pi$$

$$f_{C1} = \left(\frac{R}{2L} + \sqrt{\left(\frac{R}{2L}\right)^2 + \frac{1}{LC}} \right) / 2\pi$$

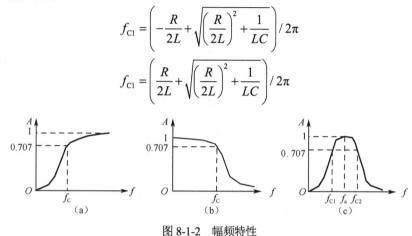

图 8-1-2　幅频特性

三、实验设备

1. 函数信号发生器
2. 交流毫伏表
3. 元器件若干

四、实验内容

1. 测量 RLC 元件的阻抗频率特性

实验电路如图 8-1-1 所示，其中，r=300Ω，R=1kΩ，L=15mH，C=0.01μF。信号源正弦波输出作为输入电压 u，调节信号源输出，并用交流电压表测量，使输入电压 u 的有效值 U=2V，并保持不变。

测量频率特性用"逐点描绘法"，分别接通 R、L、C 三个元件，调节信号源的输出频率，从 1kHz 逐渐增至 20kHz，用交流电压表分别测量 U_R、U_L、U_C 和 U_r，将实验数据记入表 8-1-1 中，并通过计算得到各频率点的 R、X_L 和 X_C。

表 8-1-1　RLC 元件的阻抗频率特性实验数据

	频率 f (kHz)	1	2	5	10	15	20
R (kΩ)	U_r (V)						
	I_R (mA) $=U_r/r$						
	U_R (V)						
	$R=U_R/I_R$						
X_L (kΩ)	U_r (V)						
	I_L (mA) $=U_r/r$						

续表

频率 f（kHz）		1	2	5	10	15	20
X_L（kΩ）	U_L（V）						
	$X_L=U_L/I_L$						
X_C（kΩ）	U_r（V）						
	I_C（mA）$=U_r/r$						
	U_C（V）						
	$X_C=U_C/I_C$						

2. 高通滤波器频率特性

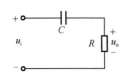

图 8-1-3　高通滤波器的实验电路

高通滤波器的实验电路如图 8-1-3 所示，$R=1kΩ$，$C=0.022\mu F$。用信号源输出正弦波信号作为电路的激励信号（即输入电压）u_i，调节信号源正弦波输出电压幅值，并用交流电压表测量，使激励信号 u_i 的有效值 $U_i=2V$，并保持不变。调节信号源的输出频率，用交流电压表测量响应信号 U_o（即电阻两端电压），将实验数据记入表 8-1-2 中。表中的频率点自行设定，不能少于 10 个，必须包含截止频率。频率点选取要合适，以保证画出的频率曲线平滑、完整。

表 8-1-2　高通滤波器频率特性实验数据

f（kHz）											
U_o（V）											

3. 低通滤波器频率特性

低通滤波器的实验电路如图 8-1-4 所示，$R=1kΩ$，$C=0.022\mu F$。实验步骤同实验 2，响应信号为电容两端电压，将实验数据记入表 8-1-3 中。表中的频率点自行设定，不能少于 10 个，必须包含截止频率。频率点选取要合适，以保证画出的频率曲线平滑、完整。

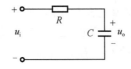

图 8-1-4　低通滤波器的实验电路

表 8-1-3　低通滤波器频率特性实验数据

f（kHz）											
U_o（V）											

4. 带通滤波器频率特性

带通滤波器的实验电路如图 8-1-5 所示，$R=1kΩ$，$L=15mH$，$C=0.1\mu F$。实验步骤同实验 2，响应信号取自电阻两端电压，将实验数据记入表 8-1-4 中。表中的频率点自行设定，不能少于 10 个，必须包含两个截止频率和谐振频率。频率点选取要合适，以保证画出的频率曲线平滑、完整。

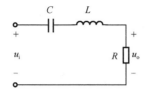

图 8-1-5 带通滤波器的实验电路

表 8-1-4 带通滤波器频率特性实验数据

f（kHz）											
U_o（V）											

五、实验注意事项

1. 注意区分不同滤波器的输出端。
2. 测量时注意仪器共地问题，连接测试仪表时，避免仪器共地导致电路元器件短路。

六、实验报告要求

1. 根据表 8-1-1 中的实验数据，在坐标纸上绘制 R、X_L、X_C 与频率关系的特性曲线，并分析它们和频率的关系。

2. 根据表 8-1-2、表 8-1-3 中的实验数据，在坐标纸上绘制高通滤波器和低通滤波器的幅频特性曲线，从曲线上：求得截止频率 f_C，并与计算值相比较；根据曲线说明它们各具有什么特点。

3. 根据表 8-1-4 中的实验数据，在坐标纸上绘制带通滤波器的幅频特性曲线，从曲线上求得截止频率 f_{C1} 和 f_{C2}，并计算通频带 f_{BW}。

4. 回答思考题。

思 考 题

1. 在交流电路中如何用交流电压表测量电阻 R、感抗 X_L 和容抗 X_C？它们的大小和频率有何关系？

2. 什么是频率特性？高、低通滤波器和带通滤波器的幅频特性有何特点？如何测量？

8-2 RC 串并联和双 T 电路选频特性测试

一、实验目的

1. 研究 RC 串并联电路及 RC 双 T 电路的频率特性。
2. 学会交流电压表和示波器测定 RC 网络的幅频特性和相频特性。
3. 学会用仿真软件对实验电路进行仿真。

二、原理说明

1. RC 串并联电路选频特性

图 8-2-1 所示为 RC 串并联电路，其频率特性：

$$N(j\omega) = \frac{\dot{U}_o}{\dot{U}_i} = \frac{1}{3 + j\left(\omega RC - \dfrac{1}{\omega RC}\right)}$$

其中幅频特性为：$A(\omega) = \dfrac{U_o}{U_i} = \dfrac{1}{\sqrt{3^2 + \left(\omega RC - \dfrac{1}{\omega RC}\right)^2}}$。

相频特性为：$\varphi(\omega) = \varphi_o - \varphi_i = -\arctan\dfrac{\omega RC - \dfrac{1}{\omega RC}}{3}$。

幅频特性和相频特性曲线如图 8-2-2 所示，幅频特性呈带通特性。

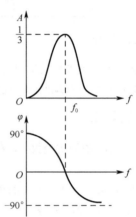

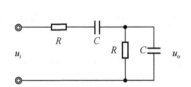

图 8-2-1　RC 串并联电路　　　　　　图 8-2-2　幅频特性和相频特性曲线

当角频率 $\omega = \omega_0 = \dfrac{1}{RC}$ 时，$A(\omega) = \dfrac{1}{3}$，$\varphi(\omega) = 0°$，U_o 与 U_i 同相，即电路发生谐振，谐振频率 $f_0 = \dfrac{1}{2\pi RC}$。

也就是说，当信号频率为 f_0 时，RC 串并联电路的输出电压 U_o 与输入电压 U_i 同相，其大小是输入电压的三分之一，这一特性称为 RC 串并联电路的选频特性。

2. RC 双 T 电路选频特性

RC 双 T 电路如图 8-2-3 所示，双 T 电路的频率特性：

$$N(j\omega) = \frac{\dot{U}_o}{\dot{U}_i} = \frac{1 - \omega^2 C^2 R^2}{1 - \omega^2 C^2 R^2 + j4\omega CR}$$

其幅频特性为：

$$A(\omega) = \frac{U_o}{U_i} = \frac{|1 - \omega^2 C^2 R^2|}{\sqrt{(1 - \omega^2 C^2 R^2)^2 + (4\omega CR)^2}}$$

当 $\omega = \omega_0 = \dfrac{1}{RC}$ 时，$A(\omega) = 0$，该频率两边截止特性很好，其幅频特性具有带阻特性，如图 8-2-4 所示。因此，双 T 网络对频率信号具有很好的滤波能力。

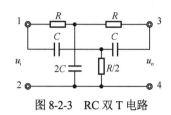

图 8-2-3　RC 双 T 电路

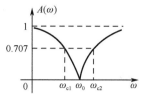

图 8-2-4　幅频特性曲线

其相频特性为：

当 $\omega < \omega_0$ 时，　$\varphi(\omega) = \varphi_o - \varphi_i = -\arctan \dfrac{4\omega RC}{1 - \omega^2 C^2 R^2}$

当 $\omega > \omega_0$ 时，　$\varphi(\omega) = \varphi_o - \varphi_i = \pi - \arctan \dfrac{4\omega RC}{1 - \omega^2 C^2 R^2}$

当 $\omega = \omega_0 = \dfrac{1}{RC}$ 时，　$\varphi(\omega) = -90°$，相频特性如图 8-2-5 所示。

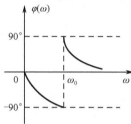

图 8-2-5　相频特性曲线

3. 电路频率特性测试

测量频率特性用"逐点描绘法"，图 8-2-6 所示是用交流电压表和双踪示波器测量 RC 网络频率特性的测试电路连接图。

（1）测量幅频特性：保持信号源输出电压（即 RC 网络输入电压）U_i 恒定，改变频率 f，用交流电压表监视 U_i，并测量对应的 RC 网络输出电压 U_o，根据所测数据，计算出它们的比值 $A = U_o/U_i$，然后逐点描绘出幅频特性。

（2）测量相频特性：保持信号源输出电压，即 RC 网络输入电压 U_i 恒定不变，改变频率 f，用交流电压表监视 U_i，用双踪示波器观察 U_o 与 U_i 波形，如图 8-2-7 所示，若两个波形的延时为 Δt，周期为 T，则它们的相位差 $\varphi = \dfrac{\Delta t}{T} \times 360°$，然后逐点描绘出相频特性。也可以利用示波器测量选项中的相移，直接测量出相位差 φ。

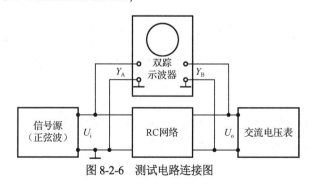

图 8-2-6　测试电路连接图

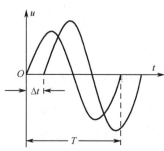

图 8-2-7　输入和输出波形相位差

三、实验设备

1. 函数信号发生器
2. 双踪示波器
3. 交流电压表
4. 元器件若干

四、实验内容

1. 测量 RC 串并联电路的幅频特性

实验电路如图 8-2-1 所示，RC 串并联网络的参数选择为：$R=2\text{k}\Omega$，$C=0.22\mu\text{F}$，信号源输出正弦波电压信号作为电路的输入电压 U_i，调节信号源输出电压，使 $U_i=1\text{V}$。

改变信号源正弦波输出电压的频率 f，并保持 $U_i=1\text{V}$ 不变（交流电压表监视），测量输出电压 U_o，（可先测量 $A=\dfrac{1}{3}$ 时的频率 f_0，然后再在 f_0 左右选几个频率点，测量 U_o），将数据记入表 8-2-1 中。

表 8-2-1　幅频特性数据

$R=2\text{k}\Omega$, $C=0.22\mu\text{F}$	f（Hz）											
	U_o（V）											

2. 测量 RC 串并联电路的相频特性

实验电路如图 8-2-1 所示，按实验原理中测量相频特性的说明，实验步骤同实验 1，将实验数据记入表 8-2-2 中。

表 8-2-2　相频特性数据

$R=2\text{k}\Omega$ $C=0.22\mu\text{F}$	f（Hz）								
	T（ms）								
	Δt（ms）								
	φ（由 Δt 计算）								
	φ'（示波器 测量值）								

3. 测定 RC 双 T 电路的频率特性

实验电路如图 8-2-3 所示，RC 双 T 网络的参数选择为：$R=1\text{k}\Omega$，$C=0.01\mu\text{F}$，实验步骤同实验 1、2，做出 RC 双 T 电路的幅频和相频特性，将实验数据记入自拟的数据表格中。

五、实验注意事项

由于信号源内阻的影响，注意在调节信号源输出电压频率时，应实时调节其输出电压大小，使实验电路的输入电压保持不变。

六、实验报告要求

1. 根据表 8-2-1 和表 8-2-2 中的实验数据，绘制 RC 串并联电路的幅频特性和相频特性曲线，找出谐振频率和幅频特性的最大值，并与理论计算值比较。绘制相频特性时选取 φ 值或 φ' 值均可。

2. 设计一个谐振频率为 1kHz 的 RC 串并联电路，说明它的选频特性。

3. 根据实验 3 的实验数据，绘制 RC 双 T 电路的幅频特性，并说明幅频特性的特点。

4. 回答思考题。

思 考 题

1. 根据电路参数，估算 RC 串并联电路的谐振频率。

2. 推导 RC 串并联电路的幅频与相频特性的数学表达式。

3. 什么是 RC 串并联电路的选频特性？当频率等于谐振频率时，电路的输出、输入有何关系？

4. 试定性分析 RC 双 T 电路的幅频特性。

8-3　RLC 串联谐振电路的研究

一、实验目的

1. 加深理解电路发生谐振的条件、特点，掌握电路品质因数（电路 Q 值）、通频带的物理意义及其测定方法。

2. 学习用实验方法绘制 RLC 串联电路不同 Q 值下的幅频特性曲线。

3. 学会用仿真软件对实验电路进行仿真。

二、原理说明

在图 8-3-1 所示的 RLC 串联电路中，电路复阻抗 $Z = R + \mathrm{j}\left(\omega L - \dfrac{1}{\omega C}\right)$，当 $\omega L = \dfrac{1}{\omega C}$ 时，$Z = R$，$\dot{U}$ 与 $\dot{I}$ 同相，电路发生串联谐振，谐振角频率 $\omega_0 = \dfrac{1}{\sqrt{LC}}$，谐振频率 $f_0 = \dfrac{1}{2\pi\sqrt{LC}}$。

在图 8-3-1 所示的电路中，若 $\dot{U}$ 为激励信号，$\dot{U}_R$ 为响应信号，则其幅频特性曲线如图 8-3-2 所示，在 $f = f_0$ 时，$A = 1$，$U_R = U$；在 $f \neq f_0$ 时，$U_R < U$，呈带通特性。当 $A = 0.707$，即 $U_R = 0.707U$ 所对应的两个频率 f_L 和 f_H 为下限频率和上限频率，$f_H - f_L$ 为通频带。通频带的宽窄与电阻值 R 有关，不同电阻值的幅频特性曲线如图 8-3-3 所示。

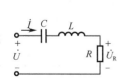

图 8-3-1　RLC 串联电路

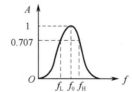

图 8-3-2　幅频特性曲线

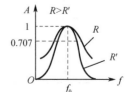

图 8-3-3　不同电阻值的幅频特性曲线

电路发生串联谐振时，$U_R = U$，$U_L = U_C = QU$，Q 为品质因数，与电路的参数 R、L、C 有关。Q 值

越大，幅频特性曲线越尖锐，通频带越窄，电路的选择性越好，在恒压源供电时，电路的品质因数、选择性与通频带只取决于电路本身的参数，而与信号源无关。在本实验中，测量不同频率下的电压 U、U_R、U_L、U_C，绘制 RLC 串联电路的幅频特性曲线，并根据 $\Delta f = f_H - f_L$ 计算出通频带，根据 $Q = \dfrac{U_L}{U} = \dfrac{U_C}{U}$ 或 $Q = \dfrac{f_0}{f_H - f_L}$ 计算出品质因数。

三、实验设备

1. 函数信号发生器
2. 双踪示波器
3. 交流电压表
4. 元器件若干

四、实验内容

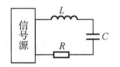

图 8-3-4　实验电路

1. 按图 8-3-4 所示连接实验电路，应实时测量信号源输出电压，令其输出电压有效值为 1V，并保持不变。图中 L=9mH，R=510Ω，C=0.03μF。

2. RLC 串联电路谐振频率获取。

调节信号源正弦波输出电压频率，由小逐渐变大，并测量电阻两端电压 U_R，当 U_R 的读数为最大值时，读得信号源上的频率值即为电路的谐振频率 f_0，并测量此时的 U_C 与 U_L，将测量数据记入自拟的数据表格中。

3. 测量 RLC 串联电路的幅频特性。

在上述 RLC 串联实验电路的谐振点两侧，调节信号源正弦波输出频率，按频率递增或递减依次进行测量（注意，测量点数不限，在谐振点附近取点频率间隔应较小，远离谐振点处频率间隔应较大），分别测出 U_R、U_L 和 U_C 值，记入表 8-3-1 中。

表 8-3-1　幅频特性实验数据一

f（kHz）										
U_R（V）										
U_L（V）										
U_C（V）										

4. 在上述实验电路中，改变电阻值，使 R=1000Ω，重复以上测量过程，将幅频特性数据记入表 8-3-2 中。

表 8-3-2　幅频特性实验数据二

f（kHz）										
U_R（V）										
U_L（V）										
U_C（V）										

五、实验注意事项

1. 先计算理论谐振频率，结合理论值来调节信号源频率，以获取实际谐振频率。选择测试频率点时，应在靠近谐振频率附近多取几点，在改变频率时，应调整信号输出电压，使其维持在 1V 不变。

2．在测量 U_L 和 U_C 数值前，注意调节电压表的量程。谐振时，U_L 和 U_C 的值大于输入电压值。

六、实验报告要求

1．电路谐振时，比较输出电压 U_R 与输入电压 U 是否相等，U_L 和 U_C 是否相等，试分析原因。

2．根据测量数据，绘出不同 Q 值的三条幅频特性曲线：$U_R=f(f)$，$U_L=f(f)$，$U_C=f(f)$。

3．根据实验结果，说明不同 R 值对电路通频带与品质因素的影响。

4．总结串联谐振的特点。

5．回答思考题。

思　考　题

1．根据实验的元件参数值，估算电路的谐振频率，自拟测量谐振频率的数据表格。

2．改变电路的哪些参数可以使电路发生谐振？电路中 R 的数值是否影响谐振频率？

3．如何判别电路是否发生谐振？测试谐振点的方案有哪些？

4．电路发生串联谐振时，为什么输入电压 u 不能太大？如果信号源给出 1V 的电压，电路谐振时，测 U_L 和 U_C，应该选择多大的量程？为什么？

5．要提高 RLC 串联电路的品质因数，电路参数应如何改变？

8-4　RLC 并联谐振电路的研究

一、实验目的

1．了解谐振现象，掌握 RLC 并联电路的谐振条件及其特点。

2．研究电路元件参数对谐振电路特性的影响。

3．掌握谐振曲线、通频带及品质因数的测量、计算方法。

4．学会用仿真软件对实验电路进行仿真。

二、原理说明

GCL 并联电路的导纳为：

$$Y = G + j(\omega C - \frac{1}{\omega L}) = G + jB$$

实现谐振的条件是导纳的虚部为零，即 $\omega C - \frac{1}{\omega L} = 0$，谐振角频率为 $\omega_0 = \frac{1}{\sqrt{LC}}$，谐振时导纳达到最小值，即 $|Y| = G$，在电源电流有效值一定的条件下，电压 $\dot{U}$ 达到最大值，记为：

$$\dot{U}_0 = \frac{\dot{I}}{Y} = \frac{\dot{I}}{G}$$

在电感和电容中也产生较大电流（但不是最大），即

$$\dot{I}_L = \frac{\dot{U}_0}{j\omega_0 L} = -j\frac{\dot{I}}{\omega_0 LG}$$

$$\dot{I}_C = j\omega_0 C\dot{U}_0 = j\omega_0 C\frac{\dot{I}}{G}$$

如果 $\omega_0 C = \dfrac{1}{\omega_0 L} \gg G$，谐振时电感电流 I_L 和电容电流 I_C 则比电源电流 I 大得多。由于 $\dot{I}_L$ 和 $\dot{I}_C$ 的有效值相等、相位相反而互相抵消，所以电源电流 $\dot{I}$ 等于电导电流 $\dot{I}_G$。可见并联谐振是因为 $\dot{I}_L$ 和 $\dot{I}_C$ 相互抵消而引起的，因此也称为电流谐振。

谐振时的电感电流或电容电流与总电流之比称作 GCL 并联电路的品质因数，即

$$Q = \frac{I_L}{I} = \frac{I_C}{I} = \frac{\omega_0 C}{G} = \frac{1}{G}\sqrt{\frac{C}{L}}$$

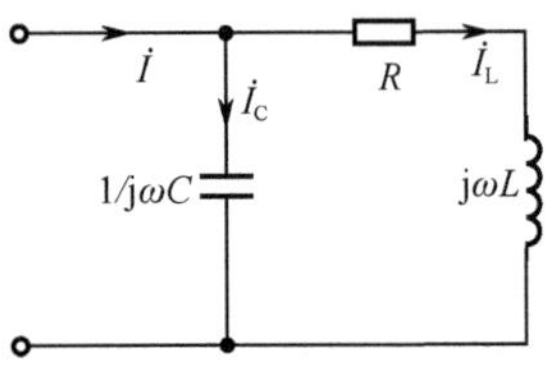

图 8-4-1　线圈与电容并联电路

可见 GCL 并联电路的品质因数表达式与 RLC 串联电路的品质因数 $Q = \dfrac{\omega_0 L}{R}$ 存在对偶关系。

在实际应用中，常以电感线圈和电容构成并联谐振电路。电感线圈可用电感和电阻串联作为电路模型，而电容的损耗很小，一般可忽略等效电导而视为理想电容元件。这便得到如图 8-4-1 所示的并联电路，其等效导纳为：

$$Y = \frac{1}{R + j\omega L} + j\omega C$$

$$= \frac{R}{R^2 + (\omega L)^2} + j\left[\omega C - \frac{\omega L}{R^2 + (\omega L)^2}\right]$$

产生谐振的条件是导纳的虚部为零。因此谐振电容为：

$$C_0 = \frac{L}{R^2 + (\omega L)^2}$$

可由上式解出 ω，即为谐振角频率：

$$\omega_0 = \sqrt{\frac{1}{LC} - \frac{R^2}{L^2}}$$

在电路参数一定的条件下，改变电源频率能否使电路谐振，要看求出的 ω_0 是否有实际意义。当 $R < \sqrt{\dfrac{L}{C}}$ 时，ω_0 为正值，存在实数谐振频率 ω_0；当 $R > \sqrt{\dfrac{L}{C}}$ 时，ω_0 为虚数，意味着改变频率无法使电路发生谐振。

如果线圈与电容并联的电路用一定的电流源来激励，则谐振时由于阻抗接近最大值，电压 U 也接近最大值，这时在线圈和电容中产生的电流可能比电源电流大得多。

如果此并联电路用一定的电压源来激励，则谐振时的端口电流将接近最小值。在理想情况下线圈电阻趋于零，谐振阻抗 R_0 趋于无穷大，也就是说理想的电感与电容发生并联谐振时，其等效阻抗无穷大，这相当于开路。但在电感和电容中却分别存在 $\dot{I}_L$ 和 $\dot{I}_C$，这是因为它们的有效值相等、相位相反，互相抵消，才使总电流等于零。

三、实验设备

1. 函数信号发生器
2. 双踪示波器
3. 交流电压表
4. 元器件若干

四、实验内容

1. 电路参数的调节与实验电路的连接

实验电路如图 8-4-2 所示，信号源输出电压有效值为 5V 的正弦波，$L=15\text{mH}$，电感内阻 r_L 可忽略不计，$C=0.015\mu\text{F}$，$R=2\text{k}\Omega$。

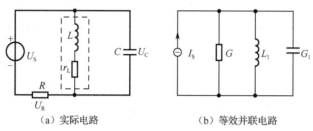

（a）实际电路　　　　　　　　　　　　（b）等效并联电路

图 8-4-2　实验电路

2. 观测 RLC 并联谐振现象，确定谐振点，判断端口阻抗的性质

由电压源串联电阻来等效电流源，根据并联谐振的特点，当并联谐振发生时，电阻电压最小，据此特点可用交流电压表观测电阻的电压 U_R，确定谐振频率 f'_0。谐振频率点 f'_0 的确定，是本实验的关键所在。确定谐振频率点 f'_0 的方法如下。

在理论计算值 f_0 附近调节信号源频率 f，通过交流电压表监测电阻电压 U_R 来观测并联谐振电路电流的变化，观测电路的谐振现象。可以看到随着电源频率 f 趋近 f_0，U_R 迅速减小，当远离 f_0 时 U_R 迅速增大。调节信号源频率使交流电压表所测 U_R 为最小值 U_{R0}，即达到谐振时的电流值，确定实际电路的谐振频率 f'_0；或者将交流电压表变为双踪示波器，通过观测端口电压与电流波形同相位来得到精确的 f'_0。

分别减小与增加信号源输出信号的频率 f，测量电容电压 U_C，当 $U_C = \dfrac{U_{C0}}{\sqrt{2}}$ 时（U_{C0} 为电容电压最大值），可分别得到截止频率 f_{C1} 与 f_{C2}，使用示波器的两个通道分别测出端口电压与电流的波形，测试电压与电流的相位差，判断端口的阻抗性质，填入表 8-4-1 中。

表 8-4-1　并联谐振端口电压、电流相位关系及阻抗性质判断

实 验 内 容	低频截止频率 f_{C1}（kHz）	f'_0（kHz）	高频截止频率 f_{C2}（kHz）
频率 f			
电压超前或滞后电流相位			
阻抗特性（阻性、感性或容性）			
U_C			

3. 测量 RLC 并联谐振的幅频特性

维持图 8-4-2 所示电路参数不变，改变电源频率 f，用交流电压表测量电容电压 U_C，测量数据记入表 8-4-2 中。表中要包含谐振频率和两个截止频率。

表 8-4-2 并联谐振幅频特性测量数据表

f（kHz）																
U_C（V）						U_{C0}										
f/f_0'						1										
U_C/U_{C0}						1										

五、实验注意事项

当观测到 U_R 逐渐变小时，应同时改变交流电压表的量程，使之得到精确的 f_0'；当用示波器观测端口电压与电流波形时，由于 U_R 最后变得很小，网络中的干扰信号使 U_R 波形发生畸变，判断端口电压电流波形的相位时应予以注意。

六、实验报告要求

1. 整理实验数据，完成表格中的相应计算；根据计算数据做出通用谐振曲线的幅频特性曲线。

2. 根据实验任务中的电路参数计算并联谐振频率点，对计算出的值 f_0 与各实测 f_0' 的值进行比较，计算相对误差并分析误差产生的主要原因。

3. 回答思考题。

思 考 题

可用哪些方法来判断电路发生了并联谐振？

第9章 二端口网络

9-1 直流双口网络的研究

一、实验目的

1. 加深理解双口网络的基本理论。
2. 掌握直流双口网络传输参数的测试方法。
3. 学会用仿真软件对实验电路进行仿真。

二、原理说明

1. 双口网络的基本概念

对于任何一个线性双口网络，通常关心的往往只是输入端口（输入口）和输出端口（输出口）电压和电流间的相互关系。双口网络端口的电压和电流四个变量之间的关系，可以用多种形式的参数方程来表示。本实验采用输出口的电压 U_2 和电流 I_2 作为自变量，以输入口的电压 U_1 和电流 I_1 作为应变量，所得的方程称为双口网络的传输方程，如图 9-1-1 所示的无源线性双口网络（又称为四端网络）的传输方程为：

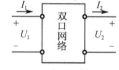

图 9-1-1 无源线性双口网络

$$U_1 = AU_2 + BI_2$$
$$I_1 = CU_2 + DI_2$$

式中，A、B、C、D 为双口网络的传输参数，其值完全取决于网络的拓扑结构及各支路元件的参数值，这四个参数表征了该双口网络的基本特性。

2. 双口网络传输参数的测试方法

（1）双口同时测量法。

在网络的输入口加上电压，在两个端口同时测量其电压和电流，由传输方程可得 A、B、C、D 四个参数：

$$A = \frac{U_{10}}{U_{20}} \text{（令 } I_2 = 0 \text{，即输出口开路）} \qquad B = \frac{U_{1S}}{I_{2S}} \text{（令 } U_2 = 0 \text{，即输出口短路）}$$

$$C = \frac{I_{10}}{U_{20}} \text{（令 } I_2 = 0 \text{，即输出口开路）} \qquad D = \frac{I_{1S}}{I_{2S}} \text{（令 } U_2 = 0 \text{，即输出口短路）}$$

（2）双口分别测量法。

先在输入口加电压，将输出口开路和短路，测量输入口的电压和电流，由传输方程可得：

$$R_{10} = \frac{U_{10}}{I_{10}} = \frac{A}{C} \text{（令 } I_2 = 0 \text{，即输出口开路）}$$

$$R_{1S} = \frac{U_{1S}}{I_{1S}} = \frac{B}{D} \quad (令 U_2 = 0，即输出口短路)$$

然后在输出口加电压，而将输入口开路和短路，测量输出口的电压和电流，由传输方程可得：

$$R_{20} = \frac{U_{20}}{I_{20}} = \frac{D}{C} \quad (令 I_1 = 0，即输入口开路)$$

$$R_{2S} = \frac{U_{2S}}{I_{2S}} = \frac{B}{A} \quad (令 U_1 = 0，即输入口短路)$$

R_{10}、R_{1S}、R_{20}、R_{2S} 分别表示当一个端口开路和短路时另一个端口的等效输入电阻，这四个参数中有三个是独立的，因此，只要测量出其中任意三个参数（如 R_{10}、R_{20}、R_{2S}），与方程 $AD-BC=1$（双口网络为互易双口，该方程成立）联立，便可求出四个传输参数：

$$A = \sqrt{R_{10}/(R_{20} - R_{2S})}, \quad B = R_{2S}A, \quad C = A/R_{10}, \quad D = R_{20}C$$

3. 双口网络的级联

双口网络级联后的等效双口网络的传输参数也可采用上述方法之一求得。根据双口网络理论推出，双口网络 1 与双口网络 2 级联后等效的双口网络的传输参数，与网络 1 和网络 2 的传输参数之间有如下关系：

$$A = A_1A_2 + B_1C_2, \qquad B = A_1B_2 + B_1D_2, \qquad C = C_1A_2 + D_1C_2, \qquad D = C_1B_2 + D_1D_2$$

三、实验设备

1. 直流稳压电源
2. 台式数字万用表
3. 元器件若干

四、实验内容

实验电路如图 9-1-2 所示，其中图 9-1-2（a）为 T 型网络，图 9-1-2（b）为∏型网络。将电压源的输出电压调到 10V，作为双口网络的输入电压 U_1。

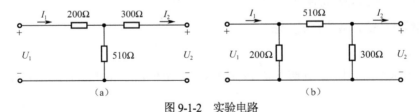

图 9-1-2　实验电路

1. 用"双端口同时测量法"测定双口网络传输参数

根据"双端口同时测量法"的原理和方法，按照表 9-1-1、表 9-1-2 的内容，分别测量 T 型双口网络和∏型双口网络的电压、电流，并计算出传输参数 A_1、B_1、C_1、D_1 和 A_3、B_3、C_3、D_3，将所有数据记入表 9-1-1、表 9-1-2 中。

2. 用"双端口分别测量法"测定级联双口网络传输参数

将 T 型双口网络的输出口与∏型双口网络的输入口连接，组成级联双口网络，根据"双端口分别测量法"的原理和方法，按照表 9-1-3 的内容，分别测量级联双口网络输入口和输出口的电压、电流，并计算出等效输入电阻和传输参数 A、B、C、D，将所有数据记入表 9-1-3 中。

表 9-1-1 测定传输参数的实验数据一

		测 量 值			计 算 值	
T 型双口网络	输出口开路 $I_2=0$	U_{10}（V）	U_{20}（V）	I_{10}（mA）	A_1	C_1
	输出口短路 $U_2=0$	U_{1S}（V）	I_{1S}（mA）	I_{2S}（mA）	B_1	D_1

表 9-1-2 测定传输参数的实验数据二

		测 量 值			计 算 值	
Π型双口网络	输出口开路 $I_2=0$	U_{10}（V）	U_{20}（V）	I_{10}（mA）	A_3	C_3
	输出口短路 $U_2=0$	U_{1S}（V）	I_{1S}（mA）	I_{2S}（mA）	B_3	D_3

表 9-1-3 测定级联双口网络传输参数的实验数据

输出口开路 $I_2=0$			输出口短路 $U_2=0$			计算传输参数
U_{10}（V）	I_{10}（mA）	R_{10}	U_{1S}（V）	I_{1S}（mA）	R_{1S}	
输入口开路 $I_1=0$			输入口短路 $U_1=0$			A
U_{20}（V）	I_{20}（mA）	R_{20}	U_{2S}（V）	I_{2S}（mA）	R_{2S}	B
						C
						D

五、实验注意事项

1. 测量电流时，要注意电流表的极性及选取适合的量程（根据所给的电路参数，估算电流表量程）。

2. 两个双口网络级联时，应将 T 型双口网络的输出口与Π型双口网络的输入口连接。

六、实验报告要求

1. 整理各个表格中的数据，完成指定的计算。
2. 写出各个双口网络的传输方程。
3. 验证级联双口网络的传输参数与级联的两个双口网络传输参数之间的关系。
4. 回答思考题。

思 考 题

1. 说明什么是双口网络的传输参数？它们有何物理意义？
2. 试述双口网络"双端口同时测量法"与"双端口分别测量法"的测量步骤。

3．用两个双口网络组成的级联双口网络的传输参数如何测定？

9-2　负阻抗变换器及其应用

一、实验目的

1．加深对负阻抗概念的认识，掌握对含有负阻抗器件电路的分析方法。
2．了解负阻抗变换器的组成原理及其应用。
3．掌握负阻抗变换器的各种测试方法。

二、原理说明

负阻抗是电路理论中的一个重要的基本概念，在工程实践中也有广泛的应用。负阻抗的产生除某些非线性元件（如隧道二极管）在某个电压或电流的范围内具有负阻抗特性外，一般都由一个有源双口网络来形成一个等值的线性负阻抗。该网络由线性集成电路或晶体管等元件组成，这样的网络称作负阻抗变换器。

按有源网络输入电压和电流与输出电压和电流的关系，可分为电流倒置型（INIC）和电压倒置型（VNIC）两种，电路模型如图 9-2-1 所示。

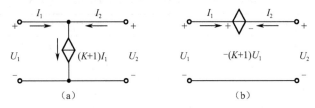

图 9-2-1　电路模型

在理想情况下，其电压、电流的关系如下。

对于 INIC 型：$U_2 = U_1$，$I_2 = K_1 I_1$（K_1 为电流增益）。

对于 VNIC 型：$U_2 = -K_2 U_1$，$I_2 = -I_1$（K_2 为电压增益）。

如果在 INIC 的输出端接上负载阻抗 Z_L，如图 9-2-2 所示，则它的输入阻抗 Z_i 为：

$$Z_i = \frac{U_1}{I_1} = \frac{U_2}{I_2/K_1} = \frac{K_1 U_2}{I_2} = -K_1 Z_L$$

即输入阻抗 Z_i 为负载阻抗 Z_L 的 K_1 倍，且为负值，呈负阻抗特性。

本实验中负阻抗变换器用线性运算放大器组成如图 9-2-3 所示的电路，在一定的电压、电流范围内可获得良好的线性度。

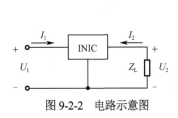

图 9-2-2　电路示意图

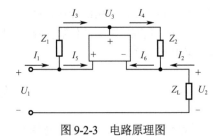

图 9-2-3　电路原理图

根据运放理论可知：$U_1 = U_+ = U_- = U_2$，又 $I_5 = I_6 = 0$，　$I_1 = I_3$，　$I_2 = -I_4$，　$I_4Z_2 = -I_3Z_1$，　$-I_2Z_2 = -I_3Z_1$，所以

$$\frac{U_2}{Z_L} \cdot Z_2 = -I_1Z_1$$

$$\frac{U_2}{I_1} = \frac{U_1}{I_1} = Z_i = -\frac{Z_1}{Z_2} \cdot Z_L = -KZ_L$$

可见，该电路属于电流倒置型（INIC）负阻抗变换器，输入阻抗 Z_i 等于负载阻抗 Z_L 的 $-K$ 倍。

负阻抗变换器具有十分广泛的应用，如可以用来实现阻抗变换，以本实验用负阻抗变换器为例：

$$Z_1 = R_1 = 1k\Omega，\quad Z_2 = R_2 = 300\Omega \ \text{时}，\quad K = \frac{Z_1}{Z_2} = \frac{R_1}{R_2} = \frac{10}{3}$$

当负载为电阻，$Z_L = R_L$ 时，　$Z_1 = -KZ_L = -\frac{10}{3}R_L$。

当负载为电容，$Z_L = \dfrac{1}{j\omega C}$ 时，　$Z_1 = -KZ_L = -\dfrac{10}{3}\dfrac{1}{j\omega C} = j\omega L \ \left(\text{令}\ L = \dfrac{1}{\omega^2 C} \times \dfrac{10}{3}\right)$。

当负载为电感，$Z_L = j\omega L$ 时，　$Z_1 = -KZ_L = -\dfrac{10}{3}j\omega L = \dfrac{1}{j\omega C} \ \left(\text{令}\ C = \dfrac{1}{\omega^2 L} \times \dfrac{3}{10}\right)$。

可见，电容通过负阻抗变换器呈现电感性质，而电感通过负阻抗变换器呈现电容性质。

三、实验设备

1. 直流稳压电源
2. 函数信号发生器
3. 双踪示波器
4. 台式数字万用表
5. 元器件若干

四、实验内容

1. 测量负阻抗的伏安特性

实验电路如图 9-2-4 所示，图中 U_1 为恒压源的可调稳压输出端，负载电阻为可调变阻器。

（1）调节负载电阻器的电阻值，使 $Z_L=300\Omega$，调节恒压源的输出电压，使之在 0～1V 范围内取值，分别测量 INIC 的输入电压 U_1 及输入电流 I_1，将数据记入表 9-2-1 中，并计算出 U_1 和 I_1 的平均值。

（2）令 $Z_L=600\Omega$，重复上述测量，将数据记入表 9-2-1 中。

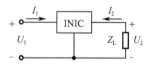

图 9-2-4　实验电路 1

表 9-2-1　负阻抗的伏安特性实验数据

	U_1（V）	0.1	0.2	0.3	0.4	0.5	0.6	0.7	0.8	0.9	1
$Z_L=300\Omega$	I_1（mA）										
	$U_{1平均}$（V）					$I_{1平均}$（mA）					
	U_1（V）	0.1	0.2	0.3	0.4	0.5	0.6	0.7	0.8	0.9	1
$Z_L=600\Omega$	I_1（mA）										
	$U_{1平均}$（V）					$I_{1平均}$（mA）					

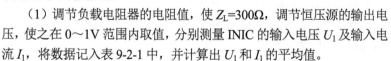

（3）计算等效负阻抗。

实测值：$R_\_ = U_{1\text{平均}} / I_{1\text{平均}}$。

理论计算值：$R_\_' = -KZ_L = -\dfrac{10}{3}R_L$。

电流增益：$K = R_1/R_2$。

（4）绘制负阻抗的伏安特性曲线 $U_1 = f(I_1)$。

2. 阻抗变换及相位观察

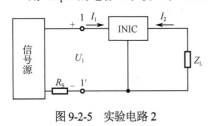

图 9-2-5　实验电路 2

用 0.2μF 的电容（串联一个 510Ω 电阻）和 15mH 的电感（串联一个 510Ω 电阻）分别取代 Z_L，用低频信号源（正弦波形，$f = 1×10^3$Hz）取代恒压源，调节低频信号使 $U_1 < 1$V，用双踪示波器观察并记录 U_1 与 I_1 及 U_2 与 I_2 的相位差并记录。

　　实验中，为了测量 I_1，电路中必须外接一个 R_S（小于 100Ω）电阻，实验电路如图 9-2-5 所示。双踪示波器的公共端接在 1′ 处，分别测量 U_{RS} 与 U_1。由于 U_{RS} 与 I_1 参考方向相反，因此 1′ 处，此通道在软件中必须进行波形反置处理。此方法适用于信号源与双踪示波器地端隔离的情况。

五、实验注意事项

1. 整个实验中应使 $U_1 = (0\sim1)$ V。
2. 防止运放输出端短路。

六、实验报告要求

1. 根据表 9-2-1 中的数据，完成计算，并绘制负阻抗特性曲线。
2. 根据实验 2 的数据，解释观察到的现象，说明负阻抗变换器实现阻抗变换的功能。
3. 回答思考题。

思　考　题

1. 什么是负阻抗变换器？有哪两种类型？它们具有什么性质？
2. 负阻抗变换器通常由什么电路组成？如何实现负阻抗变换？
3. 说明负阻抗变换器实现阻抗变换的原理和方法。

9-3　回转器特性测试

一、实验目的

1. 了解回转器的结构和基本特性。
2. 测量回转器的基本参数。
3. 了解回转器的应用。

二、原理说明

回转器是一种有源非互易的双口网络元件，电路符号及其等值电路如图 9-3-1 所示。

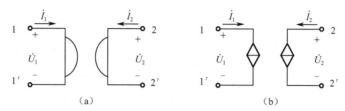

图 9-3-1 电路符号及其等值电路

其电路原理图如图 9-3-2 所示。

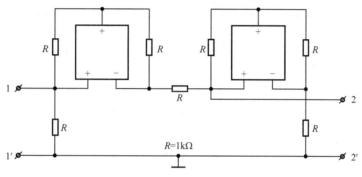

图 9-3-2 电路原理图

理想回转器的导纳方程为：$\begin{bmatrix} \dot{I}_1 \\ \dot{I}_2 \end{bmatrix} = \begin{bmatrix} 0 & G \\ -G & 0 \end{bmatrix} \begin{bmatrix} \dot{U}_1 \\ \dot{U}_2 \end{bmatrix}$。

或写成 $\dot{I}_1 = G\dot{U}_2$；$\dot{I}_2 = -G\dot{U}_1$。

也可写成电阻方程：$\begin{bmatrix} \dot{U}_1 \\ \dot{U}_2 \end{bmatrix} = \begin{bmatrix} 0 & -R \\ +R & 0 \end{bmatrix} \begin{bmatrix} \dot{I}_1 \\ \dot{I}_2 \end{bmatrix}$。

或写成 $\dot{U}_1 = -R\dot{I}_2$；$\dot{U}_2 = R\dot{I}_1$。

式中的 G 和 R 分别称回转电导和回转电阻，简称回转常数。

若在 2-2′ 端接一负载电容，从 1-1′端看进去的导纳 Y_i 为：

$$Y_i = \frac{\dot{I}_1}{\dot{U}_1} = \frac{G\dot{U}_2}{-\dot{I}_2/G} = \frac{-G^2\dot{U}_2}{\dot{I}_2}，又 \because \frac{\dot{U}_2}{\dot{I}_2} = -Z_L = -\frac{1}{j\omega C}，\therefore Y_i = \frac{G^2}{j\omega C} = \frac{1}{j\omega L}，其中 L = \frac{C}{G^2}。$$

可见，从 1-1′ 端看进去就相当于一个电感，即回转器能把一个电容元件"回转"成一个电感元件，所以也称之为阻抗逆变器。由于回转器有阻抗逆变作用，所以在集成电路中得到重要的应用。因为在集成电路制造中，制造一个电容元件比制造电感元件容易得多，所以通常可以用一个带有电容负载的回转器来获得一个较大的电感负载。

三、实验设备

1. 函数信号发生器
2. 双踪示波器

3. 交流电压表

4. 元器件若干

四、实验内容

1. 测定回转器的回转常数

实验电路如图 9-3-3 所示，在回转器的 2-2′ 端连接纯电阻负载 R_L（电阻箱），取样电阻 R_S=1kΩ，信号源频率固定在 1kHz，输出电压为 1~2V。用交流电压表测量不同负载电阻 R_L 时的 U_1、U_2 和 U_{RS}，并计算相应的电流 I_1、I_2 和回转常数 G，一并记入表 9-3-1 中。

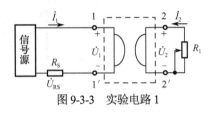

图 9-3-3　实验电路 1

表 9-3-1　测定回转常数的实验数据

R_L (kΩ)	测量值			计算值				
	U_{RS}(V)	U_1 (V)	U_2 (V)	I_1(mA)	I_2（mA）	$G'=I_1/U_2$	$G''=I_2/U_1$	$G_{平均}=(G'+G'')/2$
0.5								
1.0								
1.5								
2.0								
3.0								
4.0								
5.0								

2. 测试回转器的阻抗逆变性质

（1）观察相位关系。

实验电路如图 9-3-3 所示，在回转器 2 - 2′ 端的电阻负载 R_L 用电容代替，且 C=0.09μF，用双踪示波器观察回转器输入电压 U_1 和输入电流 I_1 之间的相位关系，图中的 R_S 为电流取样电阻，因为电阻两端的电压波形与通过电阻的电流波形同相，所以用双踪示波器观察 U_{RS} 上的电压波形就反映了电流 I_1 的相位。

（2）测量等效电感。

在 2 - 2′ 两端接负载电容 C=0.09μF，用交流电压表测量不同频率时的等效电感，并算出 I_1、L'、L 及误差 ΔL，分析 U、U_1、U_{RS} 之间的相量关系。将测量数据与计算值记入表 9-3-2 中。

表 9-3-2　等效电感实验数据

参 数	f（Hz）										
	200	400	500	700	800	900	1000	1200	1300	1500	2000
U_1（V）											
U_{RS}（V）											
$I_1=U_{RS}/R_S$（mA）											

续表

参　数	f（Hz）										
	200	400	500	700	800	900	1000	1200	1300	1500	2000
$L'=U_1/2\pi fI_1$											
$L=C/G^2$											
$\Delta L=L'-L$											

3. 测量谐振特性

实验电路如图 9-3-4 所示，C_1=0.9μF，C_2=0.09μF，取样电阻 R_S=1kΩ。用回转器作为电感，与 C_1 构成并联谐振电路。信号源输出电压保持恒定 U=1V，在不同频率时用交流电压表测量表 9-3-3 中规定的各个电压，并找出 U_1 的峰值。将测量数据和计算值记入表 9-3-3 中。

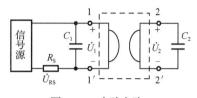

图 9-3-4　实验电路 2

表 9-3-3　谐振特性实验数据

参　数	f（Hz）									
U_1（V）										
U_{RS}（V）										

五、实验注意事项

1. 回转器的正常工作条件是 U、I 的波形必须为正弦波，为避免运放进入饱和状态使波形失真，所以输入电压以不超过 2V 为宜。

2. 防止运放输出对地短路。

六、实验报告要求

1. 根据表 9-3-1 中的数据，计算回转电导。

2. 根据实验 2 的结果，画出电压、电流波形，并计算等效电感值。

3. 根据表 9-3-3 中的数据，画出并联谐振曲线，找到谐振频率，并和计算值相比较；从实验结果中总结回转器的性质、特点和应用。

4. 回答思考题。

思　考　题

1. 什么是回转器？用导纳方程说明回转器输入和输出的关系。

2. 什么是回转常数？如何测定回转电导？

3. 说明回转器的阻抗逆变作用及其应用。

第3篇　电工技术实验

第 10 章 变压器与电动机拖动实验

10-1 互感线圈电路的研究

一、实验目的

1. 加深对互感线圈同名端及互感系数的理解。
2. 掌握互感线圈互感系数的测量方法。
3. 理解两个线圈相对位置的改变，以及用不同材料当作线圈铁芯时对互感的影响。

二、原理说明

1. 判断互感线圈同名端的方法

两个载流线圈的磁场相互影响，使得一个线圈的电流变化时另一个线圈的磁场和感应电动势会相应变化，这种线圈通过彼此的磁场相互联系的物理现象称为磁耦合，简称互感，工程上称这对耦合线圈为耦合电感（元件），或者互感线圈。

在两个具有互感的线圈中，从两个线圈的两个端子中各取一个端子，当两个线圈的电流同时从选择的端子流入或流出各自的线圈时，如果互感起增助作用（自感磁通和互感磁通方向一致，称同向耦合），则这两个端子就是互感线圈的一对同名端，另外两个端子也是一对同名端；如果互感起削弱作用（自感磁通和互感磁通方向相反，又称反向耦合），则这两个端子为异名端。另外，互感线圈中，在同一个交变磁通作用下，互感线圈中感应电动势极性一致的端子也是同名端，极性不一致的端子为异名端。

使用耦合线圈时，一般必须知道线圈的同名端，同名端与线圈的绕向有关。在线圈端钮上常用"●"或"*"等符号标出，如果没有标出，可根据同名端的定义和特点用实验方法判定。本实验采用直流法和交流法判断互感线圈的同名端。

2. 两线圈互感系数 M 的测量方法

有耦合作用的载流线圈的电路模型是耦合电感元件，耦合电感元件中两个电感元件本身的电感系数称为自感系数 L_1 和 L_2，而表现磁场相互影响强弱的参数，称为互感系数 M。

（1）互感电动势法测量互感系数。

其电路如图 10-1-1 所示，互感的两个线圈相互耦合，N_1侧施加低压交流电压 U_1，线圈 N_1 将产生电流 I_1，线圈 N_2 中将产生感应电动势 E_2，也记作互感电势 E_{2M}。如果将一内阻很高的电压表接至 N_2，因为只有很小的电流，所以线圈 N_2 内的电压降很小，则可以近似认为电压表的读数 $U_2 = E_2$，也近似等于 N_2 侧的空载电压 U_{20}。根据互感电势 $E_{2M} \approx U_{20} = \omega M I_1$，可算得互感系数为 $M = U_{20} / \omega I_1 = U_2 / \omega I_1$。

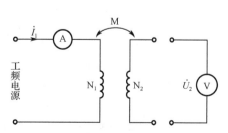

图 10-1-1 互感电动势法测量互感系数电路

（2）等效电感法测量互感系数。

其电路如图 10-1-2 所示。二端口耦合电感串联可用一个电感来等效，如果电流 i 从同名端流入，则称为两线圈正串（或顺接），如果电流 i 从异名端流入，则称为两线圈反串（或反接）。

由

$$u = u_{1+} + u_2 = \left(L_1 \frac{\mathrm{d}i}{\mathrm{d}t} + M \frac{\mathrm{d}i}{\mathrm{d}t}\right) + \left(M \frac{\mathrm{d}i}{\mathrm{d}t} + L_2 \frac{\mathrm{d}i}{\mathrm{d}t}\right) = (L_1 + L_2 + 2M) \frac{\mathrm{d}i}{\mathrm{d}t} = L_{\mathrm{eq}} \frac{\mathrm{d}i}{\mathrm{d}t}$$

可得电感正串时的等效电感 $L_{\mathrm{正}} = L_1 + L_2 + 2M$。

同理电感反串时的等效电感 $L_{\mathrm{反}} = L_1 + L_2 - 2M$。

两者相减即可算出互感系数 $M = \dfrac{L_{\mathrm{正}} - L_{\mathrm{反}}}{4}$。

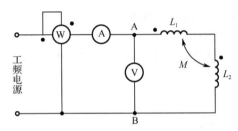

图 10-1-2　等效电感法测量互感系数电路

三、实验设备

1. 台式数字万用表
2. 直流稳压电源
3. 自耦调压器
4. 指针毫安电流表
5. 交流功率表
6. 变压器（36V/220V）
7. 空心互感线圈（N_1 为大线圈，N_2 为小线圈）
8. 电阻器 30Ω/8W
9. 粗、细铁棒及铝棒

四、实验内容

1. 测定互感线圈的同名端

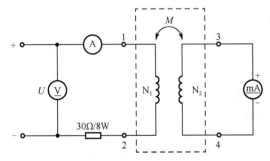

图 10-1-3　直流法测定互感线圈同名端实验电路

（1）直流法。

实验电路如图 10-1-3 所示。先将 N_1 和 N_2 两线圈的四个接线端子以 1、2 和 3、4 编号。将 N_1、N_2 同心式套在一起，并放入细铁棒。U 为可调直流稳压电源电压，调至 10V。流过 N_1 侧的电流不可超过 1.4A。N_2 侧直接接入 2mA 量程的指针毫安电流表。将铁棒迅速地拔出和插入，观察电流表读数正、负的变化，来判定 N_1 和 N_2 两个线圈的同名端。

（2）交流法。

先将 N_1 和 N_2 两线圈的四个接线端子以 1、2 和 3、4 编号。将 N_1 和 N_2 同心式套在一起，并放入细铁棒。在本方法中，由于加在 N_1 上的电压较低，只有 $2 \sim 3V$，如果直接用调压器很难调节的话，也可采用图 10-1-4 所示实验电路来扩展调压器的调节范围。W、N 为实验台上的自耦调压器的输出端，B 为升压铁芯变压器，此处用作降压。将 N_2 放入 N_1 中，并插入铁棒。A 为 2.5A 以上量程的电流表，N_2 侧开路。

接通电源前，应首先检查自耦调压器是否调至零位，确认后方可接通交流电源，令自耦调压器输出一个很低的电压（约 12V），使流过电流表的电流小于 1.4A，然后用交流电压表测量 U_{13}、U_{12}、U_{34}，判定同名端。

拆除 2、4 连线，并将 2、3 相接，重复上述步骤，判定同名端。

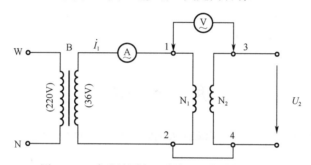

图 10-1-4　交流法测定互感线圈同名端实验电路

2. 测定互感线圈的互感系数 M

（1）互感电动势法测定互感系数 M。

实验电路如图 10-1-1 所示。参照表 10-1-1，改变 N_1、N_2 之间的距离，并在线圈内插入不同介质材料，观察线圈相对位置和介质材料变化对互感的影响，测量 I_1、U_2，计算出 M。

表 10-1-1　互感电动势法测定互感系数

相对位置		平行间距 10cm		平行无间距		L_2 套入 L_1		
介质变化		同为空心	同为铁棒	同为空心	同为铁棒	空心	铝棒	铁棒
量值	I_1（mA）							
	U_2（V）							
算值	M（mH）							

（2）等效电感法测定互感系数 M。

实验电路如图 10-1-2 所示。将 N_1 和 N_2 同心式套在一起，并放入细铁棒，在耦合电感分别为正串、反串时，测量功率 P、电压 U_{AB} 和电流 I，填入表 10-1-2 中。计算表中相应的值，并写出计算过程。

表 10-1-2　等效电感法测定互感系数

串接方式	测 量 值			计 算 值		
	P（W）	U_{AB}（V）	I（mA）	R	X_L	L
正串						
反串						

五、实验注意事项

1. 在整个实验过程中，注意流过线圈 N_1 的电流不得超过 1.4A，流过线圈 N_2 的电流不得超过 1A。

2. 在测定同名端及其他测量数据的实验中，都应将小线圈 N_2 套在大线圈 N_1 中，并插入铁芯。

3. 做交流实验前，首先要检查自耦调压器，要保证手柄置在零位。如果直接调节自耦变压器的输出加在 N_1 线圈上，因为实验时要求加载电压只有 2~3V，所以调节时要特别仔细、小心，要随时观察电流表的读数，不得超过规定值。

六、实验报告要求

1. 总结对互感线圈同名端、互感系数的实验测试方法。
2. 根据数据表格，完成计算任务。
3. 解释实验中观察到的互感现象。
4. 回答思考题。

思　考　题

用直流法判断同名端时，具体解释铁棒迅速地拔出和插入瞬间根据电流表指针的正偏、反偏来判断同名端的方法。

10-2　单相铁芯变压器特性的测试

一、实验目的

1. 学会测绘变压器的空载特性与外特性。
2. 通过测量，计算变压器的各项参数。

二、原理说明

1. 变压器参数测试电路

如图 10-2-1 所示，由各仪表读得变压器一次侧（AX，低压侧）的 U_1、I_1、P_1 及二次侧（ax，高压侧）的 U_2、I_2，并用万用表合适挡位测出一次侧、二次侧的电阻 R_1 和 R_2，即可算得变压器的以下各项参数值。

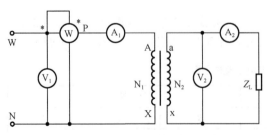

图 10-2-1　测试变压器参数的电路

电压比 $K_U = \dfrac{U_1}{U_2}$；电流比 $K_I = \dfrac{I_2}{I_1}$。

一次侧阻抗 $Z_1 = \dfrac{U_1}{I_1}$；二次侧阻抗 $Z_2 = \dfrac{U_2}{I_2}$。

阻抗比 $= \dfrac{Z_1}{Z_2}$；负载功率 $P_2 = U_2 I_2 \cos\varphi_2$。

损耗功率 $P_0 = P_1 - P_2$。

功率因数 $\cos\varphi = \dfrac{P_1}{U_1 I_1}$。

一次侧线圈铜耗 $P_{\mathrm{Cu1}} = I_1^2 R_1$。

二次侧铜耗 $P_{\mathrm{Cu2}} = I_2^2 R_2$。

铁耗 $P_{\mathrm{Fe}} = P_0 - (P_{\mathrm{Cu1}} + P_{\mathrm{Cu2}})$。

2. 变压器空载特性测试

铁芯变压器是一个非线性元件，铁芯中的磁感应强度 B 取决于外加电压的有效值 U。当二次侧开路（即空载）时，一次侧的励磁电流 I_{10} 与磁场强度 H 成正比。在变压器中，二次侧空载时，一次侧电压与电流的关系称为变压器的空载特性，这与铁芯的磁化曲线（B-H 曲线）是一致的。

空载实验通常将高压侧开路，由低压侧通电进行测量，又因空载时功率因数很低，故测量功率时应采用低功率因数瓦特表。此外因变压器空载时阻抗很大，故电压表应接在电流表外侧。

3. 变压器外特性测试

当电源电压 U_1 和负载功率因数 $\cos\varphi_2$ 为常数时，U_2 和 I_2 的关系可用所谓外特性曲线来表示。对于电阻性和电感性负载而言，电压 U_2 随 I_2 的增加而下降。

三、实验设备

1. 台式万用表
2. 交流电流表
3. 交流功率表
4. 变压器（36V/220V）
5. 自耦调压器
6. 白炽灯 220V，25W

四、实验内容

1. 测试变压器空载特性

将高压侧（二次侧）开路，确认调压器处在零位后，合上电源，调节调压器输出电压，使 U_1 从零逐次上升到 1.2 倍的额定电压（1.2×36V），分别记下各次测得的 U_1、U_{20} 和 I_{10} 数据，记入自拟的数据表中，用 U_1 和 I_{10} 绘制变压器的空载特性曲线。

2. 测试变压器外特性

（1）按图 10-2-1 所示电路接线。其中 W、N 为主屏上三相调压输出的插孔。为了满足 3 个灯泡负载额定电压为 220V 的要求，故以变压器的低压绕组（36V）作为一次侧，220V 的高压绕组作为二次侧，即当作一台升压变压器使用。A、X 为变压器的一次侧，a、x 为变压器的二次侧。电源经自耦调压器接至低压侧，高压侧 220V 接 Z_L，即 15W 的灯组负载（3 个灯泡并联）。

（2）将调压器手柄置于输出电压为零的位置（逆时针旋到底），合上电源开关，并调节调压器，使其输出电压为 36V。在保持一次侧电压 U_1=36V 不变，当负载开路及逐次增加（最多亮 3 个灯泡）时，记下 5 个仪表的读数（自拟数据表格），绘制变压器外特性曲线。实验完毕将调压器调回零位，断开电源。

五、实验注意事项

1. 本实验将变压器作为升压变压器使用，并调节调压器提供一次侧电压 U_1，故使用调压器时应首先调至零位，然后才可合上电源。此外，必须用电压表监视调压器的输出电压，防止被测变压器输出过高电压而损坏实验设备，且要注意安全，以防高压触电。

2. 遇异常情况，应立即断开电源，待处理好故障后，再继续实验。

六、实验报告要求

1. 根据实验内容，自拟数据表格，绘出变压器的外特性和空载特性曲线。
2. 根据测得的数据，计算变压器的各项参数。
3. 回答思考题。

思　考　题

1. 为什么空载实验将低压绕组作为一次侧进行通电实验？此时，在实验过程中应注意什么问题？
2. 为什么变压器的励磁参数一定是在空载实验加额定电压的情况下求出的？

10-3　三相异步电动机首尾端测试及绝缘检查

一、实验目的

1. 了解异步电动机的结构和额定值。
2. 掌握检验异步电动机绝缘情况的方法。
3. 掌握三相异步电动机绕组首、尾端的判别方法。
4. 了解三相异步电动机的直接运行与反转运行。

二、原理说明

1. 异步电动机概述

异步电动机是基于电磁原理把交流电能转换为机械能的一种旋转电动机。根据使用的交流电相数，异步电动机分为三相异步电动机和单相异步电动机。

异步电动机由定子和转子两个基本部分构成。定子主要由定子铁芯、定子绕组和机座等组成，是电动机的静止部分。转子主要由转子铁芯、转子绕组和转轴等组成，是电动机的转动部分。

三相异步电动机的定子绕组为三相对称绕组，一般有六根引出线，出线端装在机座外面的接线盒内，如图 10-3-1 所示。在已知各相绕组额定电压的情况下，根据三相电源电压的不同，三相定子绕组可以接成星形或三角形，然后与电源相连。当定子绕组通以三相电流时，便在电动机内产生一旋转磁场，其转速 n_0（称同步转速）取决于电源频率 f 和电动机三相绕组形成的磁极对数 P，其关系为：

$$n_0 = \frac{60f}{P} \quad （转/分）$$

旋转磁场的转向与三相电源的相序一致。在旋转磁场的作用下，转子绕组感应电动势，从而产生转子电流，转子电流与磁场相互作用产生电磁转矩，转子在电磁转矩的作用下旋转起来，转向与旋转磁场的转向一致，转速 n 始终低于旋转磁场的转速 n_0，故称异步电动机。

生产中经常需要改变电动机的旋转方向，根据三相异步电动机的工作原理，要改变其转向，只要将三相电源线接到电动机绕组中的任意两根对调，改变通入电动机的三相电流相序即可。常用的控制电路可采用倒顺开关及按钮、接触器等元器件实现。

2. 三相异步电动机首尾端判别

三相异步电动机的三相定子绕组有首（始）端和尾（末）端之分。三个首端标以 U_1、V_1 和 W_1，为同名端，三个尾端标以 U_2、V_2 和 W_2，也是同名端，如图 10-3-1 所示。如果没有按照首、尾端的标记正确接线，则电动机不能启动或不能正常工作。若由于维修等原因使定子绕组六个出线端标记无法辨认，则可以通过实验来判别各绕组对应的首、尾端，其步骤如下。

（1）使用欧姆表先从电动机六个出线端中确定哪一对出线端属于同一相绕组，分别确定三相绕组。判断依据为凡是同一相的阻值就很小，因此根据阻值大小可分清两个线端属于同一相。设定某绕组为第一绕组，将其两端标以 U_1 和 U_2。

（2）将设定的第一绕组的末端 U_2 和任意另一绕组（第二绕组）串联，可通过开关和一节干电池连接成回路，第三绕组两端接指针式万用表直流毫安挡的最小量程挡（或接小量程毫安表）。

在开关接通瞬间，观察万用表指针的摆动情况。如果没有开关，可直接用电动机绕组的一个端子引出线碰触干电池的一个电极，如图 10-3-2 所示。绕组端子碰触干电池的瞬间，模拟式万用表指针如果摆动幅度很大，则可判定第一、二两组绕组为尾-首端相连，即与第一绕组尾端 U_2 相连的是第二绕组的首端，于是标以 V_1，另一端标以 V_2。若指针正向摆动，同时可以确定第三绕组与万用表负端测量表笔相连的一端与干电池正极相连的一端为同极性端，即可判断出第三绕组的首、尾端 W_1 和 W_2。若指针反向摆动，则与万用表正端相连的一端和与干电池正极相连的一端为同名端。

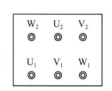
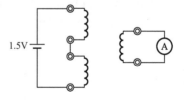

图 10-3-1　电动机接线盒　　　　　　　　图 10-3-2　同名端测试电路

若万用表指针摆动幅度较小或基本不动，则表示第一绕组与第二绕组为首-首（或尾-尾）端相连，调换第一绕组和第二绕组的连接端子，变成首-尾端相连，再按照上面的步骤完成实验。

3. 三相异步电动机绝缘检查

在安装和使用电动机之前，要对绝缘情况进行检查。电动机的绝缘电阻可以用兆欧表（俗称摇表）进行测量。兆欧表靠手摇发电机提供高电压、小电流的电源，由于没有游丝，所以它在未测量状态下指针不固定位置。数字绝缘电阻测量仪的推出，使设备绝缘电阻测量起来更加方便和准确。

对于电动机，要对各相绕组间的绝缘电阻及绕组与铁芯（机壳）间的绝缘电阻进行测量。一般来说，500V 以下的中小型电动机，使用绝缘电阻测量仪测量其相间绝缘和绕组对地绝缘电阻，小修后的绝缘电阻值应不低于 0.5MΩ，大修更换绕组后的绝缘电阻值一般不应低于 5MΩ。

三、实验设备

1. 三相异步电动机
2. 指针万用表
3. 兆欧表

四、实验内容

1. 记录三相异步电动机的铭牌参数，并观察三相异步电动机的结构。
2. 用万用表判别三相异步电动机定子三相绕组的首、尾端。
3. 用兆欧表检测三相异步电动机的绝缘电阻，并记入表 10-3-1 中。

表 10-3-1　三相异步电动机绝缘电阻测试

电动机类型	三相异步电动机			
检测点	U-V 相间	V-W 相间	U-W 相间	绕组-机壳间
绝缘电阻 （MΩ）				

4. 三相异步电动机的直接运行。

（1）采用 380V 三相交流电源，按照图 10-3-3 所示电路接线（线圈星形连接）。闭合电源开关 QS，启动三相异步电动机，观察启动电流的冲击情况和电动机的转向。

（2）采用 220V 三相交流电源，按照图 10-3-4 所示电路接线（线圈三角形连接）。闭合电源开关 QS，启动三相异步电动机，观察启动电流的冲击情况和电动机的转向。

5. 三相异步电动机的反转。

采用 220V 三相交流电源，按照图 10-3-5 所示电路改接电路，即将输入三相异步电动机的电源任意两相对调。闭合电源开关 QS，启动三相异步电动机，观察其转向情况。

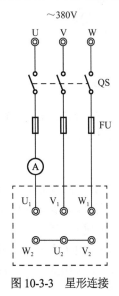

图 10-3-3　星形连接

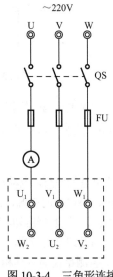

图 10-3-4　三角形连接

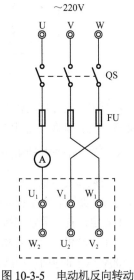

图 10-3-5　电动机反向转动

6. 断开电源开关 QS，切断三相主电源。

五、实验注意事项

实验中，三相交流电源分别接主控屏上三相调压输出的 U、V、W 三个插孔，调节三相调压器至三相的线电压为所需电压值（220V 或 380V）。闭合（绿色按钮）、断开（红色按钮）模拟 QS 的作用，按下绿色按钮相当于 QS 接通；按下红色按钮相当于 QS 断开。

六、实验报告要求

1. 从所测的绝缘电阻值，判断电动机的绝缘情况。
2. 对三相异步电动机的直接启动与降压启动进行比较。
3. 回答思考题。

思　考　题

1. 简述三相异步电动机的基本结构、工作原理、启动方法及铭牌参数等。
2. 如何确定三相异步电动机三相绕组的连接方式？若每相绕组的额定电压为 220V，当电源电压分别为 380V 和 220V 时，电动机绕组应分别采用何种连接方式？

10-4　三相异步电动机点动、启动、停车控制

一、实验目的

1. 了解按钮、交流接触器和熔断器、热继电器的基本结构及动作原理。
2. 掌握三相异步电动机点动、启动、停车的工作原理、接线及操作方法。
3. 了解电动机运行时的保护原理和方法。

二、原理说明

1. 常用低压电器

在实际生产中，目前仍然广泛采用继电器接触器控制系统对中、小功率异步电动机进行各种控制。这种控制系统主要由交流接触器、按钮、热继电器、熔断器等低压电器组成。

（1）交流接触器。

交流接触器是一种由交流电压控制的自动控制电器，主要由铁芯、吸引线圈和触点组等部件组成。铁芯分为动铁芯和静铁芯，当静铁芯上的吸引线圈加上额定电压时，动铁芯被吸合，从而带动触点组动作。触点可分为主触点和辅助触点，主触点的接触面积大，并具有灭弧装置，能通断较大的电流，可接在主电路中，控制电动机的工作；辅助触点只能通断较小的电流，常接在辅助电路（控制电路）中。触点按初始（未通电）状态分为"动合"（常开）触点和"动断"（常闭）触点，前者为吸引线圈无通电时处于断开状态，后者为吸引线圈无通电时处于闭合状态。吸引线圈通电时"动合"触点闭合、"动断"触点断开。

交流接触器在工作时，如加于吸引线圈的电压过低，动铁芯会释放，使触点组复位，故具有欠压（或失压）保护功能。

（2）按钮。

按钮是一种手动的"主令开关"，在控制电路中用来发出"接通"或"断开"的指令。它的触点也分为"动合"和"动断"两种形式，前者用于接通控制电路，后者用来断开控制电路。通常按钮为复合式的，即同一个按钮包含有"动合"和"动断"两组触点，按下时"动断"断开，"动合"闭合；松开时"动断"闭合，"动合"断开。触点的工作顺序为"动断"首先断开，"动合"然后闭合，操作时两者有短暂的行程差（或称时间差）。

（3）热继电器。

热继电器是一种以感受元件受热而动作的保护电器，用作电动机过载保护。它主要由热元件和"动断"触点等组成。热元件串接在主电路中，动断触点串接在控制电路中。当电动机过载时，电流超过额定电流值时，经过一定时间，热元件发热变形超过极限，触发"动断"触点断开，从而使控制电路失电，达到切断主电路的目的。热继电器可设置"自动"或"手动"两种复位方式。

（4）熔断器。

熔断器在电路中用作短路保护，即当负载短路，产生很大的短路电流使熔断器立即熔断，切断故障电路，达到保护电路的作用。

通过以上低压电器的组合，即可构成电动机的各种不同控制电路。

2. 电动机点动、启动及停车控制

三相异步电动机可用一个交流接触器和按钮来实现点动和启动、停车控制。

所谓"点动"即按下启动按钮，电动机运转，松开按钮，电动机停车。点动控制电路如图 10-4-1 所示，工作时，首先合上隔离开关 QS，接通三相电源。按下启动按钮 SB，接触器 KM 吸合，其三个主触点闭合，电动机转动；松开启动按钮 SB，接触器 KM 断电，其三个主触点断开，电动机停车。熔断器 FU 用作主电路和控制电路的短路保护。

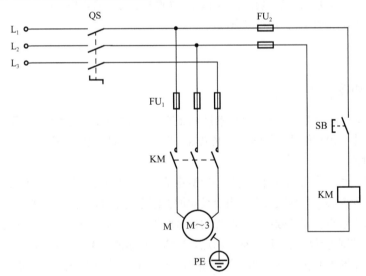

图 10-4-1　点动控制电路

启动、停车控制电路如图 10-4-2 所示，和点动控制电路相比，这里增加了三个环节：一是与启动按钮 SB_1 并联一个接触器 KM 的辅助"动合"触点 KM，其作用是按下启动按钮 SB_1 接触器 KM 动作，电动机启动，同时 KM 也闭合，当松开启动按钮时，KM 仍使接触器 KM 线圈继续带电，电动机继续

转动，这种作用称为"自锁"，KM 辅助动合触点称为"自锁"触点；二是为了控制电动机停车，增加一个停车按钮 SB₂，按下停车按钮 SB₂，切断控制电路，接触器 KM 的主触点断开，电动机停车；三是增加了热继电器 FR，当电动机过载时，经过一段时间，其"动断"触点断开，切断控制电路，接触器 KM 的主触点断开，电动机停车。

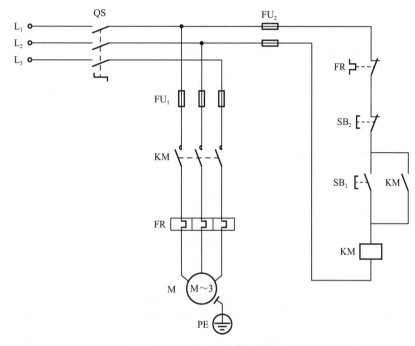

图 10-4-2　启动、停车控制电路

点动控制和启动控制的差别在于，点动控制需要按住启动按钮使电动机运转，松开启动按钮电动机即停车；启动控制的电路由于"自锁"触点的存在，保证松开启动按钮后电动机仍能保持运转。所以当"自锁"触点未接或没有按规范接好，启动控制也就变为点动控制。

3．电路的接线检查

电路接线完成后，接线是否正确，可以通过电路原理分析用万用表自检确认。根据电路的工作原理先预估电路在各种工作状态下电路的表现特征，然后手动模拟电路的各种工作状态，在合适的测量点测量电路的电阻，与预估值进行比较，判断电路各环节接线是否正确，如果出现错误，可进行分析排查，以确定接线故障点。这也是电路排故的断电检查的方法。

三、实验设备

1．三相可调交流电源
2．三相异步电动机
3．交流接触器、热继电器及按钮等

四、实验内容

1．低压电器认知。

使用万用表测量各器件的"动合""动断"触点，观察器件动作时触点的变化；测量交流接触器和电动机的线圈电阻并记录。

2．三相异步电动机的点动控制。

按图 10-4-1 所示电路接线，先接主回路，再接控制回路。其中，三相电源的线电压为 380V，电动机采用星形接法。合上开关 QS（可用电源开关代替）、操作按钮 SB，观察电动机和交流接触器的动作情况。观察完毕，断开电源开关 QS。

3．三相异步电动机的启动、停车控制。

在图 10-4-1 所示电路的基础上，接入接触器 KM 的"自锁"触点和停车按钮 SB$_2$，接线完毕，自己检查无误并将测量数据填入表 10-4-1、表 10-4-2 后，交经指导教师检查认可，方可上电合闸。主电路每两两火线之间有一个测量点，共有三个测量点，表格因为宽度问题只画出 L$_1$-L$_2$，另外两路没有画出，填表时请注意补充完整。

表 10-4-1　主电路测量参数

测　量　点	L$_1$-L$_2$/ L$_2$-L$_3$/ L$_3$-L$_1$					
器件	KM					
操作方法	×			↓		
预估值						
测量值						

注：×表示器件动作为常态，如 KM$_1$ 线圈未通电；↓表示手动模拟器件"动作"，如 KM$_1$ 线圈通电，"动合"触点闭合。

表 10-4-2　控制电路测量参数

测　量　点	L$_1$-L$_2$			
器件	SB$_1$		KM	
操作方法	×	↓	×	↓
预估值（未接 M）				
测量值（未接 M）				
预估值（接入 M）				
测量值（接入 M）				

注：控制电路的通电前测量比较复杂，可分为主电路接电动机和未接电动机，其测量出来的某些参数均不相同。读者可通过电路原理加以分析，预估参数，并填入表格。

4．三相异步电动机的启动、停车控制。如图 10-4-2 所示，合上开关 QS，操作按钮 SB$_1$、SB$_2$，观察电动机和交流接触器的动作情况。

5．观察完毕，断开电源开关 QS。

五、实验注意事项

1．接线时合理安排器件位置，接线要求牢靠、整齐、清楚，安全可靠。

2．每次接线、拆线或长时间讨论问题时，必须断开三相电源，以免发生触电事故。

3．为减小电动机启动电流，电动机一律星形连接。

4．实验按钮均为复合式按钮，实验中启动按钮使用一个复合式按钮的"动合"触点，而停车按钮使用另一个复合式按钮的"动断"触点，使用前注意区分。

5．正常操作时，如果电动机不转动，应立即断开电源，请指导教师检查。

六、实验报告要求

1. 根据实验现象，分析电动机点动、启动、停车控制原理，说明"自锁"触点的作用。

2. 现有一个 380V/6.3V 的降压变压器和 6.3V 的照明灯，应如何接在图 10-4-2 所示电路中，请画出图纸。

3. 实验电路中的"短路""过载""失压"三种保护功能是如何实现的？

4. 设计一个电动机既能点动，又能启动、停车的控制电路。

5. 回答思考题。

思 考 题

1. 如果控制电路电源线的两端或一端接在接触器主触点和电动机之间，会出现什么问题？

2. 在图 10-4-2 所示电路中，如果误将接触器的辅助"动断"触点与启动按钮并联，接通电源后会出现什么问题？（只能思考，理论分析，不允许通电试验。）

3. 在控制电路中，如果接触器的线圈忘了接入，会出现什么问题？（只能思考，理论分析，不允许通电试验。）

10-5 三相异步电动机正反转控制

一、实验目的

1. 掌握三相异步电动机正、反转控制电路的工作原理、接线及操作方法。

2. 了解三相异步电动机正、反转控制电路的应用。

二、原理说明

1. 电气互锁实现的正、反转控制

图 10-5-1 所示为两个启动按钮分别控制两个接触器来改变通入电动机的三相电流相序，实现电动机正、反转的控制电路，其中，按钮 SB_1 和 KM_1 线圈等构成正转控制；按钮 SB_2 和 KM_2 线圈等构成反转控制。从主电路图中可以看出，KM_1 和 KM_2 的主触点所接通的电源相序不同，KM_1 按 L_1-L_2-L_3 的正相序接线，而 KM_2 则按 L_3-L_2-L_1 的逆相序接线。如果两个接触器 KM_1、KM_2 由于误操作而同时工作，六个主触点同时闭合，将造成三相电源短路，这是不允许的。因此，控制电路的设计，必须保证两个接触器 KM_1 和 KM_2 在任何情况下只能有一个工作，为此，在正转控制电路中串入一个反转接触器 KM_2 的辅助"动断"触点 KM_2，在反转控制电路中串入一个正转接触器 KM_1 的辅助"动断"触点 KM_1。这样，在正转接触器 KM_1 工作时，它的"动断"触点 KM_1 断开，将反转控制电路切断；相反，在反转接触器 KM_2 工作时，它的"动断"触点 KM_2 断开，将正转控制电路切断。这就保证了两个接触器 KM_1 和 KM_2 不会同时工作，这种相互制约的控制称为"互锁"控制，动断触点 KM_1 和 KM_2 称为"互锁"触点。这种"互锁"方式称为"电气互锁"。

按正转启动按钮 SB_1，KM_1 线圈通电并自锁，接通正序电源，电动机正转；当要使电动机反转时，必须先按下停车按钮 SB_3，使 KM_1 断电，然后再按反转启动按钮 SB_2，KM_2 线圈通电并自锁，实现电动机的反转。电气互锁的缺点是，每次电动机换向时必须先执行停车操作。

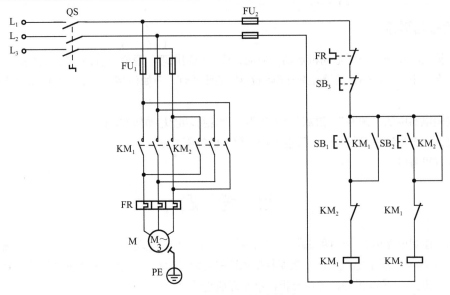

图 10-5-1　电气互锁控制电路

2. 双重互锁实现的正、反转控制

图 10-5-2 所示的正、反转控制电路，是在图 10-5-1 所示的控制电路的基础上增加了复合式按钮的机械"互锁"环节（利用两组触点工作时"时间差"的特性）。这种电路的优点是：如果要使正转运行的电动机反转，不必先按停车按钮 SB_3，只要直接按下反转启动按钮 SB_2 即可；当然，从反转到正转也是如此。这种电路具有电气和机械的双重"互锁"，不但提高了控制的可靠性，而且既可实现正转－停车－反转－停车的控制，又可实现正转－反转－停车的控制。

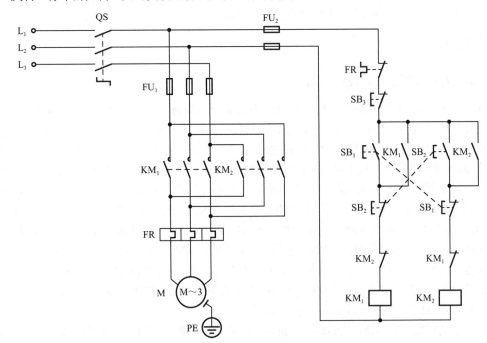

图 10-5-2　双重互锁控制电路

三、实验设备

1. 三相可调交流电源
2. 三相异步电动机
3. 交流接触器、热继电器及按钮等

四、实验内容

1. 连接电路前，将电动机和交流接触器的线圈电阻分别测量并记录到自拟的表格中。

2. 按图 10-5-1 所示电路接线，先接主回路，再接控制回路。另外，三相电源的线电压为 380V，电动机绕组接成星形，检查接线正确后，在未连接三相电源前，先按表 10-5-1、表 10-5-2 所示内容使用万用表检测电路阻值并记录。主电路每两两火线之间有一个测量点，共有三个测量点，表格因为宽度问题只画出 L_1-L_2，另外两路没有画出，填表时请注意补充完整。

表 10-5-1　主电路测量参数

测量点	L_1-L_2/ L_2-L_3/ L_3-L_1					
器件	KM$_1$		KM$_2$		KM$_1$ KM$_2$	
操作方法	×	↓	×	↓	×	↓
预估值						
测量值						

注：×表示器件动作为常态，如 KM$_1$ 线圈未通电；↓表示手动模拟器件"动作"，如 KM$_1$ 线圈通电，"动合"触点闭合。

表 10-5-2　控制电路测量参数

测量点	L_1-L_2											
器件	SB$_1$		SB$_2$		SB$_1$ SB$_2$		KM$_1$		KM$_2$		KM$_1$ KM$_2$	
操作方法	×	↓	×	↓	×	↓	×	↓	×	↓	×	↓
预估值（未接 M）												
测量值（未接 M）												
预估值（接入 M）												
测量值（接入 M）												

3. 合上电源开关 QS，将电路接上三相电源，进行电动机正、反转控制操作，观察各交流接触器的动作情况和电动机的转向，体会"互锁"触头的作用。观察完毕，断开电源开关。

4. 按图 10-5-2 所示电路改接控制电路，按照电气互锁和机械互锁等组合状态进行自检，并参考表 10-5-2 所示内容自拟表格填入数据。

5. 进行电动机正、反转控制操作，并与图 10-5-1 所示电路相比较，体会图 10-5-2 所示电路的优点。

6. 断开电源开关 QS，切断三相主电源。

五、实验注意事项

1. 接线时合理安排器件位置，接线要求牢靠、整齐、清楚，安全可靠。
2. 每次接线、拆线或长时间讨论问题时，必须断开三相电源，以免发生触电事故。

3. 为减小电动机的启动电流，电动机星形连接。

4. 连接电路时使用的导线较多，可利用导线颜色将各回路加以区分。

5. 此实验电路比较复杂，要注意区分哪个是接触器 KM_1，哪个是接触器 KM_2。

6. 主电路和控制电路的测量值和预估值一致时，方可通电。

7. 正常操作时，如果电动机不转动，应立即断开电源，请指导教师检查。

六、实验报告要求

1. 根据表格测到的主电路测量参数和控制电路的测量参数，分析测量值是哪些器件的阻值。

2. 回答思考题。

思 考 题

1. 在图 10-5-1 所示电路中，误将接触器的辅助"动合"触点作为"互锁"触点串入另一个接触器控制电路中，会出现什么问题？

2. 试分析图 10-5-1 和图 10-5-2 所示电路在操作上有何区别？

3. 在图 10-5-2 所示电路中，有机械"互锁"，能否取消电气"互锁"？

10-6　三相异步电动机自动顺序启动控制

一、实验目的

1. 了解时间继电器的结构，掌握其工作原理及使用方法。

2. 掌握三相异步自动顺序启动控制电路的工作原理。

3. 进一步加深学生的动手能力和理解能力，使理论知识和实际经验进行有效结合。

二、原理说明

在多台电动机拖动的电气设备中，经常要求电动机有顺序地启动或停车。如某些机床的主轴必须在油泵工作后才能启动；龙门刨床工作台移动时，导轨内必须有充足的润滑油；铣床主轴旋转以后，工作台可移动等。这都要求机床的各台电动机按一定顺序启动工作。

图 10-6-1 所示是三相异步电动机自动顺序启动控制电路。

启动时，合上开关 QS，引入三相电源。按下启动按钮 SB_2，接触器 KM_1 线圈通电，其主触头 KM_1 闭合使电动机 M_1 启动，且线圈 KM_1 通过与开关 SB_2 并联的辅助"动合"触点 KM_1 实现自锁，保证电动机 M_1 连续运转；同时辅助"动合"触点 KM_1 的闭合，使时间继电器 KT_1 通电。当经过时间继电器设定的一段整定时间以后，其延时闭合触点 KT_1 闭合，接触器 KM_2 线圈通电，主触头 KM_2 闭合，电动机 M_2 启动，同时其通过辅助"动合"触头 KM_2 实现自锁，保证电动机 M_2 连续运转。同时辅助"动断"触头 KM_2 断开，使时间继电器 KT_1 线圈断电释放。这时两台电动机 M_1、M_2 同时工作。要使两电动机停车，按下开关 SB_1 即可。

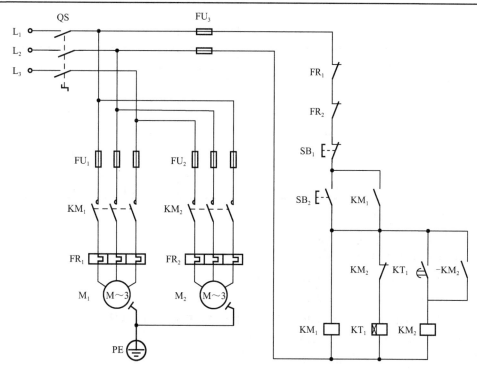

图 10-6-1　三相异步电动机自动顺序启动控制电路

三、实验设备

1. 三相可调交流电源
2. 三相异步电动机
3. 交流接触器、时间继电器、热继电器及按钮等

四、实验内容

1. 连接电路前，检查各实验设备外观及质量是否良好。将电动机、交流接触器的线圈电阻及时间继电器的线圈电阻分别测量并记录到自拟的表格中。

2. 按图 10-6-1 所示的三相异步电动机自动顺序启动控制电路进行正确接线，先接主回路，再接控制回路。接线完毕，自己检查无误并将测量数据填入表 10-6-1、表 10-6-2 后，交经指导教师检查认可，方可上电实验。

表 10-6-1　主电路测量参数

测 量 点	L_1-L_2/ L_2-L_3/ L_3-L_1						
器件	KM_1		KM_2			KM_1 KM_2	
操作方法	×	↓	×	↓		×	↓
预估值							
测量值							

注：×表示器件动作为常态，如 KM_1 线圈未通电；↓表示手动模拟器件"动作"，如 KM_1 线圈通电，"动合"触点闭合。

表 10-6-2　控制电路测量参数

测　量　点	L_1-L_2							
器件	SB$_2$		KM$_1$		KM$_2$		KM$_1$ KM$_2$	
操作方法	×	↓	×	↓	×	↓	×	↓
预估值（未接 M$_1$、M$_2$）								
测量值（未接 M$_1$、M$_2$）								
预估值（接 M$_1$、M$_2$）								
测量值（接 M$_1$、M$_2$）								

3．自动顺序启动控制。

（1）调节时间继电器的延时，使延时为 3s。

（2）调节热继电器整定值为 1.0A。

（3）将三相电源的线电压调为 380V，接入电路。

（4）合上开关 QS，引入三相电源。

（5）按下启动按钮 SB$_2$，观察电动机、时间继电器及各接触器的工作情况。

（6）按下停车按钮 SB$_1$，断开电动机控制电源。

（7）断开开关 QS，切断三相主电源。

五、实验注意事项

1．接线时合理安排器件位置，接线要求牢靠、整齐、清楚，安全可靠。

2．先接线后通电；拆线或每次长时间讨论问题时，首先要断开三相电源。

3．确认交流接触器和时间继电器线圈工作电压，认真检查电源是否符合要求。

4．为减小电动机的启动电流，电动机星形连接。

5．电路较为复杂，使用的连接导线较多，可利用不同颜色导线将各回路加以区分，方便接线后的检查。

6．通电前测量主电路和控制电路的参数，发现问题应及时排除。测量时，电路不要接入三相电源。

7．正常操作时，如果电动机不转动，应立即断开电源，请指导教师检查。

六、实验报告要求

1．试设计在自动延时顺序启动控制的基础上，加入自动延时顺序停车。

2．若实验过程中发生故障，应画出故障电路，分析故障原因。

3．回答思考题。

思　考　题

1．查阅资料，简述时间继电器有几种工作原理。比较其优缺点。

2．在图 10-6-1 中，时间继电器是如何实现电动机顺序控制的？

3．在图 10-6-1 中，若把时间继电器的延时闭合"动合"触点换成其延时闭合"动断"触点，结果会怎样？

10-7　三相异步电动机降压启动控制

一、实验目的

1. 掌握三相异步电动机 Y-△降压启动的工作原理。
2. 熟悉实验电路的故障分析及故障排除的方法。

二、原理说明

　　三相异步电动机的直接启动电流大，降压启动可减小启动电流，但也减小了启动转矩，故降压启动适用于启动转矩要求不大的场合。对于正常运行时定子绕组采用三角形连接的电动机，可采用 Y-△降压启动。

　　电动机正常运行时定子绕组接成三角形，而电动机启动时星形接法启动电流小，故在使用大功率电动机时，常采用 Y-△降压启动方法来限制启动电流的目的。启动时，电动机定子绕组首先接成星形，待转速上升到接近额定转速时，将定子绕组的接法由星形转接成三角形，电动机便进入全压正常运行状态。通常功率在 4kW 以上的三相笼型异步电动机均为三角形接法，故都可以采用 Y-△启动方法。

　　图 10-7-1 所示是三相异步电动机 Y-△降压启动自动控制电路。从星形降压启动到三角形全压运行，分两个阶段自动完成。

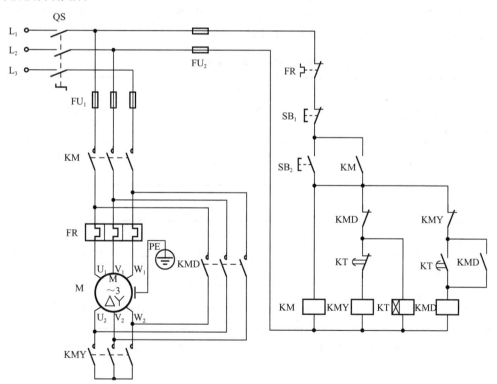

图 10-7-1　三相异步电动机 Y-△降压启动自动控制电路

　　合上开关 QS，按下启动按钮 SB₂，使 KM、KMY、KT 同时通电，KM 通电使 KM 的主触点闭合，辅助"动合"触点闭合并自锁，M 接通电源。KMY 通电，KMY 的主触点闭合，使电动机三相定子绕组"同名端"短接，定子绕组接成星形，M 降压启动。

KT 通电，延时一段之后，它的延时触点动作，其中，延时"动断"触点断开，延时"动合"触点闭合。当延时动断触点断开时，KMY 断电，KMY 的触点复原；当延时"动合"触点闭合时，会使 KMD 通电，KMD 的主触点闭合并自锁，定子绕组接成三角形，M 全压正常运行。KMD 的辅助"动断"触点断开，使得 KT 线圈失电，KT 触点复原。另外，KMD 的辅助"动断"触点使得即使误操作按下启动按钮 SB$_2$，接触器 KMY 也不会工作，实现 KMD 和 KMY 互锁。若需电动机停车，则直接按停车按钮 SB$_1$ 即可。

三、实验设备

1. 三相可调交流电源
2. 三相异步电动机
3. 交流接触器、时间继电器、热继电器及按钮等

四、实验内容

1. 连接电路前，检查各实验设备外观及质量是否良好。将电动机绕组电阻、交流接触器的线圈电阻及时间继电器的线圈电阻分别测量并记录到自拟的表格中。

2. 按图 10-7-1 所示三相异步电动机 Y-△降压启动自动控制电路进行正确接线，先接主回路，再接控制回路。接线完毕，自己检查无误并将测量数据填入表 10-7-1、表 10-7-2 后，交经指导教师检查认可，方可合闸通电实验。主电路每两两火线之间有一个测量点，共有三个测量点，表格因为宽度问题只画出 L$_1$-L$_2$，另外两路没有画出，填表时请注意补充完整。

表 10-7-1　主电路测量参数

测量点	L$_1$-L$_2$/ L$_2$-L$_3$/ L$_3$-L$_1$							
器件	KM KMY KMD	KM	KMY	KMD	KM KMY	KM KMD	KMY KMD	KM KMY KMD
操作方法	×	↓	↓	↓	↓	↓	↓	
预估值								
测量值								

表 10-7-2　控制电路测量参数

测量点	L$_1$-L$_2$							
器件	全部	SB2	KM	KMY	KMD	KM KMD	KM KMY	KMY KMD	KM KMY KMD
操作方法	×	↓	↓	↓	↓	↓	↓	↓	
预估值									
测量值									

因为主电路与控制电路相互影响较大，比较复杂，建议检查主电路时把控制电路断开，检查控制电路时把主电路断开。

3. 启动与停止操作。
（1）调节时间继电器的延时，使延时为 3s。
（2）调节热继电器整定值为 1.0A。
（3）将三相电源的线电压调为 380V，接入电路。

（4）合上开关 QS，引入三相电源。

（5）按下启动按钮 SB$_2$，观察接触器、时间继电器及电动机的工作情况。

（6）按下停车按钮 SB$_1$，断开电动机控制电源。

（7）断开开关 QS，切断三相主电源。

五、实验注意事项

1. 接线时合理安排器件位置，接线要求牢靠、整齐、清楚，安全可靠。

2. 先接线后通电；拆线或每次长时间讨论问题时，首先要断开三相电源。

3. 确认交流接触器和时间继电器线圈工作电压，认真检查电源是否符合要求。

4. 电路较为复杂，使用的连接导线较多，可利用不同颜色导线将各回路加以区分，方便接线后的检查。

5. 通电前测量主电路和控制电路的参数，发现问题应及时排除。测量时，电路不要接入三相电源。

6. 正常操作时，如果电动机不转动，应立即断开电源，请指导教师检查。

六、实验报告要求

1. 试设计修改电路，增加一个启动按钮，将自动改为手动降压启动控制。

2. 若实验过程中发生故障，应记录故障现象，画出故障电路，分析故障原因。

3. 回答思考题。

思　考　题

1. 在图 10-7-1 中，电动机是如何实现 Y-△接线转换的？

2. 在图 10-7-1 中，如何实现电动机降压启动自动控制？

3. 在图 10-7-1 中，KMY 和 KMD 为什么需要互锁？如果 KMY 和 KMD 同时工作会怎样？

4. 在图 10-7-1 中，如果时间继电器的延时闭合"动合"触头与延时断开"动断"触头接错（互换），电路工作状态将会怎样？

10-8　三相异步电动机制动控制

一、实验目的

1. 掌握能耗制动和反接制动的工作原理。

2. 熟悉实验电路的故障分析及故障排除的方法。

二、原理说明

电动机脱离电源后，由于机械惯性的存在，完全停车需要一段时间，这会影响生产效率，并造成停车位置不准确，工作不安全。为了缩短辅助工作时间，提高生产效率和获得准确的停车位置，必须对拖动电动机采取有效的制动措施。

制动分机械制动和电气制动两类。机械制动利用机械装置来降低电动机转矩，迫使电动机转速迅速下降，通常采用电磁抱闸制动和电磁离合器制动等方式。电气制动是给电动机加上一个与原来旋转方向相反的制动转矩，迫使电动机转速迅速下降，常用的有反接制动和能耗制动两种。

1. 反接制动

反接制动是在电动机三相电源被切断后，立即通上与原相序相反的三相电源，使定子绕组产生相反方向的旋转磁场，因此产生制动转矩使电动机迅速停车。转子与旋转磁场的相对速度接近于两倍的同步转速，所以定子绕组中流过的反接制动电流相当于全压直接启动时电流的两倍。制动迅速，效果好，但冲击大，适用于 10kW 以下的小容量电动机。为了减小冲击电流，要求串接一定的电阻以限制反接制动电流。

反接制动还要求在电动机转速接近于零时，要及时切断反相序的电源，以防止电动机反方向再启动。控制的关键是电动机电源相序的改变，当转速下降到接近于零时，能自动将电源切断。因此，采用速度继电器来检测电动机的速度变化，120～3000r/min 速度范围内速度继电器的触点动作，当转速低于 100r/min 时，其触点恢复原位。

图 10-8-1 所示是带制动电阻的三相异步电动机单向反接制动控制电路。启动时，按下启动按钮 SB_2，接触器 KM_1 线圈通电并自锁，电动机 M 通电旋转。电动机正常运转时，速度继电器 KS 的"动合"触点闭合，为反接制动做好准备。

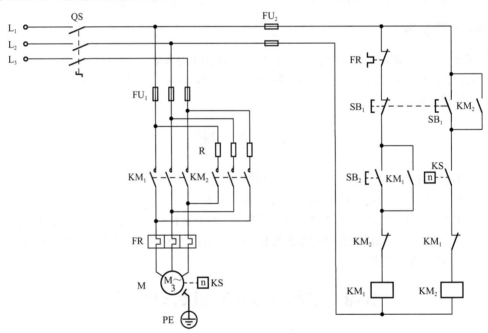

图 10-8-1　带制动电阻的三相异步电动机单向反接制动控制电路

停车时，按下停车按钮 SB_1，其"动断"触点断开，接触器 KM_1 线圈断电，电动机 M 脱离电源。此时电动机的惯性转速还很高，KS 的"动合"触点仍然处于闭合状态。当 SB_1"动合"触点闭合时，反接制动接触器 KM_2 线圈通电并自锁，其主触点闭合，电动机定子绕组得到与正常运转相序相反的三相交流电源，电动机进入了反接制动状态，电动机转速迅速下降。

当电动机转速低于速度继电器动作值时，速度继电器"动合"触点复位，接触器 KM_2 线圈电路被切断，反接制动结束。

2. 能耗制动

在电动机脱离三相交流电源以后，定子绕组加一个直流电压，即通入直流电流，使定子形成一个固定的静止磁场，利用转子旋转惯性切割磁力线产生的感应电流与定子静止磁场的作用产生制动力矩来制动。从能量的角度看，能耗制动是把电动机转子运转所储备的动能转变成电能，且又消耗在电动机转子的制动上，所以称之为"能耗制动"。

图 10-8-2 所示是按速度原则控制的单向运行能耗制动控制电路。按速度原则控制的单向运行能耗制动控制电路，需要在电动机的轴端安装速度继电器 KS，电动机正常运行时，按下停车按钮 SB_1，电动机由于 KM_1 断电释放而脱离三相交流电源，在电动机刚刚脱离三相交流电源时，由于电动机转子的惯性速度仍然很高，速度继电器 KS 的"动合"触点仍然处于闭合状态，所以接触器 KM_2 线圈能够依靠 SB_1 按钮的按下通电自锁。两相定子绕组获得直流电源，电动机进入能耗制动。当电动机转子的惯性速度低于速度继电器 KS 动作值时，KS"动合"触点复位，接触器 KM_2 线圈断电释放，能耗制动结束。

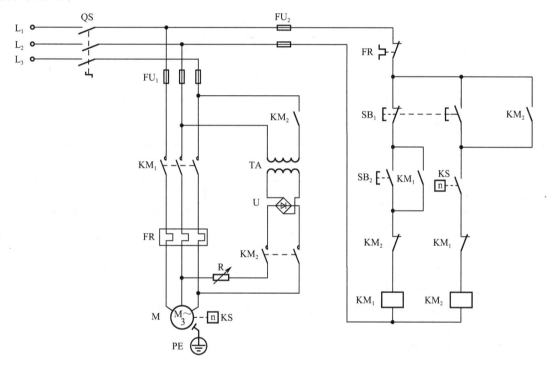

图 10-8-2　按速度原则控制的单向运行能耗制动控制电路

能耗制动比反接制动消耗的能量少，其制动电流也比反接制动电流小得多，具有能量消耗小、制动准确、平稳、不会产生有害的反转、对电网的冲击小等优点。但能耗制动需要一个专门的直流电源，这使得能耗制动电路变得复杂。另外，能耗制动因制动电流小、制动力小而使制动速度慢，特别是在低速时尤为突出。为了弥补转子转速低时制动力小的缺点，能耗制动常常与电磁抱闸制动联合使用，即转子转速低时切除能耗制动，投入电磁抱闸制动，加强制动效果。

三、实验设备

1. 三相可调交流电源
2. 三相异步电动机
3. 交流接触器、热继电器及按钮等
4. 直流电源变换模块

5．制动电阻

四、实验内容

1．连接电路前，检查各实验设备外观及质量是否良好。将电动机和交流接触器的线圈电阻分别测量并记录到自拟的表格中。

2．按图 10-8-1 所示带制动电阻的三相异步电动机单向反接制动控制电路进行正确接线，先接主回路，再接控制回路，电动机接成星形。电路接入电源前，将三相电源的线电压调为 380V。接线完毕，自己检查无误并将测量数据填入表 10-8-1、表 10-8-2 后，交经指导教师检查认可，方可上电实验。主电路每两两火线之间有一个测量点，共有三个测量点，表格因为宽度问题只画出 L_1-L_2，另外两路没有画出，填表时请注意补充完整。

表 10-8-1　主电路测量参数

测　量　点	L_1-L_2/ L_2-L_3/ L_3-L_1			
器件	KM_1 KM_2	KM_1	KM_2	KM_1 KM_2
操作方法	×	↓	↓	↓
预估值				
测量值				

表 10-8-2　控制电路测量参数

测　量　点	L_1-L_2				
器件	全部	SB_2	KM_1	KM_2	KM_1 KM_2
操作方法	×	↓	↓	↓	↓
预估值					
测量值					

因为主电路与控制电路相互影响较大，比较复杂，建议检查主电路时把控制电路断开，检查控制电路时把主电路断开。

3．启动与反接制动操作。

（1）调节热继电器整定值为 1.0A。

（2）将三相电源的线电压调为 380V，接入电路。

（3）合上开关 QS，引入三相电源。

（4）按下启动按钮 SB_2，观察交流接触器及电动机的工作情况。

（5）按下停车按钮 SB_1，断开电动机控制电源，观察交流接触器及电动机制动的工作情况。

（6）断开关 QS，切断三相主电源。

4．仿照反接制动的实验过程，设计能耗制动的实验步骤，并设计主电路控制电路的测量参数表，正确接线后，启动电动机，观察能耗制动操作。

五、实验注意事项

1．接线时合理安排器件位置，接线要求牢靠、整齐、清楚，安全可靠。

2．先接线后通电；拆线或每次长时间讨论问题时，首先要断开三相电源。

3．确认交流接触器线圈工作电压，认真检查电源是否符合要求。

4. 为减小电动机的启动电流，电动机星形连接。

5. 电路较为复杂，使用的连接导线较多，可利用不同颜色导线将各回路加以区分，方便接线后的检查。

6. 通电前测量主电路和控制电路的参数，发现问题应及时排除。测量时，电路不要接入三相电源。

7. 正常操作时，如果电动机不转动，应立即断开电源，请指导教师检查。

8. 速度继电器接入控制电路的触点应与速度继电器的旋转方向即三相异步电动机的旋转方向相对应。

六、实验报告要求

1. 试设计修改图 10-8-2 所示电路，增加一个时间继电器，将按速度原则控制的单向运行能耗制动电路改成按时间原则控制的单向运行能耗制动控制电路。

2. 若实验过程中发生故障，应记录故障现象，画出故障电路，分析故障原因。

3. 回答思考题。

思　考　题

1. 为什么交流电源和直流电源不允许同时接入电动机定子绕组？

2. 电动机制动停车需要在两相定子绕组接入直流电源，若通入单相交流电，能否起到制动作用？为什么？

第4篇　电子技术实验

第 11 章　模拟电子技术实验

11-1　常用电子元器件认知

一、实验目的

1. 了解电子元器件的性能和规格，学会正确选用元器件。
2. 掌握电子元器件的测量方法，了解它们的特性和参数。
3. 学会测量晶体管的直流放大倍数。
4. 学会用仿真软件对实验电路进行仿真。

二、原理说明

电子电路是以电子元器件为基础的电路，学习常用电子元器件的基础知识，学会识别和测量常见的电子元器件，是学好电子电路必须具备的基本技能。本节实验内容仅对模电和数电中常用的半导体及集成电路等电子元器件进行简要介绍。

常用半导体器件包含半导体二极管和晶体管。

1. 常用半导体——二极管（Diode）

二极管是一种具有单向导电的二端器件，几乎在所有的电子电路中，都要用到半导体二极管，它在许多的电路中起着重要的作用。

（1）二极管的分类及特点。

① 检波二极管。

检波二极管是由锗半导体材料制成的，采用点接触型二极管结构，具有正向电流与压降小、结电容小、工作频率高等特点，利用其单向导电性将高频或中频信号中的低频信号或音频信号取出来，广泛应用于半导体收音机、电视机及通信等设备的小信号电路中，用作信号检波、鉴频、限幅等。

② 整流二极管。

整流二极管主要是用于将交流电转变为直流电的半导体器件，一般由硅半导体材料制成，采用面接触型二极管结构，具有工作频率低、允许的工作温度高、工作电流大、反向击穿电压高等特点，主要用于整流、限幅、保护电路。

③ 开关二极管。

利用二极管的单向导电性，二极管在电路中起到控制电流接通或关断的作用，导通时相当于开关闭合，截止时相当于开关断开。其反向恢复时间短，主要用于开关、脉冲、超高频电路和逻辑控制电路中。

④ 快恢复二极管。

快恢复二极管是具有开关特性好、反向恢复时间短，正向压降较低、反向击穿电压较高等特点，主要用于开关电源、PWM 脉宽调制器、变频器等电子电路中，作为高频整流二极管、续流二极管或阻尼二极管使用。

⑤ 肖特基二极管。

肖特基二极管以贵金属（金、银、铝、铂等）为正极，以 N 型半导体为负极，利用二者接触面上形成的势垒具有整流特性而制成的金属半导体器件。

该类型二极管具有反向恢复时间极短，正向电流大，正向导通压降较低，反向电压不高、反向漏电流偏大等特点，主要在开关电源、变频器、驱动器等电路中用于高频低压大电流整流、续流、保护电路。

⑥ 稳压二极管。

稳压二极管是利用二极管的反向击穿特性，利用其电流可在很大范围内变化而电压基本不变的现象，制成的起稳压作用的二极管。它常用于稳压电路、基准电压、保护、限幅电路中。

⑦ 光电二极管。

光电二极管又称光敏二极管，和稳压二极管一样，是在反向电压作用下工作的。当没有光照时，反向电流极其微弱，反向电阻很大；当有光照时，其反向电阻减小，反向电流增大。光的变化引起光电二极管电流变化，就可以把光信号转换成电信号，成为光电传感器件。它常用于光电转换控制器或光电传感器中。

⑧ 发光二极管。

发光二极管简写为 LED，通常用砷化镓或磷化镓等材料制成，当有电流通过时，能将电能转换为光能，发出一定颜色的光。

发光二极管与普通二极管一样，由一个 PN 结组成，也具有单向导电性。常用的是发红光、绿光或黄光的二极管。发光二极管的反向击穿电压约为 5V。它的正向伏安特性曲线很陡，使用时必须串联限流电阻以控制通过二极管的电流。限流电阻 R 可用下式计算：

$$R = \frac{E - U_D}{I_D}$$

式中，E 为电源电压；U_D 为 LED 的正向工作电压；I_D 为 LED 的工作电流。发光二极管的两根引线中较长的一根为正极，应接电源正极。有的发光二极管的两根引线一样长，但管壳上有一凸起的小舌，靠近小舌的引线是正极。

⑨ 变容二极管。

变容二极管是利用 PN 结反偏时结电容大小随外加电压而变化的特性制成的。反偏电压增大时结电容减小，反之结电容增大，变容二极管的电容量一般较小。它常用于压控振荡、自动频率控制、稳频等电路中。

（2）实验中常用二极管的主要参数。

① 整流二极管 1N4001。

整流二极管 1N4001 的负极侧用一个银色色环标记。其主要参数为：额定整流电流 I_D=1A，正向压降最大值 1.1V，常温下最大反向电流为 5μA，最大反向电压为 50V。

② 整流二极管 1N4007。

整流二极管 1N4007 和 1N4001 的参数基本相同，其最大反向电压达到 1000V。

③ 开关二极管 1N4148。

开关二极管 1N4148 的型号标识在外壳上，并用一个黑色的色环标识负极。其主要参数为：最大正向电流为 200mA，最大反向电压为 100V，正向压降小于或等于 1V，反向恢复时间为 5ns。

④ 稳压管 1N4728。

稳压管 1N4728 的型号标识在外壳上（分金属和玻璃封装），并用一个黑色的色环标识负极。其主要参数为：稳定电压为 3.3V，最大调整电流为 276mA，动态电阻约为 10Ω。

（3）二极管的测量。

普通二极管：利用数字万用表可以测试二极管的好坏，将数字万用表置于二极管符号的挡位。具体操作：将红色表笔接到二极管的正极，黑表笔接到负极，数字万用表的指示值为 0.65V 左右（硅管）或 0.3V 左右（锗管）；把表笔反向连接，数字万用表指示为溢出符号"1"。如果正反向测量显示数差别不大，则说明二极管性能不佳；如果显示数均接近于零，则说明二极管已被击穿短路；如果显示数均已溢出，则说明二极管已被烧坏。

变容二极管：将万用表红、黑表笔怎样对调测量，变容二极管的两引脚间的电阻值均应为无穷大。如果在测量中发现万用表指针（指针式）向右有轻微摆动或阻值为零，则说明被测变容二极管有漏电故障或已被击穿。

发光二极管：检测时，用万用表两表笔轮换接触发光二极管的两引脚。若其性能良好，则必定有一次能正常发光，此时红表笔所接的为正极，黑表笔所接的为负极。

红外发光二极管的检测：通常红外发光二极管长引脚为正极，短引脚为负极。另外，从管壳内的电极来判断，内部电极较宽大的一个为负极，而较窄小的一个为正极。

2. 常用半导体晶体管

（1）晶体管的分类。

晶体管分双极型晶体管（BJT）和场效应管（FET）两大类。从用途上来分，晶体管包括低频管、高频管、开关管等；功率大于 1W 的属于大功率管，功率小于 1W 的属于小功率管。

（2）晶体管（三极管）的主要参数。

晶体管的参数有很多，不同的晶体管参数和侧重点也不同。

① 极限参数。

P_{CM}：集电极最大允许功率损耗。在实际电路中，晶体管的集电极 I_C 与 U_{CE} 的乘积要小于 P_{CM} 值。

I_{CM}：集电极最大允许电流，指由于晶体管集电极电流 I_C 过大使 β 值下降到规定允许值时的 I_C 电流。

反向击穿电压：

$U_{(BR)BEO}$：晶体管集电极开路时，发射结的最大反向电压。

$U_{(BR)CBO}$：晶体管发射极开路时，集电结的最大反向电压。

$U_{(BR)CEO}$：晶体管基极开路时，加在集电极和发射极之间的最大允许电压。

② 直流参数。

$\bar{\alpha}$：共基极直流电流放大系数。

$\bar{\beta}$：共射极直流电流放大系数。

极间反向电流：

I_{CBO}：集电结反向饱和电流，指的是当发射极开路时，集电极与基极间加上反向电压时的反向饱和电流。

I_{CEO}：反向击穿电流，指的是当基极开路时，集电极与发射极间加上反向电压时的反向饱和电流。

U_{CES}：集电极与发射极之间的饱和压降。

③ 交流参数。

α：共基极小信号交流电流放大系数。

β：共射极小信号交流电流放大系数。

f_T：特征频率，当工作频率超过共发射极截止频率时，β 值开始下降，当下降到 $\beta=1$ 时所对应的频率为特征频率。

（3）晶体管（三极管）的性能测试。

① 类型判别：即 NPN 或 PNP 类型判别。采用数字万用表的两个表笔对三极管的三个引脚两两相测。红表笔任意接三极管的一个引脚，而黑表笔依次接触另外两个引脚，表头显示正向压降（硅管约为 700mV，锗管约为 300mV），或者黑表笔接该引脚，而红表笔依次接触另外两个引脚，表头显示溢出 "1"，则该引脚为 B 极，且该管为 NPN 型。反之，则该管为 PNP 型。

② 电极判别：即 E、B、C 电极判别。将万用表旋至 h_{FE} 挡，根据上述判断的类型和 B 极，假设另两极之一为 C 极，将被测三极管插于对应类型的 E、B、C 插孔；反之，假设其为 E 极，重新插于对应类型的 E、B、C 插孔，比较两次测量的数值，显示数值（β）较大的一次，其假设的电极是正确的。

③ 三极管的特性参数可用晶体管图示仪测量。

3. 集成电路

集成电路是用半导体工艺或薄、厚膜工艺，将二极管、三极管、场效应管、电阻、电容等元器件按照设计电路要求连接起来，共同制作在一块硅或绝缘体基片上，然后封装而成具有特定功能的完整电路。由于将元器件集成于半导体芯片上，代替了分立元器件，所以集成电路具有体积小、质量轻、功耗低、性能好、可靠性高、电路性能稳定、成本低等优点。

（1）集成电路的分类。

① 按制作工艺分类：薄膜集成电路、厚膜集成电路、半导体集成电路、混合集成电路。

② 按集成规模分类：小规模集成电路、中规模集成电路、大规模集成电路、超大规模集成电路。

③ 按功能分类：数字集成电路、模拟集成电路。

（2）半导体集成电路的命名方法。

常用半导体集成电路的型号由五部分组成，其命名方法如表 11-1-1 所示。

表 11-1-1　半导体集成电路的命名方法

第 0 部分		第 1 部分		第 2 部分	第 3 部分		第 4 部分	
用字母表示器件 符合国家标准		用字母表示 器件型号		用数字表示器件 系列和品种代号	用字母表示器 件的工作温度		用字母表示 器件的封装	
符号	意义	符号	意义		符号	意义	符号	意义
C	中国制造	T	TTL	如 TTL 分为： 54/74xxx 54/74Hxxx 54/74Lxxx 54/74LSxxx CMOS 分为： 4000 系列 54/74HCxxx 54/74HCTxxx ……	C E R M	0～70℃ -40～85℃ -55～55℃ -55～125℃	W B F D P J K T	陶瓷扁平 塑料扁平 全密封扁平 陶瓷直插 塑料直插 黑陶瓷直插 金属菱形 金属圆形
		H	HTL					
		C	CMOS					
		F	线性放大器					
		D	音响电视电路					
		W	稳压器					
		J	接口电路					
		B	非线性电路					
		M	存储器					
		μ	微型机电路					

（3）集成电路的引脚。

集成电路在电路中通常用字母 "IC" 表示。由于集成电路形式千变万化，所以它没有固定的电路符号，通常人们画出一个方框、三角形或圆圈来代表，从上面引出几个引脚并注明引脚号代表集成电路的引脚，如图 11-1-1 所示。双列直插式封装集成块的判别原则是芯片正面朝上，标志（缺口、缺角、凸块、凹点或圆点）朝左，从左下标志处引脚开始，逆时针方向依次为 1 引脚、2 引脚、3 引脚等。

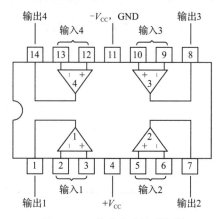

图 11-1-1　集成电路的引脚图

三、实验设备

1. 直流稳压电源
2. 台式数字万用表
3. 面包板及工具
4. 二极管、三极管、电阻、电容、电感若干

四、实验内容

1. 辨认一组电阻

辨认所给色标电阻的标称电阻及容许误差，判断其额定功率，用万用表测量并进行比较，将所测电阻（至少 10 个电阻）按从大到小的顺序填入表 11-1-2 中。测量时，测量电阻不能带电，不能用手接触电阻引线两端，以防止人体电阻并入被测电阻，同时选择合适的量程，提高测量精度。

表 11-1-2　电阻辨认、测量表（至少测量 10 组数据）

序　号	型　号	名　称	色　环	额定功率	标称电阻	容许误差	测量值
1							

2. 辨认一组电容

辨认所给电容的材料、标称容量及容许误差，用万用表测量并进行比较，将所测电容（至少 10 个电容）按从大到小的顺序填入表 11-1-3 中。测量时，被测电容应放电完毕，以免损坏万用表，同时选择合适的量程，提高测量精度。

表 11-1-3　电容辨认、测量表（至少测量 10 组数据）

序　号	型　号	名　称	直流工作电压	标称容量	容许误差	测量值
1						

3. 辨认一组半导体器件（二极管、三极管）

用万用表测量晶体管参数，填入表 11-1-4 中，并辨别晶体管的类型、引脚。

表 11-1-4　晶体管参数测试表

晶体管名称	型　　号		正 向 压 降	反 向 压 降	β	类　　型
二极管	1N4001					
	1N4148					
三极管	9011	BE 结				
	（9013）	BC 结				
	9012	BE 结				
		BC 结				

4. 发光二极管实验

按图 11-1-2 连接电路，R_W=1kΩ，R_1=100Ω，用实验的方法分别测出发光二极管（红色、黄色、绿色各一个）的正向工作电压 U_D 和工作电流 I_D，U_D= ＿＿＿V，I_D= ＿＿＿mA。

5. 测量晶体管（NPN 管）电流放大倍数β

（1）按图 11-1-3 连接电路，其中 R_W=100kΩ，R_1=R_2=R_B=R_C=1kΩ；经检查无误后接通电源。

三极管集电极电流 $I_C = \dfrac{E_C - V_C}{R_C}$。

三极管基极电流 $I_B = \dfrac{V_A - V_B}{R_B}$，则 $\beta = \dfrac{I_C}{I_B}$。

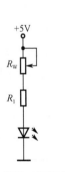

图 11-1-2　发光二极管实验电路

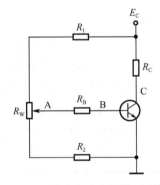

图 11-1-3　晶体管电流放大倍数 β 测量原理图

（2）按图 11-1-3 接好电路之后，调节 R_W 使 C 点对地电位 V_C 分别达到表 11-1-5 中的参考值，用电压表分别测出 B、C 点的电位值，并计算出 I_B、I_C、β 值，填入表 11-1-5 中，并与万用表所测β值进行比较。

表 11-1-5　晶体管电流放大倍数β的测量（9011）

V_C（V）	V_A（V）	V_B（V）	I_B（mA）	I_C（mA）	β（计算值）	β（万用表测量）
4						
3						

续表

V_C（V）	V_A（V）	V_B（V）	I_B（mA）	I_C（mA）	β（计算值）	β（万用表测量）
2						
1						

五、实验注意事项

1. 电路连接时，应注意三极管的极性和电阻的阻值不能弄错，电路的连接要牢靠，避免出现引脚之间短路。

2. 测量电阻时，所测电阻不能带电，不能用手接触电阻引线两端，不能接入电路构成回路，同时选择合适的量程，提高测量精度。

3. 测量电容时应保证电容放电完毕，以免损坏万用表，选择合适的量程，提高测量精度。

六、实验报告要求

1. 将辨认的一组电阻按表 11-1-2 格式填写，至少辨认测量 10 个电阻。

2. 将辨认的一组电容按表 11-1-3 格式填写，至少辨认测量 10 个电容。

3. 将给定的二极管测量结果填入表 11-1-4 中。

4. 将给定发光二极管的测量结果填入自拟的表格中。

5. 将给定晶体管的直流放大倍数等测量结果按表 11-1-5 填写，并计算出 β 值。

思　考　题

1. 设计一个电路来测量 PNP 管的直流放大倍数 β，画出电路原理图。

2. 如何判断晶体管极性、引脚的方法？

3. 如何判断晶体管的好坏？

4. 测量电容的容量应注意什么？

11-2　三极管共射放大电路

一、实验目的

1. 加深理解放大电路的基本概念。

2. 掌握单管放大电路静态参数和动态参数的调试和测量，进一步熟悉常用电子仪器的使用方法。

3. 观察静态工作点对输出波形和波形失真的影响。

4. 了解负反馈对放大电路各项性能指标的影响。

5. 学会用仿真软件对实验电路进行仿真。

二、原理说明

双极型晶体管（BJT）又称晶体三极管、半导体三极管等，也简称晶体管。在三极管基本放大电路中，共射、共集、共基是单管放大电路的三种基本接法。从三种基本放大电路的分析中，共射放大电路通过基极电流 I_B 对集电极电流 I_C 的控制作用，使负载电阻从直流电源 U_{CC} 中获得比信号源提供大得多的输出信号，既实现了电流放大又实现了电压放大；共集放大电路以集电极为公共端，通过 I_B 对 I_E 的控制作用能实现电流放大；共基放大电路以基极为公共端，通过 I_E 对 I_C 的控制作用能实现电压放大。

在三种基本放大电路中，采用共射放大电路作为基本电路模型进行实验研究。单管共射放大电路主要分为直接耦合与阻容耦合两种，如图 11-2-1 所示为阻容耦合共射放大电路，偏置分压电路简单，是典型的静态工作点稳定电路，具有自动稳定工作的能力，因此得到了广泛应用。它的偏置由 R_{B1} 和 R_{B2} 组成的分压电路提供，并在发射极中接有 R_E，以稳定放大器的静态工作点。当放大器的输入端接入信号 U_i 后，其输出端得到一个与 U_i 相位相反，幅值被放大了的输出信号 U_o，实现放大作用。

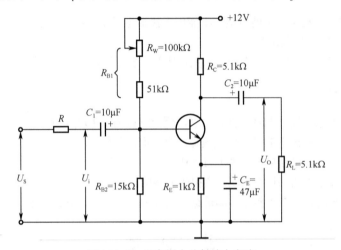

图 11-2-1　阻容耦合共射放大电路

在放大电路中，当有信号输入时，交流量与直流量共存。将输入交流信号为零，即直流电源单独作用时晶体管的基极电流 I_B、集电极电流 I_C、B-E 间电压 U_{BE}、管压降 U_{CE} 称为放大电路的静态工作点 Q。常将这四个物理量记为 I_{BQ}、I_{CQ}、U_{BEQ}、U_{CEQ}。

图 11-2-1 中电路静态工作点的计算公式：

$$U_B \approx \frac{R_{B2}}{R_{B1}+R_{B2}} \times U_{CC}$$

$$I_E = \frac{U_B - U_{BE}}{R_E} \approx I_C$$

$$U_{CE} = U_{CC} - I_C(R_C + R_E)$$

1. 放大器静态工作点的调试与测量

（1）静态工作点的调试过程。

放大电路的基本要求是足够的电压放大倍数和较小的波形失真。放大电路要不失真地放大信号，必须设置合适的静态工作点，为了获得最大不失真输出电压，静态工作点应选在输出特性曲线交流负载线中点。如果静态工作点选择不当或输入信号过大，都会使输出电压波形产生非线性失真。如果工作点偏高，就容易产生饱和失真，如图 11-2-2（a）所示；如果工作点偏低，就容易产生截止失真，如图 11-2-2（b）所示；如果输入信号幅值过大，虽然工作点合适，但很可能会同时出现饱和失真与截止失真，如图 11-2-2（c）所示。这些情况都不符合放大电路的要求。

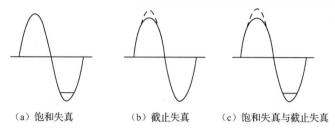

（a）饱和失真　　　　（b）截止失真　　　（c）饱和失真与截止失真

图 11-2-2　静态工作点调试

　　静态工作点设置是否合适，在选定工作点后还必须进行动态调试。当电路参数确定之后，工作点的调整一般采用改变放大器偏置 R_{B1} 电阻值来调节，即调整图 11-2-1 中的 R_W。

　　R_W 调小，V_{BQ} 增加，U_{BEQ} 增加，U_{CEQ} 减小，工作点升高；

　　R_W 调大，V_{BQ} 减小，U_{BEQ} 减小，U_{CEQ} 增加，工作点降低。

　　特别注意，工作点"偏高"或"偏低"不是绝对的，是相对输入信号幅值而言的，如果信号幅值很小，即使工作点偏高或偏低也不一定出现失真，所以输出信号的波形失真实质上是输入信号幅值与静态工作点设置之间配合不当所致的。如果满足较大输入信号幅值的要求，则静态工作点应尽量接近负载线的中点。如图 11-2-3 所示，在同一输入信号幅值的前提下，将静态工作点设在 Q 点处是相对比较合适的。若放大电路对小信号放大，由于输出交流幅值很小，非线性失真不是主要问题，则实际上 Q 点不一定要选在交流负载线的中点，一般前置放大器的工作点都选得偏低一点，这有利于降低功耗，减少噪声，并提高输入阻抗。

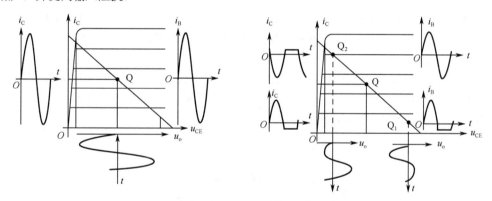

图 11-2-3　静态曲线上的工作点设置

　　（2）静态工作点的测量方法。

　　静态工作点的测量常用两种方法：一种是在输入交流信号为零时，用万用表（直流电压挡）直接测量晶体管 CE 间的电压 U_{CEQ}、（直流电流微安挡）测基极电流 I_{BQ} 和（直流电流毫安挡）测集电极电流 I_{CQ}；另一种是通过间接测量三极管三个极的对地电位来实现，换算公式如下。

$$U_{BEQ} = V_{BQ} - V_{EQ}$$
$$U_{CEQ} = V_{CQ} - V_{EQ}$$

$$I_{CQ} = V_{EQ} / R_E$$
$$I_{BQ} = I_{CQ} / \beta$$

　　由于在电路中，电流的测量需将电流表串接于所测的支路，破坏了电路结构，故一般采用第二种方法。为了提高测量精度，应选用内阻较高的直流电压表，而且注意选择合适的量程。

2. 放大电路动态参数的测试

放大电路动态参数有电压放大倍数、输入电阻、输出电阻、最大不失真输出电压和通频带等。

（1）电压放大倍数的测量。

电压放大电路的放大能力用电压放大倍数 A_u 来衡量。实验中，在合适静态工作点及输出电压 U_o 不失真的情况下，A_u 用交流毫伏表测量输入电压有效值 U_i 和输出电压有效值 U_o，计算它们的比值得到，即：

$$A_u = \frac{U_o}{U_i}$$

应当指出，在实测放大倍数时，必须用示波器观察输出端的波形，只有在不失真的情况下，数据才有意义，其他指标也是如此。

（2）输入电阻的测量。

放大电路与信号源连接就成为信号源的负载，必然从信号源索取电流，电流的大小表明放大电路对信号源的影响程度。输入电阻是指从放大电路输入端看进去的等效电阻，定义为输入电压有效值 U_i 与输入电流有效值 I_i 之比。

为方便起见，实验中采用换算法来测量。即在输入端串入取样电阻 $R = 1\text{k}\Omega$，再分别测量该电阻两端对地电压 U_S 和 U_i，如图 11-2-4 左侧电路所示，则：

$$R_i = \frac{U_i}{I_i} = \frac{U_i}{\dfrac{U_S - U_i}{R}} = \frac{U_i}{U_S - U_i} R$$

测量时应注意，电阻 R 的值不宜取过大或过小，以免产生较大的测量误差，通常取 R 与 R_i 为同一数量级为好，本实验取 R 为 $1\sim2\text{k}\Omega$。在测量其他参数时，该电阻应被短接或不接。

（3）输出电阻的测量。

任何放大电路的输出都可以等效为一个有内阻的电压源，从放大电路输出端看进去的等效内阻成为输出电阻。在放大电路正常工作时，分别测量输出端不接负载 R_L 的输出空载电压 U_{oC} 和接入负载后的输出电压 U_{oL}，如图 11-2-4 右侧电路所示。

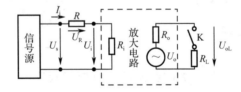

图 11-2-4 输入电阻和输出电阻的测试电路

根据 $U_{oL} = \dfrac{R_L}{R_o + R_L} \times U_{oC}$ 可求出 R_o：

$$R_o = \left(\frac{U_{oC}}{U_{oL}} - 1 \right) \times R_L$$

在测试中应注意，必须保持 R_L 接入前后输入信号的大小不变。

（4）最大不失真输出电压的测量。

为了得到最大不失真输出电压（又称最大动态范围）U_{op-p}，应将静态工作点调在交流负载线的中点。测试方法是在放大电路正常放大的状态下，逐渐增大输入信号的幅值，同时调节 R_{B1}（即 R_W 部分）用示波器观察 U_o 的波形。当输出波形同时出现截止和饱和失真时，说明静态工作点已调在交流负载线的中点。然后反复调整输入信号，使输出波形的幅值最大且无明显失真，这时用数字万用表测出输出电压的有效值 U_o，则最大动态范围为：

$$U_{op\text{-}p} = 2\sqrt{2}U_o$$

或者用示波器直接读出 $U_{op\text{-}p}$，即为最大动态范围。

（5）放大电路的幅频特性。

放大电路频率特性通常是指电压放大倍数 A_u 与信号频率 f 之间的关系，简称幅频特性，如图 11-2-5 所示。在中频段，耦合电容和射极电容所呈现的阻抗很小，可以视为短路，同时晶体管 β 值受频率变化的影响及频率对晶体管结电容与分布电容的影响可以忽略，此时电压放大倍数为最大值 $A_u = A_{um}$。

在低频段和高频段，由于上述各种因数的影响不可忽略，使电压放大倍数下降。通常将电压放大倍数随频率变化下降到中频放大倍数 A_{um} 的 0.707 倍时，所对应的频率分别称为下限频率 f_L 和上限频率 f_H，则通频带为：

$$B_L = f_H - f_L$$

可见，放大电路的幅频特性就是测量不同频率信号时的电压放大倍数 A_u 的变化。为此，可以在保证输入信号幅值不变的情况下，改变输入信号的频率（升高、下降），使输出信号的幅值下降为 0.707A_{um}，则对应频率为 f_H 和 f_L。

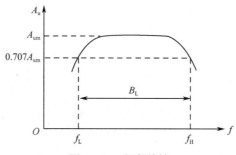

图 11-2-5 幅频特性

（6）负反馈的应用。

负反馈是指将输出的部分或全部信号返送到输入端，对输入信号起削弱作用。它的类型有电压串联型负反馈、电压并联型负反馈、电流串联型负反馈和电流并联型负反馈。本实验将图 11-2-1 中发射极的旁路电容 C_E 去掉，其他元件不变，就构成了电流串联型负反馈放大电路。可以通过实验来分析研究负反馈对放大电路各项性能指标的影响，包括放大倍数的变化，输入、输出电阻的改变，非线性失真和通频带的变化等。

三、实验设备

1. 直流稳压电源、函数信号发生器
2. 示波器、台式数字万用表
3. 面包板及工具
4. 晶体三极管、电阻及电容若干

四、实验内容

1. 测量三极管的电流放大倍数

连接电路前，先测量三极管的电流放大倍数。把万用表的功能挡拨到 h_{FE} 挡位上，安装好辅助测量配件，把实验用的 NPN（或 PNP）型三极管三个极正确插入对应插孔，然后读出万用表显示的值就是三极管的电流放大倍数 β。

2．实验电路的连接

在面包板上连接实验电路时，应以三极管为核心进行。电路中元器件要布局合理，疏密得当。连接时先连接三极管，注意三个极不要短路。三极管连接后，再依次连接好三个引脚上的其他元器件。完成所有元器件的连接后，留好输入线、输出线和电源线。

3．测量静态工作点

接通 +12V 电源，调节 R_W 使 I_C 为 0.8～1.2mA，即发射极 E 点的电位 V_E 为 0.8～1.2V。然后再分别测量 B 极和 C 极的电位 V_B、V_C，最后用万用表测量 R_{B1}（包含 R_W 部分）的值，记入表 11-2-1 中。注意，用万用表测量电阻时，电路应断电，并断开关联元器件，以免影响测量结果。

表 11-2-1　静态工作点的测量值

项　　　目	测　量　值				计　算　值		
	V_B（V）	V_E（V）	V_C（V）	R_{B1}（kΩ）	U_{BE}（V）	U_{CE}（V）	I_C（mA）
实验数据							

4．测量电压放大倍数及输入、输出电阻

（1）从电路 U_i 侧输入频率为 1kHz 的正弦信号，用示波器同时观测输入、输出的信号波形。调节信号发生器使其输出为 3～10mV（有效值）的信号，以保证输出信号为良好的正弦波，并同时观察 U_o 和 U_i 的相位关系。

（2）测出输入信号 U_i 的有效值，空载时放大电路的输出电压 U_{oC} 和带载时放大电路的输出电压 U_{oL}，将测量结果记入表 11-2-2 中。计算放大电路带载和空载时的电压放大倍数和输出电阻。

（3）在电路中接入电阻 R=1kΩ，从 U_S 接入正弦信号，调节信号发生器的幅值使输入信号 U_i（同上步）不变，测出输入信号 U_S 的有效值，将测量结果记入表 11-2-2 中，并计算输入电阻。

表 11-2-2　测量电压放大倍数、输入电阻和输出电阻

项　　　目	测　量　值				计　算　值			
	U_S（mV）	U_i（mV）	U_{oC}（V）	U_{oL}（V）	带载 A_u	空载 A_u	R_i（kΩ）	R_o（kΩ）
实验数据								

5．观察静态工作点对放大倍数和波形失真的影响

（1）调节 R_W 使 I_C 为 0.5～1.8mA，可以选择多个不同的 I_C，即得到多个静态工作点。

（2）调节 R_W 得到第一个 I_C，从电路 U_i 输入端接入频率为 1kHz 、U_i≈10mV（有效值）正弦波信号。用示波器观察输出波形 U_o 是否失真，如果失真则调节 U_i 的幅值保证输出为良好正弦波，测出此时的输入 U_i 和空载输出电压值 U_{oC}，记入表 11-2-3 中，并计算电压放大倍数 A_u。

表 11-2-3　观察不同 Q 点对电压放大倍数的影响

项　　　目	I_C（mA）	U_i（mV）	U_{oC}（V）	A_u
实验数据				

（3）继续调节 R_W 得到不同的 I_C 值，再按上述步骤（2）的方法进行测试、记录 U_i、U_{oC} 并计算 A_u。

（4）令 R_L =5.1kΩ，在放大电路输入端接入频率为1kHz 的正弦波信号，调节输入信号的幅值，同时调节 R_W，用示波器观察 U_o 的波形。当输出波形同时出现截止和饱和失真现象时，略减小输入信号的幅值，使输出波形为良好的正弦波（此为最大不失真输出），测量此时的静态参数并记录输出电压波形，将所测数据记入表 11-2-4 中。

保持输入信号幅值不变，调节 R_W 观察输出信号出现截止失真波形时，测量相应的静态参数并记录输出电压波形，将所测数据记入表 11-2-4 中。

保持输入信号幅值不变，继续调节 R_W 观察输出信号出现饱和失真波形时，测量相应的静态参数并记录输出电压波形，将所测数据记入表 11-2-4 中。

表 11-2-4　观察不同 Q 点对波形失真的影响

输出波形	I_C （mA）	U_{CE} （V）	R_{B1}	U_o 波形图
最大不失真正弦波（选作）				
截 止 失 真				
饱 和 失 真				

6．负反馈对放大性能的影响

把图 11-2-1 中发射极的旁路电容 C_E 拆除，从电路 U_i 接入正弦信号，其他元件不变，就构成了电流串联型负反馈放大电路。

（1）调节 R_W 使静态工作点维持本节实验内容 3 的 I_C 不变，输入信号为1kHz 的正弦波，调节信号发生器幅值使 U_i =80~120mV（有效值），以使输出信号波形为良好正弦波，并同时观察 U_o 和 U_i 的相位关系。

（2）测出此时空载放大电路的输出电压 U_{oC} 和带载放大电路的输出电压 U_{oL} 以及输入信号 U_i，将测量结果记入表 11-2-5 中。并计算带载和空载的电压放大倍数和输出电阻。

（3）电路中串入电阻 R=10kΩ，保持静态工作点不变，从 U_S 端输入频率为1kHz 的正弦信号，调节信号发生器输出使 U_i（有效值）和上述步骤（2）相等，测出输入的正弦信号 U_S 有效值，将测量结果记入表 11-2-5 中，并计算输入电阻。

表 11-2-5　观察负反馈对放大电路性能的影响

项　目	测　量　值				计　算　值			
	U_S （mV）	U_i （mV）	U_{oC} （V）	U_{oL} （V）	带载 A_u	空载 A_u	R_i （kΩ）	R_o （kΩ）
实验数据								

7．放大电路频率特性的测量

测量放大电路的上限频率和下限频率。

（1）无反馈作用的放大电路频率特性的测量。如图 11-2-1 所示，调节 R_W 使静态工作点 I_C 不变，从电路的 U_i 处加入频率 f = 2kHz、有效值 U_i=3～10mV 的正弦信号，保证输出波形为良好正弦波，测量此时的 U_o 值，调节信号频率从 2kHz 向高频端增大，直到输出电压下降到 $0.707U_o$ 时，记下此时信号发生器的频率值，即为上限频率 f_H；同理，调节信号频率由 2kHz 向低频端减小，输出电压下降到 $0.707U_o$ 时，对应的信号发生器频率即为下限频率 f_L，将实验结果记入表 11-2-6 中。注意，测量过

程中均应保持 U_i 的有效值不变和输出波形不失真。

（2）有负反馈作用的放大电路频率特性的测量。将图 11-2-1 中的发射极旁路电容 C_E 拆除，电路引入负反馈，再调节信号发生器使 U_i =80～120mV。重复上述步骤（1）进行实验和记录数据，并分析负反馈对通频带的影响。

表 11-2-6　测量放大电路的上、下限频率

	状　态	f_H（kHz）	f_L（Hz）	计算 $B_L=f_H\text{-}f_L$（kHz）
实验数据	无负反馈作用			
	有负反馈作用			

五、实验注意事项

1．电路连接时，应注意三极管的极性和电阻的阻值不能弄错，电路的连接要牢靠，避免引脚之间短路。

2．直流电源输出电压注意极性，输出端切勿碰线短路。

3．测量电位器 R_W 阻值时应断开连接的回路。

4．输出信号的测量必须确保在不失真的情况下进行。

5．实验过程中，每当改接电路时，必须首先断开电源，不得带电连接电路。

六、实验报告要求

1．画出实验电路图，整理实验数据，绘制波形曲线。

2．列表整理测量结果，并把实测的静态工作点、电压放大倍数、输入电阻、输出电阻的值与理论计算值相比较，分析讨论实验结果。

3．讨论静态工作点变化对放大倍数和输出电压波形失真的影响。在工作点确定后，放大倍数与哪些因素有关？

4．根据实验结果，总结电流串联负反馈对放大电路性能的影响。

5．回答思考题。

思　考　题

1．如何根据静态工作点判别电路是否工作在放大状态？

2．在实验电路图 11-2-1 中，若将输入信号 U_i=100mV，求输出电压，验证是否满足 $U_o = A_u \times U_i$，并说明其原因。

3．对于示波器的 AC/DC 耦合方式，在不同的测量场合应如何选择？

4．测量放大电路的输入电阻时，若串联的电阻值比其输入电阻值过大或过小，对测量结果有何影响？

11-3　场效应管放大电路

一、实验目的

1．掌握场效应管基本参数的测试方法。

2. 掌握场效应管基本放大电路的调试方法。

3. 掌握场效应管基本放大电路的指标参数测量方法。

4. 学会用仿真软件对实验电路进行仿真。

二、原理说明

场效应管是利用输入回路的电场效应来控制输出回路电流的一种半导体器件。由于它仅靠半导体的多数载流子导电，所以又称为单极型晶体管。

1. 场效应管的主要特点

场效应管是一种电压控制器件，由于它的输入阻抗极高（一般可达上百兆欧、甚至几千兆欧）、动态范围大、热稳定性好、抗辐射能力强、制造工艺简单、便于大规模集成，所以使用越来越广泛。

场效应管按结构可分为结型和绝缘栅型（MOS 型），按沟道分为 N 沟道和 P 沟道器件，按零栅压源、漏通断状态分为增强型和耗尽型器件，可根据不同的场合需要选用不同类型的管子。结型场效应管分为 N 沟道和 P 沟道两种，本实验以 N 沟道结型场效应管为例介绍场效应管放大电路。

2. N 沟道结型场效应管的特性

为了使 N 沟道结型场效应管正常工作，应在其栅源之间加负向电压（$u_{GS} < 0$），以保证耗尽层承受反向电压；在漏源之间加正向电压（$u_{DS} > 0$），以形成漏极电流 i_D。$u_{GS} < 0$ 能保证栅源之间的阻值很高，同时完成对沟道电流的控制。

（1）转移特性（控制特性）反映了场效应管工作在饱和区时栅极电压 u_{GS} 对漏极电流 i_D 的控制作用。由场效应管结构特性可知 $u_{DS} = u_{GS} - u_{GD}$，当 u_{GS} 为某一值（负值），而外加 u_{DS} 不断增大时，u_{GD}（为负值）不断减小，直至 u_{GD} 逼近 $U_{GS(OFF)}$。当满足 $u_{GD} \geqslant U_{GS(OFF)}$ 时，i_D 对于 u_{GS} 的关系曲线即为转移特性曲线，如图 11-3-1 所示。当 $u_{GS} = 0$ 时的漏极电流即为漏极饱和电流 I_{DSS}，也称为零栅漏电流。使 $i_D = 0$ 时所对应的栅源电压称为夹断电压 $U_{GS(OFF)}$。

（2）转移特性可用恒流区中 i_D 的近似表达式表示：

$$i_D = I_{DSS}\left(1 - \frac{u_{GS}}{U_{GS(OFF)}}\right)^2 \quad (当\ 0 \geqslant u_{GS} \geqslant U_{GS(OFF)})$$

当场效应管的漏极饱和电流 I_{DSS} 和夹断电压 $U_{GS(OFF)}$ 确定后，就可以把转移特性上的其他点估算出来。转移特性的斜率为：

$$g_m = \frac{\Delta I_D}{\Delta U_{GS}}\bigg|_{U_{DS}=常数}$$

这反映了 u_{GS} 对 i_D 的控制能力，是表征场效应管放大作用的重要参数，称为跨导。一般为 0.1～40mS（mA/V）。它可以由 i_D 的表达式求得：

$$g_m = -\frac{2I_{DSS}}{U_{GS(OFF)}}\left(1 - \frac{u_{GS}}{U_{GS(OFF)}}\right)$$

（3）输出特性（漏极特性）反映了漏源电压 u_{DS} 对漏极电流 i_D 的控制作用。图 11-3-2 所示为 N 沟道结型场效应管的典型漏极特性曲线。

由图 11-3-2 可见，曲线分为四个区域，即 I 区（可变电阻区）、II 区（饱和区）、III 区（夹断区）、IV 区（击穿区）。

I 区：可变电阻区。该区域中曲线近似为不同斜率的直线，可以通过改变 u_{GS} 的大小来改变漏源电阻的阻值。

II 区：恒流区（饱和区）。饱和区的特点是 u_{DS} 增加时 i_D 不变（恒流），而 u_{GS} 变化时，i_D 随之变化（受控），可将 i_D 近似为 u_{GS} 控制的一个受控恒流源。在实际曲线中，对于确定的 u_{GS} 值，随着 u_{DS} 增加，i_D 有很小的增加。i_D 对 u_{DS} 的依赖程度，可以用动态电阻 r_{DS} 表示：

$$r_{DS} = \frac{\Delta U_{DS}}{\Delta I_D}\bigg|_{U_{GS}} = 常数$$

在一般情况下，r_{DS} 为几千欧到几百千欧。

III 区：夹断区。当 $u_{GS} < U_{GS(OFF)}$ 时，导电沟道被夹断，$i_D \approx 0$，即图中靠近横轴的部分。

IV 区：击穿区。当 u_{DS} 增大到一定程度时，漏极电流会骤然增大，管子将被击穿。

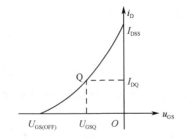

图 11-3-1　N 沟道结型场效应管转移特性曲线

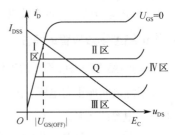

图 11-3-2　N 沟道结型场效应管的典型漏极特性曲线

（4）场效应管主要参数测试。

① 由转移特性可知，当 $u_{GS} = 0$ 时，$i_D = I_{DSS}$，可用图 11-3-3 所示电路测出 I_{DSS}。

② 由转移特性可知，当 $i_D = 0$ 时，$u_{GS} = U_{GS(OFF)}$，可用图 11-3-4 所示电路测出 $U_{GS(OFF)}$。

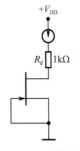

图 11-3-3　I_{DSS} 测试电路

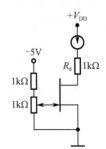

图 11-3-4　$U_{GS(OFF)}$ 测试电路

3．自给偏压场效应管放大电路

自给偏压场效应管放大电路如图 11-3-5 所示，该电路与普通双极型晶体管放大电路的偏置不同，它利用漏极电流 i_D 在源极电阻 R_S 上的压降 $i_D R_S$ 产生栅极偏压，即：

$$U_{GSQ} = -I_D R_S$$

由于 N 沟道场效应管工作于负压，故称为自给偏压，同时 R_S 具有稳定工作点的作用。该电路主要参数如下。

电压放大倍数：$A_u = \dfrac{U_o}{U_i} = -g_m R'_L$，其中，$R'_L = R_d // R_L // r_{DS}$。

输入电阻：$R_i \approx R_g$。

输出电阻：$R_o = R_d // r_{DS}$。

4．恒流源负载的场效应管放大电路

由于场效应管的 g_m 偏小，与双极型晶体管相比，场效应管放大电路的电压放大倍数较小。提高其放大倍数的一种方法是采用恒流源负载。将图 11-3-5 所示电路中的 R_d 用一个恒流源代替，如图 11-3-6 所示。这是利用场效应管工作在饱和区时，静态电阻小、动态电阻较大的特性，在不提高电源电压的情况下，可获得较大的放大倍数。

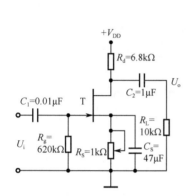

图 11-3-5　自给偏压场效应管放大电路

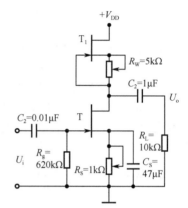

图 11-3-6　恒流源负载的场效应管放大电路

5．场效应管放大电路参数测试方法

（1）静态工作点调试。

参照三极管共射放大电路调试方法，连接好电路后，接入直流电源，用万用表（直流电压挡）直接测量场效应管三个引脚（S、G、D）对地的电压，调节电位器 R_S 使 V_{DQ}、V_{GQ}、V_{SQ} 符合放大电路的要求。为了提高测量精度，应选用内阻较高的直流电压表，而且注意选择合适的量程。

（2）电压放大倍数测量。

参照三极管共射放大电路调试方法。实验中，选择合适静态工作点及保证输出电压在不失真的情况下，用数字万用表测量输入电压有效值 U_i 和输出电压有效值 U_o，取它们的比值表示电压放大倍数。

$$A_u = \frac{U_o}{U_i}$$

在实测放大倍数时，必须通过示波器观察输出端的波形，在不失真的情况下，可适当加大输入信号幅值，以避免输入信号太小受到干扰。

（3）放大电路频率特性。

参照三极管共射放大电路调试方法。

（4）输入电阻测量。

放大电路输入电阻为从输入端向放大电路看进去的等效电阻，即 $R_i = \dfrac{U_i}{I_i}$。输入电阻 R_i 测量原理图如图 11-3-7 所示。

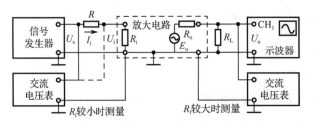

图 11-3-7　输入电阻 R_i 测量原理图

在图中，R 是为了测量 R_i 所串联在输入回路的已知电阻（该电阻一般选择与 R_i 同数量级），其目的是避免测量输入电路中的电流，而改由测量电压进行换算，即：

$$I_i = \frac{U_R}{R} = \frac{U_S - U_i}{R}, \quad R_i = \frac{U_i}{I_i} = \frac{U_i}{U_S - U_i} R$$

上述测量方法仅适用于放大电路输入电阻远远小于测量仪器输入电阻的条件下。但是场效应管放大电路输入电阻非常大，输入电阻 $R_i > 500\text{k}\Omega$，而毫伏表的 R_i 约为 $1\text{M}\Omega$，故测量将产生较大的误差，同时引入干扰。因此场效应管放大电路不能用毫伏表直接测量 U_i。但是，由于放大电路输出电阻较小，毫伏表可直接测量，所以可采用测量输出电压换算求 R_i 的方法测量输入电阻。

当电路不接入 R 时，$U_{i1} = U_S$，测出的输出值为：

$$U_{o1} = A_u U_{i1} = A_u U_S$$

当电路接入 R 时，$U_{i2} = \dfrac{R_i}{R_i + R} U_S$，测出输出值为：

$$U_{o2} = A_u \cdot U_{i2} = A_u \cdot \frac{R_i}{R_i + R} \cdot U_S$$

由于同一放大电路，其放大倍数相同，令上述两式相除进行整理可得：

$$R_i = \frac{U_{o2}}{U_{o1} - U_{o2}} R$$

由此得到输入电阻。

（5）输出电阻的测量，如图 11-3-5 所示，R_L 为负载电阻。

若输出回路不接 R_L 时，其空载输出电压为 U_{oC}；

若输出回路接入 R_L 时，其带载输出电压为 U_{oL}；

则可按下式求 R_o。

$$R_o = \frac{U_{oC} - U_{oL}}{I_o} = \frac{U_{oC} - U_{oL}}{U_{oL}/R_L} = \left(\frac{U_{oC}}{U_{oL}} - 1 \right) R_L$$

注意，在测量上述输入电阻、输出电阻时，应保证输出波形不失真。

三、实验设备

1．直流稳压电源、函数信号发生器
2．示波器、台式数字万用表
3．面包板及工具
4．场效应管、电阻及电容若干

四、实验内容

1. 场效应管参数测试

根据场效应管参数的定义，按图 11-3-3、图 11-3-4 所示的测试电路接线，测出 I_{DSS}、$U_{GS(OFF)}$、g_m 的参数，填入表 11-3-1 中。

表 11-3-1　场效应管参数

I_{DSS}（mA）	$U_{GS(OFF)}$（V）	g_m（mA/V）

2. 场效应管放大电路的测试

实验电路如图 11-3-5 所示，场效应管选用 K30A；电源电压 V_{DD}=12V；负载电阻 R_L=10kΩ。其他元件取值：R_d=6.8kΩ，R_S=510Ω，R_g=620kΩ，C_1=0.01μF，C_2=1μF，C_S=47μF，按图连接电路，检查电路连接无误后，将+12V 直流电源接入电路。其中 R_S 值用 1kΩ 的电位器来调节。

（1）静态工作点的调试测量。

调节电位器 R_S 的值，使 V_{DQ}≈6V，测量静态工作点参数并填入表 11-3-2 中。

表 11-3-2　静态工作点设计、测量

静态工作点	测　　量			计　　算		
	V_{DQ}（V）	V_{GQ}（V）	V_{SQ}（V）	I_{DQ}（mA）	U_{DS}（V）	U_{GS}（V）
实验测量值						

（2）场效应管放大参数测试，自拟表格并填入测试结果。

① 参照三极管共射放大电路测试方法，选择合适的输入信号，保证输出信号波形不失真，自拟实验步骤测量放大倍数。

② 参照输入电阻测试方法，选择合适的接入电阻 R，自拟实验步骤测量输入电阻。

③ 参照输出电阻测试方法，选择合适的负载 R_L，自拟实验步骤测量输出电阻。

3. 采用恒流源负载的场效应管放大电路

在上述电路的基础上，按图 11-3-6 更改电路，其中 R_S=510Ω，通过调节 R_W，使静态工作点与上述电路基本相符合。参照上述实验的步骤，测量放大电路的放大倍数和输出电阻，并与上述电路进行比较，说明恒流源负载的作用。

五、实验注意事项

1. 电路连接时，不要将元件插得太近，避免引脚之间短路。

2. 直流电源输出电压注意极性，输出端切勿碰线短路。

3. 输出信号的测量必须确保在不失真的情况下进行。

4. 实验过程中，每当改接电路时，必须首先断开电源，不得带电连接电路。

六、实验报告要求

1. 画出实验电路图，整理实验数据，绘制有关波形曲线。

2. 根据实验内容的要求，列表整理测量结果，并把实测的静态工作点、电压放大倍数、输入电阻、输出电阻的值填入表格，分析实验结果。

3. 回答思考题。

思 考 题

1. 为使结型场效应管工作在恒流区，为什么其栅-源之间必须加反向电压？

2. 从 N 沟道场效应管的输出特性曲线上看，为什么 U_{GS} 越大预夹断电压越大？漏-源间击穿电压越高？

11-4　运算放大器的基本应用

一、实验目的

1. 掌握运算放大器的正确使用方法。

2. 掌握运算放大器的工作原理和基本特性。

3. 学会运用运算放大器构成各种运算电路。

4. 掌握电压比较器的电路构成及特点。

5. 学会用仿真软件对实验电路进行仿真。

二、原理说明

运算放大器是具有高开环电压放大倍数的多级直接耦合放大器，具有体积小、功耗低、可靠性高等优点。广泛应用于信号的运算、处理及波形的发生和信号的转换等方面。

理想运算放大器在开环应用时具有以下特征。

高输入阻抗：$R_i \to \infty$；高增益：放大倍数 $A_u \to \infty$；低输出阻抗：$R_o \to 0$。

运算放大器工作在线性区时，其两个输入端的净输入电压和净输入电流均为"零"，即具有"虚短路"和"虚断路"两个特点。运算放大器工作在饱和区时，两个输入端的电流也认为等于零。

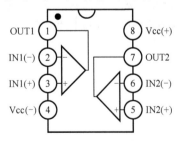

图 11-4-1　LM358 的引脚分布

常用的运算放大器芯片有 LM358、LM324 等，本实验采用 LM358 双运放，其引脚分布如图 11-4-1 所示。LM358 为两组结构完全相同的运算放大器，它的电路功耗很小，适合于工作电压范围宽的单电源使用，也适合于双电源工作模式，可用 3～30V 或 ±1.5V～±15V 供电，除电源公用外，两组运算放大器互相独立，每组运算放大器都有"+""-"信号输入端和信号输出端。

若运算放大器采用正、负双电源供电时，其正、负极性端不能接反，输出端不能碰电源，以免烧坏芯片。

1. 运算放大器的信号运算电路

运算放大器的输出电压 u_o 与输入电压 u_i（同相输入端与反相输入端的输入电压差）成正比。

$u_o = A_u(u_+ - u_-) = A_u u_i$，由于运算放大器 A_u 值非常大，要使输出电压反映输入电压某种运算的结果，运算放大器必须工作在线性区，利用外加反馈网络在深度负反馈条件下来实现运算放大电路的比例、加法、减法、积分、微分等各种运算。

（1）反相比例运算电路。

输入信号由反相输入端输入，反相比例运算电路如图 11-4-2 所示。

其输出电压与输入电压之间的函数关系为：

$$u_o = -\frac{R_F}{R_1} u_i$$

闭环电压放大倍数 $A_u = -\dfrac{R_F}{R_1}$。

为了减小输入级偏置电流引起的运算误差，需在同相端接入平衡电阻 $R_2 = R_1 /\!/ R_F$。

当 $R_F = R_1$ 时，输出电压值等于输入电压值，即该电路称为反相电压跟随器。

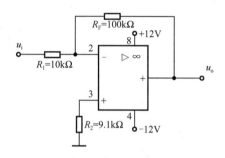

图 11-4-2　反相比例运算电路

（2）同相比例运算电路。

输入信号由运算放大器的同相端输入，$R_2 = R_1 /\!/ R_F$，同相比例运算电路如图 11-4-3 所示。在理想条件下，闭环电压放大倍数 $A_u = 1 + \dfrac{R_F}{R_1}$，当 $R_1 \to \infty$ 或 $R_F = 0$ 时，$A_u \to 1$，同相比例运算电路就具有同相电压跟随的作用，也称为电压跟随器。电压跟随器具有输入阻抗高、输出阻抗低的特点，有阻抗变换的作用，常用作缓冲或隔离级。

其输出电压与输入电压之间的函数关系为

$$u_o = \left(1 + \frac{R_F}{R_1}\right) u_i$$

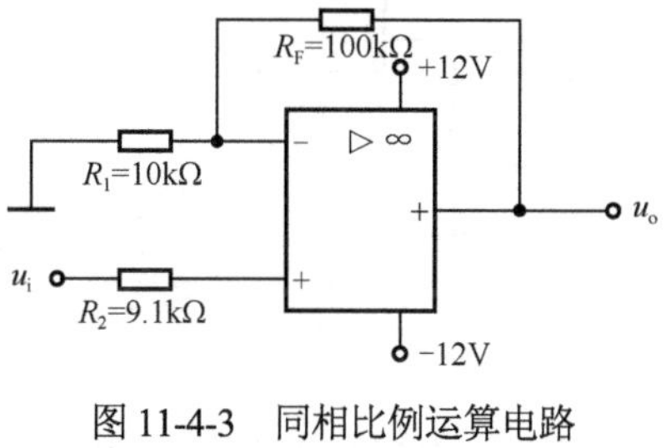

图 11-4-3　同相比例运算电路

（3）加法运算电路。

根据信号输入端的不同，有反相加法运算电路和同相加法运算电路。

反相加法运算电路如图 11-4-4 所示，其输出电压为：

$$u_o = -\left(\frac{R_F}{R_1}u_{i1} + \frac{R_F}{R_2}u_{i2}\right)$$

当 $R_1=R_2=R_F$ 时，$u_o = -(u_{i1} + u_{i2})$。

同相加法运算电路如图 11-4-5 所示，其输出电压为：

$$u_o = \left(1+\frac{R_F}{R_1}\right)\left(\frac{R_2 R_3}{R_2 + R_3}\right)\left(\frac{u_{i1}}{R_2} + \frac{u_{i2}}{R_3}\right)$$

当 $R_2=R_3$、$R_1=R_F$ 时，$u_o = u_{i1} + u_{i2}$。

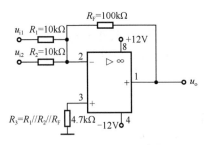

图 11-4-4　反相加法运算电路

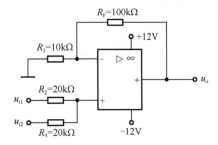

图 11-4-5　同相加法运算电路

（4）减法运算电路。

减法运算电路实际上是反相比例运算电路和同相比例运算电路的组合，如图 11-4-6 所示。

在理想条件下，输出电压与输入电压之间的函数关系为：

$$u_o = \left(1+\frac{R_F}{R_1}\right)\left(\frac{R_3}{R_2 + R_3}\right)u_{i2} - \frac{R_F}{R_1}u_{i1}$$

为了消除运算放大器输入偏置电流的影响，要求 $R_1 = R_2$、$R_F = R_3$，则输出电压和输入电压之间的函数关系为：

$$u_o = \frac{R_F}{R_1}(u_{i2} - u_{i1})$$

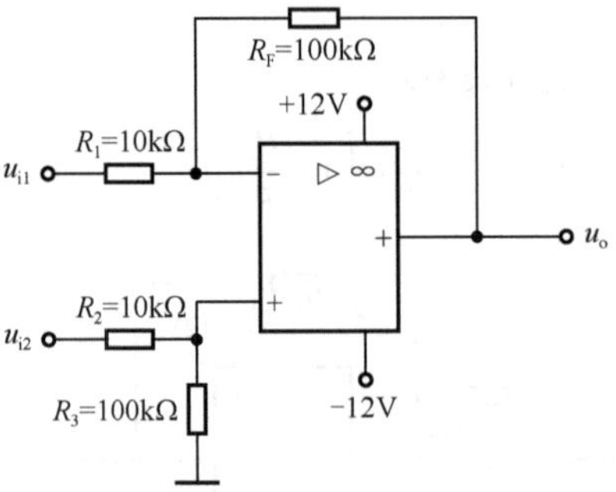

图 11-4-6　减法运算电路

（5）积分运算电路。

积分运算电路及波形如图 11-4-7 所示。在理想条件下，输出电压与输入电压的关系为：

$$u_o(t) = -\left(\frac{1}{R_1 C_F}\int_0^t u_i \mathrm{d}t + u_C(0)\right)$$

式中，$u_C(0)$ 是 $t=0$ 时刻电容 C_F 两端的电压值。如果初始电压为零，则输出电压为：

$$u_o(t) = -\frac{1}{R_1 C_F}\int_0^t u_i \mathrm{d}t$$

① 当 $u_i(t)$ 是幅值为 U_i 的阶跃信号时，输出电压 $u_o(t)$ 随时间线性下降，输出电压为：

$$u_o(t) = -\frac{1}{R_1 C_F}U_i t$$

② 当 $u_i(t)$ 是幅值为 U_{ip} 的矩形波时，输出电压 $u_o(t)$ 为三角波。输出电压的峰-峰值为：

$$U_{op\text{-}p} = -\frac{U_{ip}}{R_1 C_F}\cdot\frac{T}{2}$$

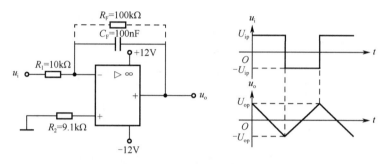

图 11-4-7　积分运算电路及波形

在实际电路中，通常在积分电容的两端并接反馈电阻 R_F，其作用是引入直流负反馈，目的是减小运算放大器输出直流漂移。但是 R_F 的存在对积分电路的线性关系有影响，因此 R_F 的取值尽可能大一些，一般取 $R_F=100\text{k}\Omega$。

（6）微分运算电路。

微分运算电路及波形如图 11-4-8 所示，输入信号加到反相输入端，在理想条件下，如果电容两端的初始电压为零，则 $i_i(t) = C\dfrac{du_i(t)}{dt}$，而 $i_i(t) = i_F(t)$，所以

$$u_o(t) = -R_F i_F(t) = -R_F C\frac{du_i(t)}{dt}$$

这表明输出电压正比于输入电压对时间的微分。

当输入电压 $u_i(t)$ 为阶跃信号时，因为信号源存在内阻，在 $t=0$ 时，输出电压仍为一有限值，随着电容的充电，输出电压 $u_o(t)$ 将逐渐衰减，最后趋于零。

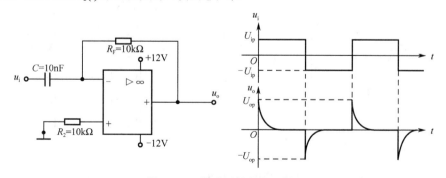

图 11-4-8　微分运算电路及波形

2. 运算放大器的信号处理电路

电压比较器是对输入信号进行鉴幅和比较的电路，是组成非正弦波发生电路的基本单元电路，在测量和控制中有着相当广泛的应用。

电压比较器是运算放大器非线性应用电路，它将一个模拟量电压信号和一个参考电压相比较，在二者幅值相等的附近，输出电压将产生跃变，相应输出高电平或低电平。运算放大器组成的电压比较器有：单限电压比较器、迟滞比较器（施密特电压比较器）等。

（1）单限电压比较器。

运算放大器构成的单限电压比较器电路、传输特性曲线、波形转换如图 11-4-9 所示。

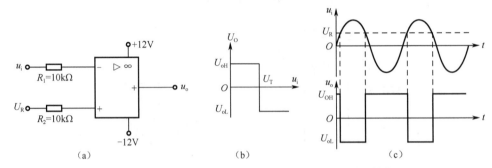

（a）　　　　　　　　　（b）　　　　　　　　　（c）

图 11-4-9　单限电压比较器电路、传输特性曲线、波形转换

单限电压比较器只有一个阈值电压，电路中 R_1 和 R_2 分别代表输入电压 u_i 和参考电压 U_R 的内阻，为了减少输入偏置电流及其漂移的影响，应使 $R_1 = R_2$。

根据参考直流电压 U_R 与输入电压 u_i 加入的不同位置，单限电压比较器有两种电路形式。

当 U_R 加在同相输入端，u_i 加在反相输入端时，电路为反相单限电压比较器，当 $u_i > U_R$ 时，输出电压为低电平 U_{oL}，当 $u_i < U_R$ 时，输出电压则翻转成高电平 U_{oH}。

当 U_R 加在反相输入端，u_i 加在同相输入端时，电路为同相单限电压比较器，当 $u_i > U_R$ 时，输出电压为高电平 U_{oH}，当 $u_i < U_R$ 时，输出电压则翻转成低电平 U_{oL}。

通过改变 U_R 值，即可改变转换电平 U_T（$U_T \approx U_R$），当 $U_R = 0V$ 时，u_i 过 0 点时由一个输出电平翻转成另一个输出电平，称为过零比较器。

（2）施密特电压比较器。

运算放大器构成的反相施密特电压比较器电路、传输特性曲线、波形变换如图 11-4-10 所示。

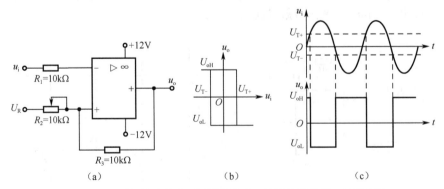

（a）　　　　　　　　　（b）　　　　　　　　　（c）

图 11-4-10　反相施密特电压比较器电路、传输特性曲线、波形变换

若输入 u_i 从足够低往上升高，当输出 u_o 由 U_{oH} 翻转为 U_{oL} 时，所对应的 u_i 为 U_{T+}，U_{T+} 称为上触发

电平：

$$U_{T+} = \frac{R_2}{R_2 + R_3} U_{oH} + \frac{R_3}{R_2 + R_3} U_R$$

若输入 u_i 从足够高往下降低，当输出 u_o 由 U_{oL} 翻转为 U_{oH} 时，所对应的 u_i 为 U_{T-}，U_{T-}称为下触发电平：

$$U_{T-} = \frac{R_2}{R_2 + R_3} U_{oL} + \frac{R_3}{R_2 + R_3} U_R$$

回差电平：

$$\Delta U_T = U_{T+} - U_{T-}$$

由于 U_{T+} 与 U_{T-} 不相等，所以又称为双限电压比较器，其输入、输出电压特性曲线具有迟滞回线形状，也称为施密特比较器。通过改变 U_R 可以改变上下限触发电平 U_{T+} 与 U_{T-}，将 U_R 和 u_i 对调，则电路为同相施密特电压比较器。

三、实验设备

1. 示波器、函数信号发生器
2. 直流稳压电源、台式数字万用表
3. 面包板及工具
4. 运算放大器、电阻及电容若干

四、实验内容

1. 反相比例运算电路

（1）按图 11-4-2 连接电路，电路中选择 $R_2 = R_F // R_1 = 10 // 100 \approx 9.1 \text{k}\Omega$，实测采用电阻的阻值 $R_1=\underline{\qquad}$，$R_2=\underline{\qquad}$，$R_F=\underline{\qquad}$。

（2）在反相输入端加入不同的直流电压 U_i，测量电路的输出直流电压 U_o，并计算电压放大倍数，对应记录于表 11-4-1 中。根据表中数据画出传输特性曲线 $u_o = f(u_i)$。根据表中数据，验证是否满足反相比例电路输入、输出电压的函数关系。

表 11-4-1　反相比例运算电路的参数记录表

实验数据	u_i（V）						
	u_o（V）						
	A_u						

（3）在反相输入端输入 $U_i = 0.5$V（有效值），$f = 1$kHz 正弦信号，用双踪示波器观察 u_i 和 u_o 的波形及相位关系。逐步增大 U_i 值，测量运算放大器输出最大不失真时的输入峰-峰值 U_{ip-p} 和输出峰-峰值 U_{op-p}（即为比例放大器的动态范围）的数据，记入表 11-4-2 中。根据表中数据，说明运算放大器的动态范围与哪些因素有关。

表 11-4-2　反相比例运算电路的动态范围记录表

U_{ip-p}（V）	U_{op-p}（V）	u_i 波形	u_o 波形

2. 同相比例运算电路

（1）按图 11-4-3 连接电路，其中 R_F=100kΩ，R_1=10kΩ，R_2=9.1kΩ。实测采用电阻的阻值 R_1=___，R_2= ___ ，R_F=___。

（2）输入直流信号电压 U_i，用数字万用表分别测量电路的 U_i 和 U_o，记入表 11-4-3 中，并计算电压放大倍数 A_u。

（3）将输入信号改为频率 f=1kHz，U_i=0.5V（有效值）的正弦波，用双踪示波器同时观察 u_i 和 u_o 的波形。记录输入、输出波形图，并分别测出输入、输出波形的峰-峰值，输出波形不应有失真或自激干扰现象，计算 A_u 的值。

表 11-4-3　同相比例运算电路测量表

直　流			交　流		
U_i（V）	U_o（V）	A_u	U_{ip-p}（V）	U_{op-p}（V）	A_u

3. 反相加法运算电路

（1）根据图 11-4-4 实验电路，计算 R_3 的值，实测采用电阻的阻值 R_1=___，R_2=___ ，R_3=___ ，R_F=___。

（2）按图 11-4-4 连接实验电路，u_{i1} 输入直流电压 0.2V，u_{i2} 输入正弦信号（U_{p-p}=400mV，f=1kHz）。

（3）用数字万用表 DCV 和 ACV 分别测量 u_o，记入表 11-4-4 中，根据表中数据，验证是否满足电压输出、输入的函数关系。

（4）用示波器观察并记录输出波形 u_o。

表 11-4-4　反相加法、减法运算电路的参数记录表

	直　流			交　流		
	U_{i1}（V）	U_o（V）	A_u	U_{i2}（V）	U_o（V）	A_u
反相加法						
减　法						

4. 减法运算电路

（1）根据图 11-4-6 实验电路，求出 R_3 的值，实测实验采用的电阻：R_1=___ ，R_2=___，R_3=___，R_F=___。

（2）按图 11-4-6 连接电路，u_{i1} 输入直流电压 0.2V，u_{i2} 输入正弦信号（U_{i2p-p}=400mV，f=1kHz）。

（3）用数字万用表 DCV 和 ACV 分别测量 u_o，记入表 11-4-4 中，根据表中数据，验证是否满足电压输出、输入的函数关系。

（4）用示波器观察并记录输出波形 u_o。

5. 反相积分电路

（1）按图 11-4-7 连接电路。

（2）输入 u_{ip-p}=2V，占空比 50%，频率 f=1kHz 的方波信号，用示波器同时观测 u_i 和 u_o 的波形和峰-峰值。记录输入、输出波形，说明电路输出与时间的变化规律。

6. 单限电压比较器

（1）按图 11-4-9（a）连接电路，其中 R_1=R_2=10kΩ。

（2）从电路 u_i 输入 $U_{iP\text{-}P}$=10V，f=200Hz 的正弦信号，将 u_i 接入示波器 X（CH_1）输入端，u_o 接入 Y（CH_2）输入端，令示波器工作在外扫描方式（X-Y），调节 U_R 的电压，用示波器观察 U_R 变化时电压传输特性曲线的变化情况。当 U_R=0.5V 时，记录单限电压比较器的电压传输特性曲线 $u_i \sim u_o$。

（3）当 U_R = 1V 时，令示波器工作在内扫描方式（Y-T），同时观察并记录 u_i、u_o 波形，并用示波器测量 u_i 的转换电平 U_T 值；减小 U_R 的值，观察输出 u_o 的正脉宽的变化情况。

7．施密特电压比较器

（1）按图 11-4-10（a）连接电路，R_2=10kΩ电位器。

（2）从电路 u_i 输入 $U_{ip\text{-}p}$=10V，f=200Hz 的正弦波，将 u_i 接入示波器 X（CH_1）输入端，u_o 接入 Y（CH_2）输入端。当 U_R=1V 时，调节 R_2（从 10kΩ往小调），直到电路输出正常矩形波，测出此时 R_2 的值，R_2=_____。继续调节 R_2，用示波器观察电路的电压传输特性曲线，说明调节 R_2 与 ΔU_T 变化的关系（测量 R_2 应断开关联电路）。

（3）当 U_R =1V，R_2=3kΩ时，观察并记录 u_i、u_o 波形，用示波器测量 u_i 的转换电平 U_{T+}、U_{T-} 值。

（4）当 U_R=0V，R_2=3kΩ时，用示波器测出 U_{T+}、U_{T-} 值。

五、实验注意事项

1．运算放大器芯片的电源为正、负对称电源供电时，切不可把正、负电源极性接反，输出端不能短路接地，否则芯片会被烧毁。

2．在实验过程中，连接电路时必须断开电源，不得带电连接电路。

六、实验报告要求

1．按每项实验内容的要求书写实验报告。

2．将理论计算结果（或典型参数值）和实测数据比较，分析产生误差的原因。

3．整理实验数据，根据实验任务要求给出各种运算电路的传输特性和波形图，注意波形之间的相位和幅值关系，要求标注幅值、周期和相位关系。

4．回答思考题。

思　考　题

1．在反相加法器中，如果 u_{i1} 和 u_{i2} 均采用直流信号，并选定 U_{i2}=-1V，当考虑到运算放大器的最大输出幅值±12V 时，U_{i2} 的大小不应超过多少？

2．在积分电路中，如果 R_1 = 100kΩ，C_F = 4.7μF，求时间常数。u_i 输入幅值为 0.5V 的阶跃信号，若使输出电压 u_o 达到-5V，需多长时间（设 $U_C(0) = 0$）？

3．在施密特电压比较器中，U_R 变化对输出波形的影响？R_2 变化对输出波形的影响？

11-5　文氏电桥正弦波振荡器

一、实验目的

1．掌握产生自激振荡的振幅平衡条件和相位平衡条件。

2．掌握文氏电桥正弦波振荡器的参数测试。

3. 掌握文氏电桥正弦波振荡器振幅平衡条件的验证。

4. 学会用仿真软件对实验电路进行仿真。

二、原理说明

1. 产生自激振荡的条件

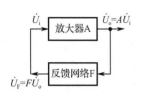

图 11-5-1　自激振荡器框图

振荡器是指在接通电源后，能自动产生所需信号的电路，如多谐振荡器、正弦波振荡器等。当放大器引入正反馈时，电路可能产生自激振荡，因此一般的振荡器电路都由放大器和正反馈网络组成。自激振荡器框图如图 11-5-1 所示。

由图 11-5-1 可得振荡器正常稳定振荡的两个条件。

（1）振幅平衡条件：反馈信号的振幅应该等于输入信号的幅值，即 $U_F = U_i$ 或 $|AF| = 1$。

（2）相位平衡条件：反馈信号与输入信号应同相位，其相位差应为 $\varphi = \Phi_A + \Phi_F = \pm 2n\pi$（$n = 0, 1, 2, \cdots$）。

另外，为了使振荡器容易起振，要求电源接通时，$|AF| > 1$，即反馈信号 U_F 要大于输入信号 U_i，电路才能振荡，而当振荡器起振后，电路自动调节使反馈信号的幅值等于输入信号的幅值，电路的自动调节功能称为稳幅功能。

2. 文氏电桥振荡器原理

文氏电桥振荡器原理如图 11-5-2 所示，电路振荡产生的信号为矩形波信号，包含多种谐波分量，为了获得单一频率的正弦信号，要求正反馈网络具有选频特性，以便从多谐信号中选出符合要求的正弦信号。RC 串-并联网络输出连接运算放大器同相端，构成正反馈，并具有选频作用。因为 RC 串-并联正反馈网络与负反馈的电路构成一个四臂电桥，所以该振荡器又称为文氏电桥振荡器。

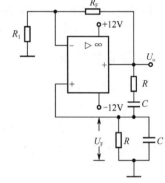

图 11-5-2　文氏电桥振荡器原理

电路采用 RC 串-并联网络作为正反馈选频网络，其电压传输系数也即正反馈系数为：

$$F_{(+)} = \frac{\dot{U}_{F\ (+)}}{\dot{U}_o} = \frac{\dfrac{R_2}{1+j\omega R_2 C_2}}{R_1 + \dfrac{1}{j\omega C_1} + \dfrac{R_2}{1+j\omega R_2 C_2}} = \frac{1}{\left(1 + \dfrac{R_1}{R_2} + \dfrac{C_2}{C_1}\right) + j\left(\omega C_2 R_1 - \dfrac{1}{\omega C_1 R_2}\right)}$$

当 $R_1 = R_2 = R$，$C_1 = C_2 = C$ 时，则上式为：

$$F_{(+)} = \frac{1}{3 + j\left(\omega RC - \dfrac{1}{\omega RC}\right)}$$

若令上式的虚部为零，即得到网络的谐振频率 f_o：

$$f_o = \frac{1}{2\pi RC}$$

当 $f = f_o$ 时，传输系数最大，且相移为 0，即 $F_{max} = 1/3$，$\Phi_F = 0$。

传输系数的幅频特性和相频特性如图 11-5-3（a）和图 11-5-3（b）所示。由此可见，RC 串-并联

网络具有选频特性。对于频率 f_o 而言，为了满足振幅平衡条件 $|AF| =1$，要求放大器 $|A| =3$；为了满足相位平衡条件 $\Phi_A+ \Phi_F =\pm 2n\pi$，要求放大器为同相放大。

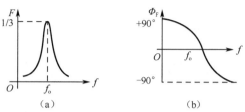

图 11-5-3　传输系数的幅频特性和相频特性

在图 11-5-2 中，R_F 和 R_1 分压输出接放大器反相端，构成电压串联负反馈，以控制放大器的增益。

负反馈系数：$F_{(-)}=\dfrac{U_{F(-)}}{U_o}=\dfrac{R_1}{R_1 + R_F}$ 。

在深度负反馈情况下：$A_F =\dfrac{1}{F_{(-)}}=1+\dfrac{R_F}{R_1}$ 。

因此，改变 R_F 或 R_1 就可以改变放大器的电压增益。根据振荡器的起振条件，要求 $|AF| >1$，起振后，输出电压幅值将迅速增大，以致进入放大器的非线性区，造成输出波形产生平顶削波失真现象；为了能够获得良好的正弦波，要求放大器的增益能够自动调节，以便在起振时有 $|AF| >1$，起振以后有 $|AF| =1$，达到振幅平衡条件；因此，需要自动调整放大器的增益，即改变 R_F 和 R_1 的比值，就能自动稳定输出幅值，使波形不失真。

3. 二极管自动稳幅电路

振荡器自动稳幅的方法较多，下面以二极管为例说明其稳幅原理。二极管的稳幅原理如图 11-5-4 所示，当电路接通电源之后，调节电位器的 R_W 阻值可改变放大电路的增益，使电路在 f_o 点满足 $U_F > U_i$ 的起振条件，振荡器振荡。由二极管正向特性曲线可知，起振时，U_o 较小，二极管两端电压较小，二极管工作在 Q_1 点，等效电阻较大；随着振荡器输出电压增大，二极管两端的电压较大，二极管由 Q_1 上升到 Q_2，其等效电阻较小。

如图 11-5-4 可见，二极管 VD_1 和 VD_2 并联在 R_F 两端，随着 U_o 的增大，R_D 减小，从而使总的负反馈电阻 R_F 减小，负反馈增强，放大器增益下降，达到自动稳幅的目的。二极管特性曲线如图 11-5-5 所示。

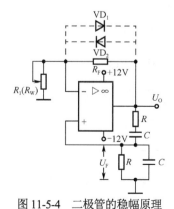

图 11-5-4　二极管的稳幅原理

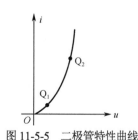

图 11-5-5　二极管特性曲线

三、实验设备

1. 示波器、函数信号发生器
2. 直流稳压电源、台式数字万用表
3. 面包板及工具
4. 运算放大器、电位器、电阻及电容若干

四、实验内容

1. 电路原理及参数计算

振荡器实验电路如图 11-5-6 所示，运算放大器和 R_{F1}、R_{F2}、R_W 构成同相放大器，调节 R_W 即可调整放大器的增益；RC 串–并联选频网络的输出端 R_2、R_3 构成分压电路，把输出信号反馈到运算放大器的同相输入端，构成正反馈，VD_1、VD_2 为稳幅二极管。

在不接 VD_1、VD_2 的情况下，当振荡频率 $f=f_o$（谐振点）时，

$$U_A = \frac{1}{3}U_o , \quad U_F = \frac{R_2}{R_2 + R_3}U_A$$

正反馈系数 $F_{(+)} = \dfrac{U_F}{U_o} = \dfrac{R_2}{3(R_2 + R_3)}$。

负反馈系数 $F_{(-)} = \dfrac{1}{A_u} = \dfrac{R_W}{R_W + R_{F1} + R_{F2}}$。

（1）为保证电路能正常稳定振荡，要求满足 $F_{(+)}=F_{(-)}$，根据电路参数可计算 R_W 的理论值 $R_W=$_____。

（2）同相放大器的电压增益放大倍数 $A_u =$_____。

（3）电路的振荡频率 $f_o=$_____。

2. 连接电路

按图 11-5-6 连接实验电路（VD_1、VD_2 先不接，开关 K 用导线代替，K 拨向 1 位置），经检查无误后，接通±12V 直流电源。

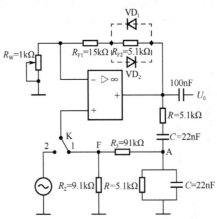

图 11-5-6　振荡器实验电路

3. 振荡器参数测试

（1）调节 R_W，用示波器观察输出波形，当输出为最佳正弦波时，测量输出电压 U_{op-p}。

（2）测量 R_W 值：$R_W=$_____。

（3）用李萨茹图形法测量振荡频率。

将示波器 CH_1 接振荡器输出，CH_2 接信号发生器并将信号发生器调整为正弦波输出；示波器工作在 "X-Y" 方式，调节信号发生器的频率，当信号发生器频率与振荡器频率相同时，示波器将出现一个椭圆，此时信号发生器的输出频率即为振荡频率：$f_o=$_____。

4．振幅平衡条件的验证

（1）调节振荡器电路中的电位器 R_W，使输出波形为最佳正弦波时，保持 R_W 不变，将开关 K 拨向 2 位置，则振荡电路变为同相放大电路。输入正弦信号（频率为振荡频率 f_o，$U_{ip\text{-}p}=100mV$），用万用表测量 U_i、U_o、U_A、U_F，填入表 11-5-1 中。

（2）将放大电路恢复为振荡器（开关 K 拨向 1 位置），调节 R_W，使输出波形失真，再将开关拨向 2 位置，振荡电路又变为同相放大电路，用万用表测量 U_i、U_o、U_A、U_F，填入表 11-5-1 中。

（3）将放大电路恢复为振荡器（开关 K 拨向 1 位置），调节 R_W，使输出波形停振，再将开关拨向 2 位置，振荡电路又变为同相放大电路，用万用表测量 U_i、U_o、U_A、U_F，填入表 11-5-1 中。

表 11-5-1 振幅平衡条件验证

工作状态	测 量 值				测量计算值		
	U_i	U_o	U_A	U_F	$A=U_o/U_i$	$F_{(+)}=U_F/U_o$	$AF_{(+)}$
良好正弦波							
失 真							
停 振							

5．观察自动稳幅电路作用

在图 11-5-6 所示电路基础上，接入稳幅二极管 VD_1、VD_2，调节电位器 R_W 值，观察输出波形 U_o 的变化情况，测量输出正弦波电压 $U_{op\text{-}p}$ 的变化范围。

五、实验注意事项

1．正负工作电源不能接反，输出脚不能碰到电源或电路的公共端（GND 端）。

2．要保证电路工作在线性区，即输出最大动态范围为 $-12\sim+12V$，根据电路放大倍数选择输入信号大小，如果过大，会进入饱和区或截止区，输出波形会出现削波失真。

3．实验过程中，接线时必须断开电源，不得带电连接电路。

六、实验报告要求

1．画出实验电路，标明元件参数。

2．列表整理实验数据，计算验证结果，并与理论值进行比较，分析误差原因。

3．说明自动稳幅原理。

4．回答思考题。

思 考 题

1．文氏电桥正弦振荡电路的输出 $U_{op\text{-}p}$ 主要由什么决定？

2．如何判断振荡电路是否起振？

11-6   OTL 功率放大电路

一、实验目的

1. 掌握互补功率放大电路的工作原理。
2. 掌握互补功率放大电路的最大输出功率和效率的测量方法。
3. 了解 OTL 功率放大电路交越失真的产生和解决办法。
4. 掌握 OTL 功率放大器的焊接安装、调整与性能的测试。
5. 学会用仿真软件对实验电路进行仿真。

二、原理说明

在实际放大电路中，往往要求电路的输出级输出一定的功率，以驱动负载，能够向负载提供足够信号功率的放大电路称为功率放大器。目前应用最广泛的互补功率放大电路是无输出变压器的功率放大电路（OTL 电路）和无输出电容的功率放大电路（OCL 电路）。

采用 PNP 和 NPN 互补（参数对称）晶体管组成的无输出变压器互补推挽（OTL）功率放大电路，由于每一个管子都接成射极输出器形式，因此具有输出电阻低、负载能力强、频率响应好、非线性失真小等优点，适合用作功率输出级，获得了广泛的应用。

本实验采用的 OTL 功率放大电路如图 11-6-1 所示，它是一个音频功率放大电路，包括由 BG_1 构成的前置放大级，由 BG_2 构成的推动级，BG_3 和 BG_4 是一对参数对称的 NPN 型和 PNP 型晶体管，构成输出级功率放大级。

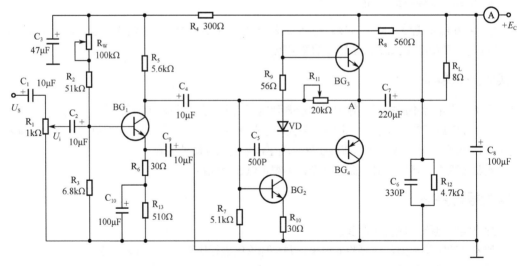

图 11-6-1   OTL 功率放大电路

BG_1 前置放大级为甲类 RC 耦合电压放大器，在 BG_1 发射极加有电压串联负反馈，以改善音质，提高稳定性。R_1 为输出音量调节电位器。由于前置级工作在小信号电压放大状态，在实际应用中静态工作电流 I_{C1} 可取小一些以减少噪声，可调节 R_W 电位器使 I_{C1} 为 0.3～1mA，对应的 V_{C1} 为 3～6V。

BG_2 推动级要提供足够大的激励功率给互补推挽功率输出级，所以推动级的静态工作电流应足够大，一般取 $I_{C2} \geq 3I_{B3max}$，式中 I_{B3max} 为输出功率最大时输出级的基极激励电流。BG_2 的集电极负载电阻

R_8接到放大器的输出端经 R_L 接电源正端，R_8、R_L、C_7 构成自举电路，用于提高 BG_3 输出信号正半周的幅值，以得到大的动态范围。

BG_3 和 BG_4 构成 OTL 功率输出级，为了克服输出级的交越失真，在 BG_3、BG_4 两管的基极之间接有二极管 VD 和电阻 R_9 组成的偏置电路，可以使 BG_3、BG_4 得到合适的静态电流，使对管工作于甲乙类状态。静态工作时，要求输出端中点 A 的电位 $V_A \approx E_C/2$，可以通过调节 R_{11} 来实现。电容 C_5 为相位校正电容，以防止产生高频寄生振荡。

当输入正弦交流信号 u_i 时，信号经由 BG_1 前置反相放大，放大后信号由 C_4 耦合到 BG_2 再进行反相放大，直接作用于 BG_3、BG_4 的基极，在输入信号 u_i 的正半周时，放大后的信号使 BG_3 管导通（BG_4 管截止），集电极信号电流经 BG_3、输出耦合电容 C_7、扬声器 R_L 形成输出信号的上半周；在输入信号 u_i 的负半周，放大信号使 BG_4 管导通（BG_3 管截止），信号电流经扬声器 R_L 形成输出信号的下半周。这样就在 R_L 上得到完整的正弦波电压。

估算功率放大器的输出功率为：$P_o = \dfrac{1}{8} \dfrac{E_C^2}{R_L} K$（$K$ 为电源电压利用系数）。

当 $K \approx 1$ 时，输出功率最大，为 $P_{omax} \approx \dfrac{E_C^2}{8R_L}$。

考虑到晶体管的饱和压降因素，一般取：$K \approx 0.65 \sim 0.7$。

对该电路的电压增益，考虑到它加有电压串联负反馈，并满足 $A_{uo}F \gg 1$（A_{uo} 为开环电压增益，F 为深度反馈系数），所以中频段电压增益（闭环）为：

$$A_u \approx \frac{1}{F} = \frac{R_6 + R_{12}}{R_6}$$

要求该功率放大电路的主要技术参数如下。

1. 最大不失真输出功率 $P_o \geq 500\text{mW}$。
2. 电压增益 $A_u \geq 37\text{dB}$（电压放大倍数为 72）。
3. 上限频率 $f_H \geq 20\text{kHz}$。
4. 下限频率 $f_L \leq 100\text{Hz}$。

三、实验设备

1. 示波器、函数信号发生器
2. 直流稳压电源、台式数字万用表
3. 面包板及工具
4. 电烙铁、PCB
5. OTL 功率放大电路套件

四、实验内容

1. OTL 功率放大电路的装配

按图 11-6-1 电路原理图，在设计好的 PCB 上完成 OTL 功率放大器焊接安装。为了顺利完成装配任务，需要做好以下几项工作。

（1）焊接前的检查与准备。

① 电烙铁的准备与检查，检查电烙铁是否完好，电源线绝缘层是否被烫坏漏电，电烙铁在使用之前，先在烙铁头表面镀上一层锡。

② 依据设计电路图检验 PCB 是否符合设计要求，要求 PCB 表面光滑，无划伤断裂、氧化等现象，要求 PCB 平整无变形现象存在。

③ 电子元器件的检查，电子元器件引线表面无氧化，电子元器件型号、参数保证符合要求。

（2）电子元器件的插装。

① 电子元器件插装要求做到整齐、美观、稳固，元器件插装到位，无明显倾斜、变形现象。

② 电阻、二极管及类似元器件与电路板平行，要尽量将有字符的元器件面置于容易观察的位置。

③ 电容、三极管及类似元器件要求引脚垂直安装，元器件与电路板垂直。

④ 电容装插时要注意极性，不能将极性装反。

（3）PCB 的焊接。

① 电烙铁通电前先检查是否漏电，确保完好再通电预热。电烙铁达到规定的温度再进行焊接，若焊接对静电释放敏感型元器件，电烙铁应良好接地。

② 焊接掌握好焊接时间，一般元器件在 2～3s 的时间焊完一个焊点，较大的焊点在 3～4s 的时间焊完。当一次焊接不完时要等一段时间元器件冷却后再进行二次焊接。

③ 焊点要求圆滑光亮，大小均匀呈圆锥形。不能出现虚焊、假焊、漏焊、错焊、连焊、包焊、堆焊、拉尖现象。

④ 相同元器件焊接安装时要求高度统一，手工插焊遵循先低后高，先小后大的原则。

⑤ 焊接完必须认真检查，确保焊接正确。

⑥ 注意人身安全和设备安全。小心被电烙铁烫伤或划伤，小心电线被电烙铁烫坏造成短路，或者线路外漏造成触电。

2. 静态工作点的调试

安装完毕，经检查无误后，方可通电调试静态工作点。

（1）调节直流稳压电源使其中一回路输出为 9V，用电源导线连接到电路板上，用万用表电流挡测量电路的总电流 I_A，如果 $I_A<10mA$，则可直接给 OTL 电路加上 9V 电源，进行各级静态工作点的测试，测量值填入表 11-6-1 中；若 $I_A>20mA$，则应切断电源，检查电路故障原因，并排除。

表 11-6-1　OTL 各级静态工作点

晶体管各极电压	BG$_1$	BG$_2$	BG$_3$	BG$_4$
基极电 V_B（V）				
发射极电位 V_E（V）				
集电极电位 V_C（V）				
计算 U_{CE}（V）				

（2）调节 R$_W$ 使 BG$_1$ 静态工作点达到 $I_{C1}≈0.3～1mA$，$V_{C1}≈3～6V$。

（3）调节 R$_{11}$ 使互补推挽输出级中点 A 电位为 4.5V（1/2E_C）左右。

3. 测量 OTL 功率放大电路的指标

（1）最大不失真输出功率，是指允许失真度为 10%时的输出功率。

OTL 功率放大电路的输入信号 $U_{ip-p}=100mV$（$f=1kHz$）正弦波。用示波器观察输出波形应为良好的正弦波信号。调节电位器 R$_1$ 逐渐增大输出信号幅值，在波形刚出现失真时，测出最大输出电压 U_o。

由 $P=\dfrac{U_o^2}{R}$ 得最大不失真输出功率。

（2）电压增益。

调节电位器 R_1 使输出功率为 500mW（对应于 R_L=8Ω 时，输出电压 U_o≈2V），测量这时 BG_1 的基极输入电压 U_i，由 $A_u = \dfrac{U_o}{U_i}$ 求得电压增益，填入表 11-6-2 中。

表 11-6-2　输出放大倍数

U_o	U_i	A_u

（3）频率特性。

① 测量在 f=1kHz，P_o=500mW 时的输出电压 U_o 值。

② 在保持输入信号幅值不变的前提下（函数信号发生器输出幅值不变，R_1 位置不变）调低信号频率直到 OTL 功率放大电路输出电压幅值下降 3dB（即为 $0.707U_o$），这时的信号频率即为该放大器的下限频率。

③ 在保持输入信号幅值不变的前提下调高信号频率，直到 OTL 功率放大电路的输出幅值下降 3dB（即为 $0.707U_o$），这时的信号频率即为该放大器的上限频率。将测量数据填入表 11-6-3 中。

表 11-6-3　放大器的上、下限频率

U_o（V）	f_H（Hz）	f_L（Hz）

（4）放大器效率。

在电源端串入电流表（见图 11-6-1），调节 R_1 电位器使输出功率 P_o=500mW，读出总电流 I_A。计算直流电源输出的总功率 $P_{DC} = E_C I_A$，则该功率放大器的效率 $\eta = \dfrac{P_o}{P_{DC}} \times 100\%$。

（5）交越失真现象。

用短路线将 R_9 和 VD 二极管短接（即把 BG_3 和 BG_4 两管的基极短接），用示波器观察输出电压的交越失真现象，记录有关交越失真的波形。

4．试听放大器的音质效果

在调整测试完毕后，将大小合适的音乐信号送 OTL 功率放大电路的输入端，试听该放大器的音质好坏。

五、实验注意事项

1．电路电压+9V 应在直流稳压电源上调好，断开电源开关后再接入电路。
2．实验中要把信号发生器、示波器、电源等仪器和实验电路共地，以免引起干扰。
3．负载电阻会发热，不要用手触摸，以免被烫伤。
4．焊接电路时，应避免电烙铁烫伤自己和别人，以及烫坏台面上的仪器和设备等。
5．焊接时注意电解电容的正负极，避免接错。

六、实验报告要求

1．要求绘制电路原理图，整理实验数据，记录交越失真波形。
2．分析互补功率放大电路的工作原理。

3. 分析消除交越失真的基本 OTL 功率放大电路原理。

4. 总结互补功率放大器主要性能指标的测试方法。

5. 回答思考题。

思 考 题

1. 分析 OTL 功率放大电路中自举电路的工作原理。

2. 消除 OTL 功率放大电路交越失真的电路由哪些元器件组成？其主要的作用是什么？

3. 在 OTL 功率放大电路中，A 点的电压过低，应如何调整电路？

11-7　直流稳压电源的应用

一、实验目的

1. 理解整流、滤波和稳压电路的工作原理，学会用集成稳压芯片构成直流稳压电源的设计方法。

2. 熟悉由单相桥式整流、电容滤波和集成三端稳压器组成的线性稳压电源的特性。

3. 掌握直流稳压电源主要技术指标的测试方法。

4. 学会用仿真软件对实验电路进行仿真。

二、原理说明

电子设备通常都需要直流电源供电，除少数直接用干电池和直流发电机提供直流电能外，多数通过把交流电转变为直流电来获得。直流稳压电源由电源变压器、整流电路、滤波电路和稳压电路等组成，其原理框图如图 11-7-1 所示。图中，电网供给的交流电压 u_1 经电源变压器降压后，得到符合电路需要的交流电压 u_2，由整流电路变换成方向不变、大小随时间变化的脉动电压 u_3，再经过滤波电路滤除不需要的交流分量，以得到较平滑的直流电压 u_4。但这样的直流输出电压不够稳定，它会随着电网电压的波动或负载的变化而变化。因此，通常还需要采用稳压电路，以保证输出直流电压更加稳定。串联型集成稳压电源如图 11-7-2 所示。

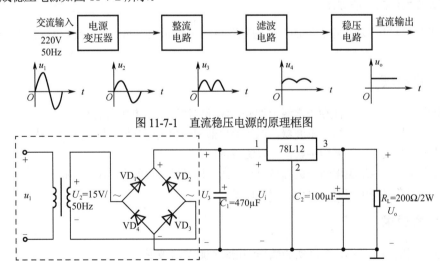

图 11-7-1　直流稳压电源的原理框图

图 11-7-2　串联型集成稳压电源

1. 电源变压器

电源变压器的作用是将电网 220V 的交流市电 u_1，经过降压后得到整流电路所需要的交流电压 u_2。在桥式整流的集成稳压电路中，U_2（有效值）一般可按稳压器输出电压+稳压器压降（3～5V）+滤波器压降（按 RC 滤波器上的电阻实际压降计算）+整流器压降（1～1.4V）之和再乘以 0.8～0.9 系数选取；其输出电流按负载电流的 1.4～2 倍选取。根据负载供电要求得出变压器二次绕组应输出的电压和电流后，即可大致按电压与电流的乘积求得二次绕组的输出功率，并将这个功率再除以 0.85～0.9 系数，以得到所选用电源变压器的功率容量。在抗干扰性要求高的场合，应选择带有静电屏蔽层的电源变压器，以保证进入变压器一次绕组的干扰信号直接入地，降低干扰。

2. 整流电路

利用二极管的单向导电性，将交流电压变换为单向脉动电压的电路，称为整流电路。单相整流电路有单相半波整流电路、单相桥式整流电路等。

单相桥式整流电路及输出整流波形如图 11-7-3 所示。这种整流电路利用变压器的二次绕组和 4 个整流二极管，使得在交流电源的正、负半周内，负载上都有方向不变的脉动电流经过，输出电压 u_o 为全波波形。如果忽略二极管的正向压降，单相桥式整流电路的输出电压平均值 $U_{o(AV)} \approx 0.9U_2$，脉动系数 S_1 约为 0.67。

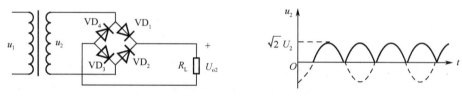

图 11-7-3　单相桥式整流电路及输出整流波形

桥式整流的 4 个二极管容量，应按照流过二极管的平均电流 I_D（$I_D = \dfrac{1}{2}I_o$，I_o 为输出电流）和承受的最大反向电压 U_{RM}（$U_{RM} \geq 1.1\sqrt{2}U_2$）选择，并适当留有裕量。

3. 滤波电路

滤波电路及波形如图 11-7-4 所示，主要是利用具有储能作用的电抗性元件，滤除整流电路输出电压中的脉动成分以获得较好的直流电压。由于电容比电感的体积小、成本低，因此在小功率直流电源中多采用电容滤波电路。

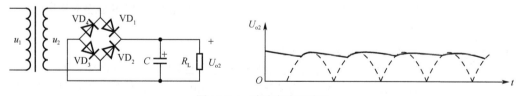

图 11-7-4　滤波电路及波形

采用电容滤波时，输出电压的脉动程度与电容的放电时间 R_LC 有关，R_LC 越大，输出电压的波纹越小。为了得到较平直的的输出电压，应满足关系式：

$$R_LC \geq (3 \sim 5)T/2$$

式中，T 为电网的电压周期，T=20ms。输出电压与输入电压之间一般可取：$U_{o(AV)} \approx 1.2U_2$。

4. 集成稳压器

集成稳压器连接在整流、滤波电路的输出端，在输入电压变化、负载电流变化、温度变化时均有恒定电压输出的作用。集成稳压器内部带有保护电路，当出现电流过载、二次击穿或热过载时，将启动保护，以保障元器件在安全界限内工作。

常用的集成稳压器有三个端子：输入端、输出端和公共（调整）端。按照输出电压分类，可分为固定式三端稳压器和可调式三端稳压器。

（1）固定式三端稳压器。

固定式三端稳压器主要有 78xx 系列（输出正电压）和 79xx 系列（输出负电压），后两位数字通常表示输出电压的大小。

图 11-7-5 所示为 78xx 系列固定式三端稳压器基本应用电路，具体型号根据输出电压大小选择。U_i 应比 U_o 高 3～5V，图 11-7-5 中，C_1（0.33μF）用于抑制芯片自激振荡和输入过电压，应尽量靠近稳压器的引脚安装，C_2（0.1μF）用于限制芯片高频带宽，减少高频噪声。

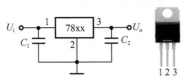

图 11-7-5　78xx 系列固定式三端稳压器基本应用电路

78xx 系列芯片引脚排列：1 为输入端；2 为公共端；3 为输出端。

如果需要负电源，可选用 79xx 系列固定式三端稳压器，其基本应用电路如图 11-7-6 所示。要求电路为负电压输入，负电压输出。需要注意的是，79xx 系列固定式三端稳压器的外壳是负输入端，而78xx 系列的外壳是公共端（GND）。

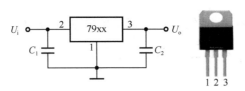

图 11-7-6　79xx 系列固定式三端稳压器基本应用电路

79xx 系列芯片引脚排列：1 为公共端；2 为输入端；3 为输出端。

78xx 和 79xx 系列固定式三端稳压器都属于功率耗散较大的集成电路，根据实际电路要求，需要安装足够散热面积的散热片才能正常工作，如果散热不良，内部的过热保护电路就会对输出进行限制，导致稳压器工作不正常。

（2）可调式三端稳压器。

可调式三端稳压器的特点是输出电压连续可调，调节的范围较宽，电压调整率和负载调整率等指标均优于固定式三端稳压器。常见的可调三端稳压器型号有 LM317、LM337 等。其中 LM317 为正电源输出，LM337 为负电源输出。其引脚排列如图 11-7-7 所示。

LM317 的典型应用电路如图 11-7-8 所示。电阻 R 的取值为 120～240Ω，R_W 为电位器，C_2 可以减少输出电压的纹波，二极管 VD 能够防止输出端接地时电容 C_2 的电压损坏稳压管。稳压管输出端与调整端之间的参考电压为 1.25V，当接上 $R=130\Omega$ 的电阻时，$I_2=I_1\approx10\text{mA}$，而 $I_0\approx0.05\text{mA}$，可以忽略不计，则输出电压为：

图 11-7-7　LM337 引脚排列

（图左侧标注）调整　输入　输出

$$U_\text{o} \approx 1.25 \times \left(1+\frac{R_\text{W}}{R}\right)\ (\text{V})$$

U_o 可以通过电位器 R_W 调节，输出 $U_\text{o}=1.25\sim37\text{V}$。

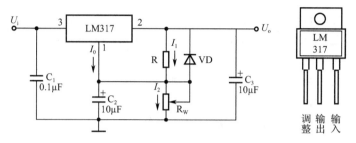

图 11-7-8　LM317 的典型应用电路

5．稳压电源的主要性能指标

稳压电源的技术指标包含特性指标和质量指标。其中质量指标用来衡量输出直流电压的稳定程度，包含稳定系数（电压调整率）、输出电阻（电流调整率）、温度系数及纹波电压等。

（1）输出电压 U_o 和输出电流 I_o。

输出电压 U_o 通常是指稳压后的额定直流输出电压值。例如，采用集成稳压器 7812，其输出电压为 12V。输出电流 I_o 通常是指稳压器的额定输出电流。例如，78L12 额定输出电流为 100mA。简便方法是在稳压器输出端接上 $R_\text{L}=120\Omega$ 的负载电阻，直接测量流过负载电阻的电流来确定。

（2）稳压系数 S。

稳压系数是指在负载电流、环境温度保持不变时，输入电压相对变化量引起输出电压相对变化量之比，即：

$$S = \frac{\Delta U_\text{o}/U_\text{o}}{\Delta U_i/U_i}$$

实际上，通常把电网电压波动 $\pm10\%$ 作为极限条件，故将此时稳压器输出电压的相对变化 $\Delta U_\text{o}/U_\text{o}$ 作为衡量指标，称之为电压调整率。

（3）输出电阻 R_o。

输出电阻 R_o 是指在输入电压 U_i 保持不变时，通过改变负载电阻，得到引起输出电压变化量与输出电流变化量 ΔI_o 的比值，即：

$$R_\text{o} = \frac{\Delta U_\text{o}}{\Delta I_\text{o}}\ \bigg|_{\Delta U_i=0}$$

（4）纹波电压。

纹波电压是指在额定负载条件下，输出电压中所含交流分量的有效值（或峰值）。要求当输入电压变化 10% 且 $I_\text{o}=100\text{mA}$ 时测得的纹波电压仍能满足要求。

三、实验设备

1．交流可调电源、变压器（220/15V，15W）

2．示波器、台式数字万用表

3．面包板及工具

4．电阻 200Ω/2W、硅堆（1N4007×4）、滤波电容器若干、集成稳压芯片 7812、LM317 等

四、实验内容

1．单相桥式整流电路的测试

（1）在面包板上按图 11-7-3 连接实验电路。负载电阻 R_L =200Ω/2W。

（2）变压器 u_1 为 220V 交流电源输入，二次绕组两端电压 u_2 取 15V 交流输出端。用示波器分别观测并记录 u_2 和负载电阻上的电压波形。

（3）万用表选择交流电压挡测量 u_2 和 $\tilde{u}_{o2}$ 的交流电压有效值，填入表 11-7-1 中。选择直流电压挡测量负载电阻上的平均直流电压 $\overline{U}_{o2}$，填入表 11-7-1 中。

（4）计算基波电压幅值 $U_d = \sqrt{2}\tilde{u}_{o2}$ 和脉动系数 $S_1 = U_d/\overline{U}_{o2}$。

表 11-7-1　整流电路的参数测试记录

测 试 内 容	测 试 参 数				
	U_2	$\tilde{U}_{o2}$	$\overline{U}_{o2}$	U_d	S_1
电压值					
波形图					

2．滤波电路的测试

（1）在图 11-7-3 所示的整流电路的基础上，将 C 为 100μF/25V 的电容并接到阻值为 R_L 的电阻上，分别测量电阻上的电压的直流成分 $\overline{U}_{o2}$ 和交流成分的有效值 $\overline{U}_{o2}$，并用示波器观察 $\tilde{u}_{o2}$ 的电压波形。

（2）保持 R_L 不变，将 C 改为 470μF/25V，重复上述测量和观察波形。

（3）改变 $R_L \to \infty$，保持 C 为 470μF/25V，重复上述测量和观察波形。

将上述（1）～（3）的测量数据填入表 11-7-2 中。

表 11-7-2　滤波电路的参数测试记录

测 试 内 容	测 试 参 数		
	$\overline{U}_{o2}$	$\tilde{U}_{o2}$	$\tilde{u}_{o2}$ 波形
R_L=200Ω，C=100μF/25V			
R_L=200Ω，C=470μF /25V			
$R_L \to \infty$，C=470μF /25V			

测试时应注意，每次改接电路时，必须切断电源。

3．稳压电路的测试

（1）按图 11-7-2 连接电路，即在上述电路的基础上接入三端稳压器 7812。

（2）万用表选择直流电压挡分别测量 R_L 为空载（$R_L \to \infty$）时的输出电压 U_o 和带载（R_L =200Ω/2W）时的输出电压 U_{oL}，然后计算出稳压器的输出电阻 $R_o = \dfrac{\Delta U_o}{\Delta I_o}$（$\Delta U_o = U_o - U_{oL}$、$\Delta I_o = \dfrac{U_{oL}}{R_L}$）。

（3）用交流毫伏表测量稳压器带载时的输出纹波电压 $\tilde{U}_o$。

（4）拆除图 11-7-2 所示电路的整流前端电路（即虚框中的电路部分），从滤波器输入端 U_3 两端用直流电压源输入，调节旋钮使稳压器的输入电压 U_i =15V，测量负载 R_L 输出电压 U_{oL}。然后改变输入

电压 U_i 变化±10%，测量相应的输出电压，并计算稳压系数 S 。

将上述（1）～（4）的测量数据填入表 11-7-3 中。

表 11-7-3　7812稳压电路的参数测试记录

测 试 条 件	测 试 参 数				
	U_o	U_{oL}	$\tilde{U}_o$	R_o	S
（1）～（3）					
U_i=15V					
U_i=13.5V					
U_i=16.5V					

4. 输出电压可调的三端稳压电路

按图 11-7-9 连接电路，即在图 11-7-2 所示电路的基础上将 78L12 芯片更换为 LM317 稳压器，构成输出电压可调的直流稳压电路。连接时要注意芯片的引脚功能，防止接错。

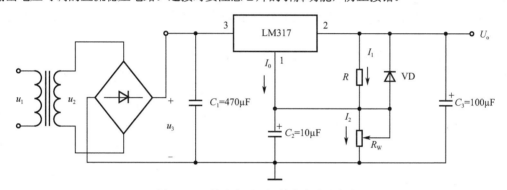

图 11-7-9　输出电压可调的直流稳压电路

其中 R=130Ω，R_W=1kΩ 的电位器。变压器输出 u_2 接 15V 交流输出。

（1）调节 R_W，测量输出电压 U_o 的可变范围。

（2）调节 R_W，使空载输出电压 U_o =9V，按稳压电路的测试方法测量此时稳压器的输出电阻、纹波电压和稳压系数，并将上述的测量数据填入表 11-7-4 中。

表 11-7-4　输出电压可调的直流稳压电路

测 试 项 目	U_o	U_{oL}	$\tilde{u}_o$	R_o	S
实验数据					

五、实验注意事项

1. 整流桥堆要分清交流输入端和直流输出端，否则会造成变压器短路。

2. 注意三端稳压器的三个引脚顺序，78xx 与 79xx 系列的引脚顺序不同，切勿弄错。

3. 滤波电容器一定要分清正负极性，正端接高电位，负端接低电位，否则通电会发生爆裂。

4. 实验箱的接地端不能和电路中的公共端连接在一起。

5. 接通电源后，要注意观察电路有无异常，是否有异味、火花等。

6. 电路工作一段时间后，三端稳压器和负载电阻都有可能发烫，不要用手触摸，以免被烫伤。

7. 实验过程中，改接电路时必须断开电源，不得带电连接电路。

六、实验报告要求

1. 按每项实验内容的要求书写实验报告。
2. 画出实验电路，按实验要求整理实验数据。
3. 画出测量波形，计算 S 和 R_o，并与手册上的典型值进行比较。
4. 根据整理的数据，计算测量结果并与理论值比较，分析误差产生的原因。
5. 回答思考题。

思 考 题

1. 在桥式整流电路实验中，能否用双踪示波器同时观察变压器输出电压 u_2 和负载电阻电压 u_o 波形？为什么？
2. 在桥式整流电路中，如果某个二极管发生开路、短路或反接三种情况，将会出现什么问题？
3. 当稳压电源输出不正常，或者输出电压 U_o 不随取样电位器而变化时，应如何进行检查找出故障所在？
4. 如何提高稳压电源的性能指标（减小 S 和 R_o）？

第 12 章　数字电子技术实验

12-1　集成门电路逻辑功能测试

一、实验目的

1. 熟悉各种门电路的逻辑功能。
2. 学会识别各种集成逻辑门的引脚序号和门电路多余输入端的处理方法。
3. 掌握数字逻辑实验电路的连接方法和检测手段。
4. 学会基本逻辑门之间的变换方法。
5. 了解总线结构的工作原理。
6. 学会用仿真软件对实验电路进行仿真。

二、原理说明

1. 基本逻辑代数常用定理

交换律：$A \cdot B = B \cdot A$　　　$A + B = B + A$

结合律：$(A \cdot B) \cdot C = A \cdot (B \cdot C)$　　　$(A + B) + C = A + (B + C)$

分配律：$A(B + C) = AB + AC$　　　$A + BC = (A + B)(A + C)$

　　　　$(A + B)(C + D) = AC + AD + BC + BD$

同一律：$A \cdot A = A$　　　$A + A = A$

反演定理：$\overline{A \ B \ C} = \overline{A} + \overline{B} + \overline{C}$　　　$\overline{A + B + C} = \overline{A} \ \overline{B} \ \overline{C}$　　（适用于多个变量）

摩根定理：$\overline{A \ B} = \overline{A} + \overline{B}$　　　$\overline{A + B} = \overline{A} \ \overline{B}$

互补律：$\overline{A} \cdot A = 0$　　$\overline{A} + A = 1$

还原律：$\overline{\overline{A}} = A$

常用的基本逻辑门电路有"与门""或门""非门""与非门""或非门""异或门""与或非门"等集成电路。但在实际逻辑设计中，为便于设计电路的统一及芯片类型的统一，常常需要将设计后的逻辑表达式变换为同一种类型。常用的三种表达式之间的转换如下。

（1）与或式转换为与非式。

方法：两次求反，一次反演（反演时将乘积项看成因子）。

例如，$F = AB + CD = \overline{\overline{AB + CD}} = \overline{\overline{AB} \ \overline{CD}}$

（2）与或式转换为与或非式。

方法：

① 将函数变换为反函数，并求反函数的最简与或式；

② 在反函数最简与或式下，求其反即得原函数的与或非式，此方法在设计电路中应用较广，容易从真值表中直接得到反函数表达式。

例如，$F = A + BC = \overline{\overline{A}\,(\overline{B} + \overline{C})} = \overline{\overline{A}\,\overline{B} + \overline{A}\,\overline{C}}$

（3）与或式转换为或非式。

方法：

① 用上述方法求出函数的与或非式；

② 在与或非式的每一乘积项取两次反，并取其中一次反演。

例如，$F = A + BC = \overline{\overline{A}\,(\overline{B} + \overline{C})} = \overline{\overline{A}\,\overline{B} + \overline{A}\,\overline{C}} = \overline{\overline{\overline{A}\,\overline{B}} + \overline{\overline{A}\,\overline{C}}} = \overline{\overline{A + B} + \overline{A + C}}$

2. 基本逻辑门电路

实验中常见的几种逻辑门芯片的引脚图和逻辑符号如图 12-1-1 至图 12-1-7 所示。

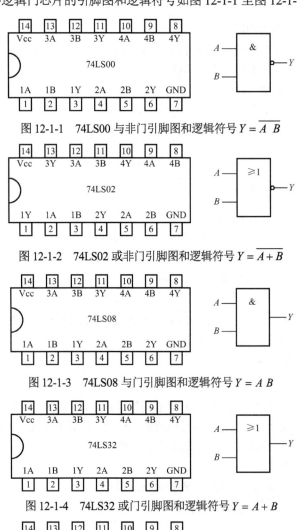

图 12-1-1　74LS00 与非门引脚图和逻辑符号 $Y = \overline{A\,B}$

图 12-1-2　74LS02 或非门引脚图和逻辑符号 $Y = \overline{A + B}$

图 12-1-3　74LS08 与门引脚图和逻辑符号 $Y = A\,B$

图 12-1-4　74LS32 或门引脚图和逻辑符号 $Y = A + B$

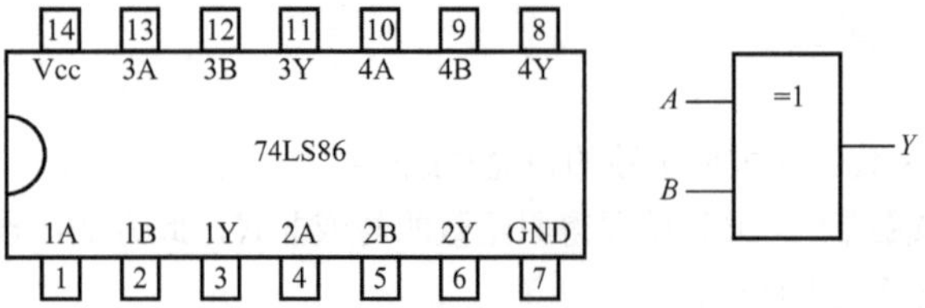

图 12-1-5　74LS86 异或门引脚图和逻辑符号 $Y = A \oplus B$

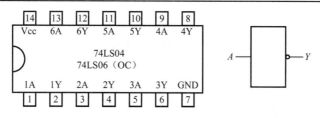

图 12-1-6　74LS04(06)引脚图和逻辑符号 $Y = \overline{A}$

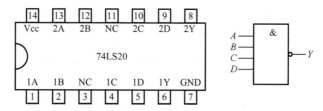

图 12-1-7　74LS20 引脚图和逻辑符号 $Y = \overline{ABCD}$

3. 集电极开路门（OC 门）

（1）集电极开路门简介。

集电极开路门简称 OC 门，是为了解决普通 TTL 门存在输出端不能并接、输出电平固定，以及不能驱动大电流、大电压负载而产生的一类特殊门电路。

74LS01 是具有集电极开路的双输入端与非门，图 12-1-8 所示是其内部电路及引脚图、逻辑符号。

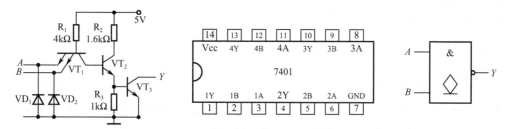

图 12-1-8　74LS01 内部电路及引脚图、逻辑符号

（2）集电极开路门外接电阻选择。

由于 OC 门输出端集电极开路，在使用 OC 门时应外接上拉电阻 R，以确保输出高电平。上拉电阻的选择，必须满足负载电路所需的高、低电平要求及 OC 门的参数限制。

外接上拉电阻计算原则如下。

最大值的计算原则：要保证上拉电阻明显小于负载的阻抗，以使高电平时输出有效。

最小值的计算原则：保证不超过管子的额定电流。

（3）集电极开路门的应用。

① 实现电平转换：通过选择外加电源和上拉电阻，满足负载需求。

② 用电路的"线与特性"，能方便地实现某些特定的逻辑功能。

4. 三态门

（1）三态门简介。

三态门简称 TS 门，是在普通门电路的基础上，附加使能控制端（$\overline{EN}$）和控制电路，除通常输出的高、低电平外，还具有第三种输出状态——高阻态。实现多路信号公用一个传输通道（总线）传输，节省硬件资源。

74LS125 内部原理图及引脚图、逻辑符号如图 12-1-9 所示。

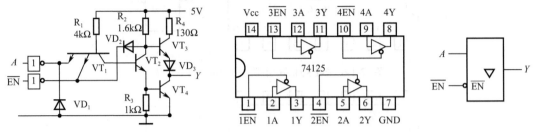

图 12-1-9 74LS125 内部原理图及引脚图、逻辑符号

（2）三态缓冲器的应用。

三态缓冲器的主要用途是实现总线传输。总线传输的方式如下。

① 单向总线传输：利用相互排斥信号控制三态门的使能端，实现信号分时向总线传送。

② 双向总线传输：利用相互排斥有效的使能端接收控制信号，实现电路和总线双向信号传送。

三、实验设备

1. 直流稳压电源
2. 台式数字万用表
3. 面包板及工具
4. 集成芯片、电阻、电容若干

四、实验内容

1. 集成逻辑门功能测试

将被测门电路插在面包板上，缺口标记朝左，然后将电源线、地线、输入线、输出线按规定接到指定的引脚，经检查无误后接通电源进行测试，输入端的低电平"0"和高电平"1"用电平开关提供，输出端用指示灯（LED）显示。指示灯亮表示高电平"1"，指示灯灭表示低电平"0"。

（1）按图 12-1-10 选择对应的门电路，在面包板上连接好有关引线，输入端接入不同的电平值，测出输出端的电平，填入表 12-1-1 中，列成真值表，由真值表判断被测门的逻辑功能，并写出逻辑功能表达式。

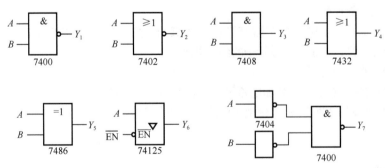

图 12-1-10 各种逻辑门电路功能测试

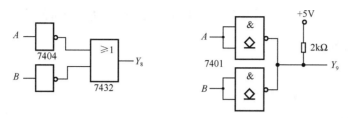

图 12-1-10　各种逻辑门电路功能测试（续）

表 12-1-1　逻辑门功能测试真值表

A	B	Y_1	Y_2	Y_3	Y_4	Y_5	Y_6	Y_7	Y_8	Y_9
0	0									
0	1									
1	0									
1	1									

（2）表达式。

根据真值表写出 Y_5、Y_8 的逻辑表达式，并将 Y_5 分别变换为与非、或非表达式，通过实验填写真值表，检查所变换的表达式逻辑功能是否一致。

2．数据传输实验

按图 12-1-11 连接电路，1A、2A、3A 端分别接入"101"，$\overline{1EN}$、$\overline{2EN}$、$\overline{3EN}$ 分别接入有效电平（不能同时为 0），输出接指示灯，观察总线输出电平，填入表 12-1-2 中。

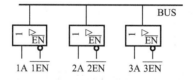

图 12-1-11　单向总线传输测试

表 12-1-2　单向总线传输测试

$\overline{1EN}$	$\overline{2EN}$	$\overline{3EN}$	1A	2A	3A	BUS
0	1	1	1	0	1	
1	0	1	1	0	1	
1	1	0	1	0	1	

3．利用与非门设计实现异或门

利用与非门 74LS00 设计一电路，以实现异或门的功能。要求写出设计过程，画出逻辑电路图，并连接电路验证其逻辑功能是否符合要求。

五、实验注意事项

1．连接电路时，应注意逻辑电路的电源和接地不能接反、电解电容的极性不能接反。

2．测量电位器的阻值时应断开连接的电路。

3. 电路连接应注意正确的操作步骤：按照先接线后通电，先断电再拆线的步骤。

六、实验报告要求

1. 画出测试实验电路。
2. 记录实验数据并分析实验结果。
3. 回答思考题。

思 考 题

1. TTL 门电路中多余输入端该如何处理？如果不进行处理（悬空）将会产生什么后果？
2. 在三态门构成的总线传输电路中，为什么各个 $\overline{EN}$ 不能同时为"0"？

12-2　组合逻辑电路的分析与设计

一、实验目的

1. 掌握用中规模集成电路设计组合逻辑电路的方法。
2. 掌握加法器的基本设计方法并通过实验证明设计的正确性。
3. 掌握编码器的工作原理和特点，编码器的逻辑功能及其典型应用。
4. 掌握译码器的工作原理和特点，熟悉常用译码器的逻辑功能及其典型应用。
5. 学会用仿真软件对实验电路进行仿真。

二、原理说明

1. 组合逻辑电路的分析

通过对给定逻辑电路的分析，找出电路所完成的具体逻辑功能。

通常采用的方法是从电路的输入到输出进行分析，根据逻辑电路的功能逐级写出逻辑函数的表达式，进而得到输出与输入之间的逻辑函数关系式，再进行化简或变换，使其逻辑关系简单直观。

2. 组合逻辑电路的设计

组合逻辑电路的设计工作通常可按以下步骤进行。

（1）逻辑抽象：分析事件的因果关系，确定输入变量和输出变量。一般把引起事件的原因定为输入变量，而把事件的结果作为输出变量。

（2）定义逻辑状态的含义：以二值逻辑的 0、1 两种状态分别代表输入变量和输出变量的两种不同状态，也称为逻辑状态赋值。

（3）根据给定的因果关系列出逻辑真值表。

（4）写出逻辑函数表达式，利用化简方法进行化简。

（5）根据对电路的具体要求，选用具体的元器件类型，并根据选定元器件将逻辑函数进行化简或变换成适当形式。

（6）根据化简或变换后的逻辑函数式，画出逻辑电路的连接图。

（7）利用计算机软件进行实验仿真，验证结果是否正确。

3. 加法器

二进制加法器是数字电路的基本部件之一。二进制加法运算同逻辑加法运算的含义不同。前者是数的运算，而后者表示逻辑关系。二进制加法是"逢二进一"，即 1+1=10，而逻辑加则为 1+1=1。常用作计算机算术逻辑部件，执行逻辑操作、移位与指令调用。以单位元的加法器来说，有两种基本的类型：半加器和全加器。加数和被加数为输入，和数与进位为输出的装置为半加器。若加数、被加数与低位的进位数为输入，而和数与进位为输出则为全加器。

（1）全加器。

将两个多位二进制数相加时，除最低位外，每一位都应该考虑来自低位的进位，即将 2 个对应位的加数和来自低位的进位 3 个数进行相加。求得和（S）及进位（C_o）的逻辑电路称为全加器。

例如，设计一位二进制全加器。

① 逻辑抽象：假定全加器为带进位信号的一位二进制数加法，故有 3 个输入变量分别设为：A（加数）、B（加数）、C_i（低位进位）；2 个输出函数分别为：S（和）、C_o（进位）。

② 定义逻辑状态的含义：设定输入"1"、输出"1"有效。

③ 列出真值表，如表 12-2-1 所示。

表 12-2-1　全加器真值表

输入	A	0	0	0	0	1	1	1	1
	B	0	0	1	1	0	0	1	1
	C_i	0	1	0	1	0	1	0	1
输出	S	0	1	1	0	1	0	0	1
	C_o	0	0	0	1	0	1	1	1

由真值表可得到 S 和 C_o 的逻辑表达式：

$$S = \overline{A}\cdot\overline{B}\cdot C_i + \overline{A}\cdot B\cdot \overline{C_i} + A\cdot \overline{B}\cdot \overline{C_i} + A\cdot B\cdot C_i$$

$$C_o = \overline{A}\cdot B\cdot C_i + A\cdot \overline{B}\cdot C_i + A\cdot B\cdot \overline{C_i} + A\cdot B\cdot C_i$$

根据上面的逻辑表达式，经过化简后可变为多种形式的逻辑电路，但它们的逻辑功能都符合表 12-2-1 的全加器真值表，图 12-2-1 所示为全加器符号。

（2）多位二进制加法器。

两个多位数相加时每一位都是带进位相加的，因此必须使用全加器。只要依次将低位全加器的进位输出端 C_o 接到高位全加器的进位输入端 C_i，就可以构成多位加法器，图 12-2-2 所示为 4 位二进制串行进位加法器。

图 12-2-1　全加器符号

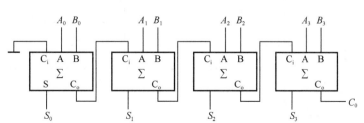

图 12-2-2　4 位二进制串行进位加法器

4．编码器

将文字、数字、符号、状态、指令等编制为对应的二进制代码称为编码，用来实现编码功能的数字电路称为编码器。编码器的逻辑功能就是将输入的每一个高低电平编成一个对应的二进制代码。对于 2^n 个状态，可用 n 位二进制码来表示，故编码器常称为 $2^n \sim n$ 线编码器。编码器电路是数字电路常用的逻辑器件。

在普通编码器中，任何时刻只允许输入一个编码信号，否则输出将发生混乱。而在优先编码器电路中，允许同时输入两个及以上的编码信号，不过在设计优先编码器电路时，已将所有的输入信号按优先顺序排队，当几个输入信号同时出现时，只对优先级最高的一个进行编码。

$8 \sim 3$ 线相互排斥（8-3）编码器逻辑电路如图 12-2-3 所示，其真值表如表 12-2-2 所示。其输入"1"有效，输出"1"有效。如果任何时刻 $I_0 \sim I_7$ 当中仅有一个取值为 1，即输入变量取值的组合仅有表 12-2-2 所列的 8 种状态，其他组合无效，故由真值表可写出逻辑表达式：

$$Y_2 = I_4 + I_5 + I_6 + I_7 = \overline{\overline{I_4} \cdot \overline{I_5} \cdot \overline{I_6} \cdot \overline{I_7}}$$

$$Y_1 = I_2 + I_3 + I_6 + I_7 = \overline{\overline{I_2} \cdot \overline{I_3} \cdot \overline{I_6} \cdot \overline{I_7}}$$

$$Y_0 = I_1 + I_3 + I_5 + I_7 = \overline{\overline{I_1} \cdot \overline{I_3} \cdot \overline{I_5} \cdot \overline{I_7}}$$

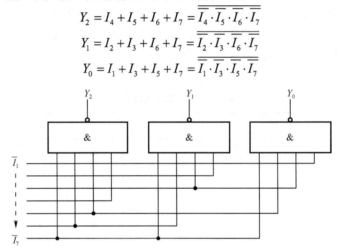

图 12-2-3　8-3 编码器逻辑电路

表 12-2-2　3 位二进制编码器真值表

十进制数	输　入								输　出		
	I_7	I_6	I_5	I_4	I_3	I_2	I_1	I_0	Y_2	Y_1	Y_0
0	0	0	0	0	0	0	0	1	0	0	0
1	0	0	0	0	0	0	1	0	0	0	1
2	0	0	0	0	0	1	0	0	0	1	0
3	0	0	0	0	1	0	0	0	0	1	1
4	0	0	0	1	0	0	0	0	1	0	0
5	0	0	1	0	0	0	0	0	1	0	1
6	0	1	0	0	0	0	0	0	1	1	0
7	1	0	0	0	0	0	0	0	1	1	1
其他									x	x	x

5．译码器

译码是编码的可逆过程，译码器的逻辑功能是将每个输入的二进制代码译成对应的输出高低电平信号或另一个代码，而实现译码工作的电路称为译码器。对于 n 位二进制代码，可译出 2^n 个状态，故译码器通常称为 $n\sim 2^n$ 线译码器。

常用标准 MSI 器件设计的译码器：二进制译码器，如 3～8 线译码器、4～16 线译码器等；二-十进制译码器，如 4～10 线译码器或称为 BCD 译码器，如 74LS145 等；七段字形译码器用来驱动各种数字显示器，如共阴数码管译码驱动 74LS248 等。

（1）74LS138（3～8 线译码器）：其惯用符号及引脚图如图 12-2-4 所示，表 12-2-3 所示为其功能表。最小项译码器的逻辑表达式：

$$\overline{Y_0} = \overline{\overline{A_2}\cdot\overline{A_1}\cdot\overline{A_0}} = \overline{m_0} \qquad \overline{Y_1} = \overline{\overline{A_2}\cdot\overline{A_1}\cdot A_0} = \overline{m_1} \qquad \overline{Y_2} = \overline{\overline{A_2}\cdot A_1\cdot\overline{A_0}} = \overline{m_2}$$

$$\overline{Y_3} = \overline{\overline{A_2}\cdot A_1\cdot A_0} = \overline{m_3} \qquad \overline{Y_4} = \overline{A_2\cdot\overline{A_1}\cdot\overline{A_0}} = \overline{m_4} \qquad \overline{Y_5} = \overline{A_2\cdot\overline{A_1}\cdot A_0} = \overline{m_5}$$

$$\overline{Y_6} = \overline{A_2\cdot A_1\cdot\overline{A_0}} = \overline{m_6} \qquad \overline{Y_7} = \overline{A_2\cdot A_1\cdot A_0} = \overline{m_7}$$

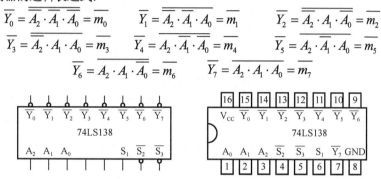

图 12-2-4　　74LS138 惯用符号及引脚图

表 12-2-3　74LS138 功能表

输　入					输　出							
S_1	$\overline{S_2}+\overline{S_3}$	A_2	A_1	A_0	$\overline{Y_7}$	$\overline{Y_6}$	$\overline{Y_5}$	$\overline{Y_4}$	$\overline{Y_3}$	$\overline{Y_2}$	$\overline{Y_1}$	$\overline{Y_0}$
0	×	×	×	×	1	1	1	1	1	1	1	1
×	1	×	×	×	1	1	1	1	1	1	1	1
1	0	0	0	0	1	1	1	1	1	1	1	0
1	0	0	0	1	1	1	1	1	1	1	0	1
1	0	0	1	0	1	1	1	1	1	0	1	1
1	0	0	1	1	1	1	1	1	0	1	1	1
1	0	1	0	0	1	1	1	0	1	1	1	1
1	0	1	0	1	1	1	0	1	1	1	1	1
1	0	1	1	0	1	0	1	1	1	1	1	1
1	0	1	1	1	0	1	1	1	1	1	1	1

（2）显示译码器。

BCD-七段显示器译码器：将 BCD 代码译成数码管所需要的驱动信号，以便使数码管用十进制数字显示出 BCD 代码所表示数值的 TTL 或 CMOS 集成的驱动电路。

以 A_3、A_2、A_1、A_0 表示显示译码器输入的 BCD 代码，以 $a\sim g$ 表示输出的 7 位数码管状态，并规定用"1"表示数码管中线段的点亮状态，用"0"表示线段的熄灭状态。

4 线—七段译码/驱动器是把给定的代码进行翻译，直观地用七段显示数字。显示与译码是配套使用的。在数字测量仪表和各种数字系统中，将数字量直观地显示出来。数字显示电路通常由译码器、驱动器和显示器等部分组成。

74LS248 是 BCD 码输入，有上拉电阻能够配合七段发光二极管工作的 4 线—七段译码/驱动器，其符号及引脚图如图 12-2-5 所示，功能表如表 12-2-4 所示。A_3、A_2、A_1、A_0 是 BCD 码的输入，a、b、c、d、e、f、g 是译码输出，用"1"表示数码管中的笔段为点亮状态。用"0"表示数码管中的笔段为熄灭状态。

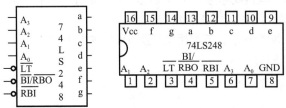

图 12-2-5　74LS248 共阴极七段数码译码器符号及引脚图

表 12-2-4　74LS248 功能表

数字	输　入 $\overline{LT}$	$\overline{RBI}$	A_3	A_2	A_1	A_0	BI/RBO	输　出 Y_g	Y_f	Y_e	Y_d	Y_c	Y_b	Y_a	
灭灯	×	×	×	×	×	×	0	0	0	0	0	0	0	0	
试灯	0	×	×	×	×	×	1	1	1	1	1	1	1	1	
灭零	1	0	×	×	×	×	0	0	0	0	0	0	0	0	
0	1	1	0	0	0	0	1	0	1	1	1	1	1	1	
1	1	×	0	0	0	1	1	0	0	0	0	1	1	0	
2	1	×	0	0	1	0	1	1	0	1	1	0	1	1	
3	1	×	0	0	1	1	1	1	0	0	1	1	1	1	
4	1	×	0	1	0	0	1	1	1	0	0	1	1	0	
5	1	×	0	1	0	1	1	1	1	0	1	1	0	1	
6	1	×	0	1	1	0	1	1	1	1	1	1	0	0	
7	1	×	0	1	1	1	1	0	0	0	0	1	1	1	
8	1	×	1	0	0	0	1	1	1	1	1	1	1	1	
9	1	×	1	0	0	1	1	1	1	0	1	1	1	1	
10	1	×	1	0	1	0	1	1	0	1	0	0	0	0	
11	1	×	1	0	1	1	1	1	0	0	1	0	0	0	
12	1	×	1	1	0	0	1	1	1	0	0	0	1	0	
13	1	×	1	1	0	1	1	1	1	0	1	0	0	1	
14	1	×	1	1	1	0	1	1	1	1	0	0	0	0	
15	1	×	1	1	1	1	1	0	0	0	0	0	0	0	

设计举例一：试用 74LS138 和 74LS20 与非门实现全加器的电路逻辑功能。

① 根据全加器的逻辑表达式，则可化简为：

$$S = \overline{A} \times \overline{B} \times C_i + \overline{A} \times B \times \overline{C_i} + A \times \overline{B} \times \overline{C_i} + A \times B \times C_i = \overline{\overline{m_1}\ \overline{m_2}\ \overline{m_4}\ \overline{m_7}}$$

$$C_o = \overline{A} \cdot B \cdot C_i + A \cdot \overline{B} \cdot C_i + A \cdot B \cdot \overline{C_i} + A \cdot B \cdot C_i = \overline{\overline{m_3}\ \overline{m_5}\ \overline{m_6}\ \overline{m_7}}$$

② 74LS138 的输出表达式：$\overline{Y_i} = \overline{m_i}$，令 $A = A_2$、$B = A_1$、$C_i = A_0$，则

$$S = \overline{\overline{m_1}\ \overline{m_2}\ \overline{m_4}\ \overline{m_7}} = \overline{\overline{Y_1}\ \overline{Y_2}\ \overline{Y_4}\ \overline{Y_7}}$$

$$C_o = \overline{\overline{m_3}\ \overline{m_5}\ \overline{m_6}\ \overline{m_7}} = \overline{\overline{Y_3}\ \overline{Y_5}\ \overline{Y_6}\ \overline{Y_7}}$$

所以只需用四输入端与非门将 $\overline{Y_1}$、$\overline{Y_2}$、$\overline{Y_4}$、$\overline{Y_7}$ 作为输入，输出结果实现全加器的"和"，将 $\overline{Y_3}$、$\overline{Y_5}$、$\overline{Y_6}$、$\overline{Y_7}$ 作为与非门输入，输出结果实现全加器的"进位"。

③ 画出逻辑电路的连接，74LS138 构成全加器如图 12-2-6 所示。

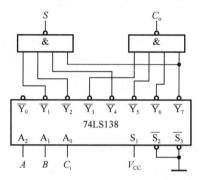

图 12-2-6　74LS138 构成全加器

设计举例二：设计一个监视交通信号灯工作状态的逻辑电路。正常情况下，红灯、黄灯、绿灯只有一个亮，否则视为故障状态，发出报警信号，提醒有关人员修理。

按照组合逻辑电路的设计流程和方法。

① 首先进行逻辑抽象：红（R）、黄（Y）、绿（G）为输入变量，故障信号（Z）为输出变量。

② 定义逻辑状态的含义：输入变量（R、Y、G）为"1"表示灯亮，"0"表示灯灭，输出变量（Z）为"1"表示故障，"0"表示正常。

③ 列出真值表，如表 12-2-5 所示。

表 12-2-5　交通灯状态真值表

输入	R	0	0	0	0	1	1	1	1
	Y	0	0	1	1	0	0	1	1
	G	0	1	0	1	0	1	0	1
输出	Z	1	0	0	1	0	1	1	1
	$\overline{Z}$	0	1	1	0	1	0	0	0

④ 根据真值表写出表达式，用卡诺图法对逻辑表达式进行化简，得到化简表达式：

$$Z = \overline{R}\ \overline{Y}\ \overline{G} + \overline{R} YG + R\overline{Y}G + RY\overline{G} + RYG = \overline{R}\ \overline{Y}\ \overline{G} + R Y + RG + YG$$

● 如果要求全部采用与非门组成电路，就必须将输出函数式化简与非表达式，则

$$Z = \overline{\overline{R\ \overline{Y}\ \overline{G}}\ \overline{R Y}\ \overline{RG}\ \overline{YG}}，得到如图 12-2-7 所示的电路。$$

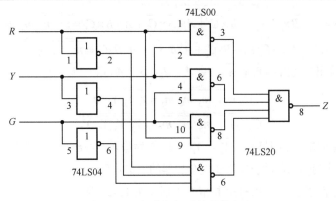

图 12-2-7　与非门组成的逻辑电路

- 如果要求采用 74LS138 和与非门来实现电路的逻辑功能，则由真值表得：

$$\overline{Z} = \overline{R}\ \overline{Y}\ G + \overline{R}\ Y\ \overline{G} + R\ \overline{Y}\ \overline{G} = m_1 + m_2 + m_4 = \overline{\overline{m_1}\ \overline{m_2}\ \overline{m_4}}$$

$$Z = \overline{\overline{m_1}\ \overline{m_2}\ \overline{m_4}} = \overline{\overline{Y_1}\ \overline{Y_2}\ \overline{Y_4}}$$

令 $A_2 = R$、$A_1 = Y$、$A_0 = G$，得到图 12-2-8 所示的电路。

- 如果要求采用 4 选 1 数据选择器来实现上述电路，则把函数表达式变换为：

$$Z = \overline{R}\ \overline{Y}\ G + \overline{R}\ YG + R\overline{Y}G + RY\overline{G} + RYG = \overline{R}\ \overline{Y}\ \overline{G} + R\overline{Y}G + RY\overline{G} + 1 \cdot YG$$

而 4 选 1 数据选择器（74HC153）输出的逻辑表达式为：

$$Y = D_0(\overline{A_1}\ \overline{A_0}) + D_1(\overline{A_1}\ A_0) + D_2(A_1\overline{A_0}) + D_3(A_1 A_0)$$

将上面两式对比可知，只需要令数据选择器的输入 $A_1 = Y$、$A_0 = G$、$D_0 = \overline{R}$、$D_1 = D_2 = R$、$D_3 = 1$ 即可满足要求。

如图 12-2-9 所示，数据选择器的输出就是所要求的逻辑函数 Z。

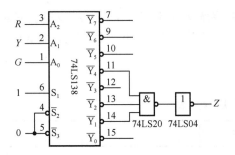

图 12-2-8　74LS138 和与非门组成的逻辑电路

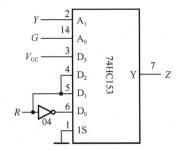

图 12-2-9　74HC153 组成的逻辑电路

三、实验设备

1. 直流稳压电源
2. 台式数字万用表
3. 面包板及工具
4. 74LS138 等集成芯片

四、实验内容

1. 按图 12-2-3 连接电路，根据表 12-2-2 检验编码器的功能。

2. 按图 12-2-8 连接电路，验证交通信号灯工作状态的逻辑电路是否符合要求。

3. 设计全减器，画出逻辑电路图，并连接电路验证有关逻辑电路功能（用 74LS138 和与非门实现）。全减器为带借位信号的 1 位二进制数减法，3 个输入变量分别设为：A（被减数）、B（减数）、B_i（低位借位）；两个输出函数分别为：T（差）、B_o（借位）；设定输入 "1"、输出 "1" 有效。

4. 设计实现 $F = A \cdot B \cdot C + \overline{B} \cdot (A + \overline{C})$ 功能的电路（用 74LS138 译码器和与非门实现），画出逻辑电路图，并连接电路验证功能是否正确。

5. 设计用两片 74LS138 接成的 4～16 线译码器电路，画出逻辑电路图，并连接电路验证其功能是否正确。

五、实验注意事项

1. 连接电路时，应注意逻辑电路的电源（+5V）和接地不能接反，不能接到+12V 电源。

2. 逻辑电路的输出端不允许直接接电源或接地。

3. 连接电路时，应遵循正确的布线原则和操作步骤，不得带电连接电路。

六、实验报告要求

1. 按照实验要求写出设计的逻辑电路全过程，画出逻辑电路图，设计表格填写有关实验数据，分析并验证所设计的电路是否符合设计要求。

2. 写出全减器真值表。

3. 写出交通灯工作状态的验证过程。

4. 回答思考题。

思　考　题

1. 组合逻辑电路的设计主要遵循哪些原则？

2. 编码器有几种类型？各有什么特点？

3. 如果对 160 个符号进行二进制编码，则至少需要几位二进制数？

4. 译码器电路主要应用在哪些领域？举例说明（两个以上）。

12-3　触发器及其转换

一、实验目的

1. 掌握并验证基本 RS 触发器的结构和功能。

2. 掌握维阻 D 触发器和主从 JK 触发器的逻辑功能。

3. 掌握触发器之间的转换。

4. 学会用仿真软件对实验电路进行仿真。

二、原理说明

触发器是具有记忆功能的基本逻辑单元，具备两个基本特点。

（1）具有两个能自行保持的稳定状态，用来表示逻辑状态的 0 和 1。

（2）在触发信号的操作下，根据不同的输入信号可以设置成 1 或 0 状态。

由于采用的电路结构形式不同，触发信号的触发方式分为电平触发、脉冲触发、边沿触发三种；根据触发器逻辑功能的不同分为 RS 触发器、JK 触发器、T 触发器、D 触发器等。

1. 基本 RS 触发器

用与非门构成的基本 RS 触发器是最简单的触发器，它由两个与非门交叉耦合而成，电路如图 12-3-1 所示，特性表如表 12-3-1 所示。应当遵守 $\overline{R_d} + \overline{S_d} = 1$ 的约束条件，即不能同时输入 $\overline{R_d} = \overline{S_d} = 0$ 的信号。

RS 触发器状态方程：$Q^{n+1} = \overline{\overline{S_d}} + \overline{R_d}\, Q^n$。

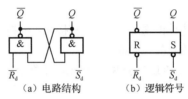

图 12-3-1　两个与非门组成的基本 RS 触发器

表 12-3-1　RS 触发器特性表

$\overline{R_d}$	$\overline{S_d}$	Q^{n+1}
1	1	Q^n
1	0	1
0	1	0
0	0	未定义

2. 维阻 D 触发器

维阻 D 触发器引脚图及其逻辑符号如图 12-3-2 所示，其逻辑功能表如表 12-3-2 所示。

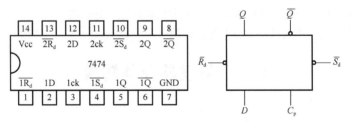

图 12-3-2　维阻 D 触发器引脚图及其逻辑符号

表 12-3-2　D 触发器逻辑功能表

$\overline{R_d}$	$\overline{S_d}$	D	C_p	Q^{n+1}
0	1	×	×	0
1	0	×	×	1
1	1	0	⤒	0
1	1	1	⤒	1

D 触发器状态方程：$Q^{n+1} = D$。

D 触发器的主要特性如下。

（1）低电平异步预置。

D 和 C_p 状态任意，$\overline{R_d}=0$，$\overline{S_d}=1$，$Q=0$；$\overline{R_d}=1$，$\overline{S_d}=0$，$Q=1$。

（2）上升沿边沿触发特性。

当 C_p 上升沿来时，输出 Q 按输入 D 的状态而变化，即 $Q^{n+1}=D$。

3. 主从 JK 触发器

主从 JK 触发器引脚图及其逻辑符号如图 12-3-3 所示，其逻辑功能表如表 12-3-3 所示。

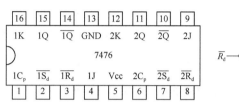
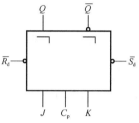

图 12-3-3　主从 JK 触发器引脚图及其逻辑符号

表 12-3-3　JK 触发器逻辑功能表

$\overline{R_d}$	$\overline{S_d}$	J	K	C_p	Q^{n+1}
0	1	×	×	×	0
1	0	×	×	×	1
1	1	0	0	⌐↓	Q^n
1	1	0	1	⌐↓	0
1	1	1	0	⌐↓	1
1	1	1	1	⌐↓	$\overline{Q^n}$

其状态方程为：$Q^{n+1}=J\overline{Q^n}+\overline{K}Q^n$。

主从 JK 触发器主要特性如下。

（1）低电平异步预置。

J、K 和 C_p 状态任意，$\overline{R_d}=0$，$\overline{S_d}=1$，$Q=0$；$\overline{R_d}=1$，$\overline{S_d}=0$，$Q=1$。

（2）下降沿电平触发特性。

当 C_p 下降沿到来时，输出 Q 随 $C_p=1$ 期间的 J、K 状态变化而变化（$C_p=1$ 期间，J、K 变化时，主触发器有一次翻转问题），即 $Q^{n+1}=J\overline{Q^n}+\overline{K}Q^n$。

4．T 触发器与 T' 触发器

（1）T 触发器：在数字电路中，在时钟脉冲 C_p 的作用下，根据输入信号 T 取值的不同，具有保持和翻转功能的电路，即当 $T=0$ 时能保持电路状态不变，$T=1$ 时状态发生翻转的电路，称为 T 触发器。其逻辑符号如图 12-3-4 所示。

其状态方程为：$Q^{n+1}=T\overline{Q^n}+\overline{T}Q^n=T\oplus Q^n$。

（2）T′触发器。

在数字电路中，在时钟脉冲 C_p 的作用下，每来一个时钟，其状态均发生翻转的电路，称为T′触发器。其逻辑符号如图 12-3-5 所示。

其状态方程为：$Q^{n+1} = \overline{Q^n}$。

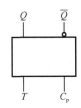

图 12-3-4　T 触发器逻辑符号

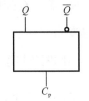

图 12-3-5　T′触发器逻辑符号

5．触发器间的转换

（1）转换：根据已有触发器（D、JK）和适当的逻辑门可得待求触发器。

（2）步骤：

① 写出已有触发器和待求触发器状态方程；

② 变换待求触发器状态方程，使之形式与已有触发器形式一样；

③ 比较已有和待求解的特征状态方程，根据两个方程相等原则，求出转换逻辑；

④ 根据逻辑图画出转换电路。

三、实验设备

1．示波器、函数信号发生器

2．直流稳压电源、台式数字万用表

3．面包板及工具

4．74LS74 等集成芯片，电阻、电容若干。

四、实验内容

1．基本 RS 触发器

按图 12-3-1 连接电路，按照表 12-3-1 验证基本 RS 触发器功能。

2．维阻 D 触发器

（1）按图 12-3-6 连接电路，输出 Q 和 $\overline{Q}$ 连接指示灯，用电平开关 K_1 作为 D 输入，开关 K_2 接 $\overline{R}_d$，开关 K_3 接 $\overline{S}_d$，用单脉冲信号按钮作为 C_p 输入（每按一次输出一脉冲）。

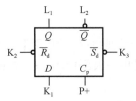

图 12-3-6　D 触发器测试图

（2）验证 $\overline{R_d}$ 和 $\overline{S_d}$ 的低电平异步预置功能。

当 $\overline{R_d}$ =0，$\overline{S_d}$ =1 时，L_1 灯灭，L_2 灯亮；

当 $\overline{R_d}$ =1，$\overline{S_d}$ =0 时，L_1 灯亮，L_2 灯灭（D 和 C_p 任意状态）。

（3）验证上升沿触发特性和逻辑功能表。

当 $\overline{R_d}=\overline{S_d}$ =1 时，按单脉冲信号按钮，验证 D 触发器逻辑功能。

3．主从 JK 触发器

（1）按图 12-3-7 连接电路，输出 Q 和 $\overline{Q}$ 连接指示灯，用电平开关 K_1 连接 J，用 K_2 连接 K，K_3 连接 $\overline{R_d}$，用 K_4 连接 $\overline{S_d}$，用单脉冲信号按钮作为 C_p 输入。

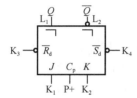

图 12-3-7　JK 触发器测试图

（2）验证 $\overline{R_d}$ 和 $\overline{S_d}$ 的低电平异步预置功能。

当 $\overline{R_d}$ =0，$\overline{S_d}$ =1 时，L_1 灯灭，L_2 灯亮；

当 $\overline{R_d}$ =1，$\overline{S_d}$ =0 时，L_1 灯亮，L_2 灯灭（J、K 和 C_p 任意状态）。

（3）验证下降沿触发特性和逻辑功能表。

当 $\overline{R_d}$ =1，$\overline{S_d}$ =1 时，令 JK 分别为 00、01、10、11，按动单脉冲信号按钮，验证 JK 触发器逻辑功能。

4．触发器之间的转化

（1）D 触发器转化为 T′ 触发器（$Q^{n+1}=\overline{Q^n}=D$）。

只需将图 12-3-6 中 D 和 $\overline{Q}$ 连接，则 D 触发器转化为 T′ 触发器。

① 按动单脉冲信号按钮，则每输入一个 C_p 上升沿，T′ 触发器就翻转一次。

② 用信号发生器 TTL 信号作为 C_p，用双踪示波器观察 T′ 触发器的波形 C_p 和 Q。

（2）D 触发器转换为 JK 触发器（$D=\overline{\overline{JQ^n}\ \overline{\overline{K}Q^n}}$）。

令 $D=\overline{\overline{JQ^n}\ \overline{\overline{K}Q^n}}$，按图 12-3-8 连接电路，则 D 触发器转化为 JK 触发器。验证其逻辑电路功能，与 JK 触发器功能进行比较，有何区别？

（3）JK 触发器转化为 T 触发器（$Q^{n+1}=T\overline{Q^n}+\overline{T}Q^n$）。

令 $J=K=T$，即将图 12-3-7 中 K 改为 $J=K=T$ 接到 K_1，则 JK 触发器转化为 T 触发器。

验证其逻辑电路功能。

① 当 $K=J=0$ 时，按单脉冲信号按钮，则输出状态不变。

② 当 $K=J=1$ 时，每按一次该按钮，则输出状态就翻转一次。

（4）JK 触发器转化为 D 触发器（$Q^{n+1}=D=D(\overline{Q^n}+Q^n)=D\overline{Q^n}+DQ^n$）。

令 $J=D$，$K=\overline{D}$，按图 12-3-9 连接电路，则 JK 触发器转化为 D 触发器，验证其功能。与 D 触发器功能进行比较，有何区别？

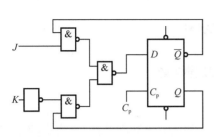

图 12-3-8　D 触发器转换为 JK 触发器

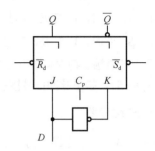

图 12-3-9　JK 触发器转换为 D 触发器

五、实验注意事项

1．连接电路时，应注意电源（+5V）和接地不能接反。

2．集成块的连接要注意圆点或缺口方向，用力把芯片按进插槽，接触牢靠。

3．电路连接应注意正确的操作步骤，不得带电连接电路。

六、实验报告要求

1．总结基本 RS 触发器、D 触发器、JK 触发器的逻辑功能。

2．写出实验 4 各种触发器转换过程。

3．回答思考题。

思　考　题

1．为什么用与非门构成的基本 RS 触发器，应当遵守 $\overline{R_d} + \overline{S_d} = 0$ 的约束条件，即不能加以 $\overline{R} = \overline{S} = 0$ 的输入信号？

2．主从 JK 触发器和主从 RS 触发器在逻辑功能上有何区别？用 JK 触发器代替 RS 触发器在逻辑功能上是否满足要求？

3．比较边沿触发方式、脉冲触发方式、电平触发方式在动作特点上的不同。

12-4　计　数　器

一、实验目的

1．掌握同步、异步时序逻辑电路的分析设计方法。

2．掌握同步、异步计数器的逻辑功能及其工作原理。

3．学会同步、异步计数器的应用。

4．学会用仿真软件对实验电路进行仿真。

二、原理说明

在数字电路中，能够记忆输入脉冲个数的时序电路称为计数器。计数器不仅能对时钟脉冲进行计数，还可以用于分频、定时、产生节拍脉冲和脉冲序列进行数字运算等。计数器的种类繁多，如果按触发器是否同时翻转可分为同步计数器和异步计数器两种；如果按计数过程中计数器的数字增减分类可分为加减法和可逆计数器；如果按数字的编码方式分类，还可以分为二进制、二-十进制计数器、N 进制计数器、循环码计数器等。

1. 同步计数器

同步计数器中各个触发器的时钟脉冲是相同的，触发器的翻转同时发生，这种电路结构称为同步时序电路。目前的同步计数器芯片主要分为二进制和十进制两种，通常由 T 触发器构成，结构形式有两种：一种是控制输入端 T 触发器的状态，当每次 CLK 信号到达时，使该翻转的触发器输入控制端 $T_i=1$，不该翻转的 $T_i=0$；另一种是控制时钟信号，每次计数脉冲到达时，只能加到该翻转的触发器的 CLK 输入端上，而不能加给不该翻转的触发器。同时，将所有的触发器接成 $T=1$ 的状态。

（1）双时钟同步十六进制加/减可逆计数器 74LS193 简介。

74LS193 的引脚图如图 12-4-1 所示。74LS193 功能表如表 12-4-1 所示。

图 12-4-1 74LS193 引脚图

表 12-4-1 74LS193 功能表

输　　　入								输　　出			
R_d	$\overline{LD}$	CP_U	CP_D	D_3	D_2	D_1	D_0	Q_3^{n+1}	Q_2^{n+1}	Q_1^{n+1}	Q_0^{n+1}
1	×	×	×	×	×	×	×	0	0	0	0
0	0	×	×	D_3	D_2	D_1	D_0	D_3	D_2	D_1	D_0
0	1	⤒	1	×	×	×	×	0000～1111 加法运算			
0	1	1	⤒	×	×	×	×	1111～0000 减法运算			

双时钟同步计数器 74LS193 逻辑电路如图 12-4-2 所示。

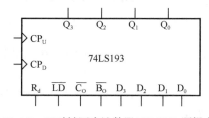

图 12-4-2 双时钟同步计数器 74LS193 逻辑电路

74LS193 的清除端是异步的。当清除端 R_d 为高电平时，不管时钟端 CP_U、CP_D 状态如何，即可完成清除功能。

74LS193 的预置是异步的。当置入控制端 $\overline{LD}$ 为低电平时，不管时钟端 CP_U、CP_D 的状态如何，输出端 $Q_3 \sim Q_0$ 即可预置成与数据输入端 $D_3 \sim D_0$ 一致的状态。

74LS193 的计数是同步的，靠 CP_U（加法时钟）、CP_D（减法时钟）同时加在 4 个触发器上而实现。

在 CP_U、CP_D 上升沿作用下 $Q_3 \sim Q_0$ 同时变化,从而消除了异步计数器中出现的计数尖峰。当进行加计数或减计数时可分别利用 CP_U 和 CP_D,此时另一个时钟应为高电平。

进位:计数器进行加法计数且 $Q_3Q_2Q_1Q_0=1111$,当 CP_U 的上升沿到来时,进位输出端的 $\overline{C_O}$ 输出一个低电平脉冲,其宽度等于 CP_U 低电平部分的脉冲宽度。

借位:计数器进行减法计数且 $Q_3Q_2Q_1Q_0=0000$,当 CP_D 的上升沿到来时,借位输出端的 $\overline{B_O}$ 输出一个低电平脉冲,其宽度等于 CP_D 低电平部分的脉冲宽度。

当把 $\overline{B_O}$ 和 $\overline{C_O}$ 分别连接后一级的 CP_D、CP_U 时,即可进行级联。

(2)计数器 74LS193 的应用。

① 构成 N 进制($N=2 \sim 16$)8421 码加法计数器。

构成 N 进制 8421 码加法计数器如图 12-4-3 所示,$CP_D=$ "1",CP_U 输入时钟脉冲构成加法器,用与非门对计数器输出 $Q_3Q_2Q_1Q_0$ 进行译码,并将结果反馈置入控制端($\overline{LD}$)。当 $D_3D_2D_1D_0=0000$ 时,计数器为 8421 码 N 进制加法计数器,改变译码逻辑,便改变进制数 N,N 与译码逻辑的关系如表 12-4-2 所示。

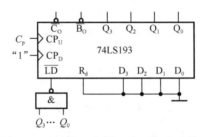

图 12-4-3　构成 N 进制 8421 码加法计数器

表 12-4-2　计数器 N 进制加法与译码逻辑关系表

N	2	3	4	5	6	7	8	
$\overline{LD}$	$\overline{Q_1}$	$\overline{Q_1Q_0}$	$\overline{Q_2}$	$\overline{Q_2Q_0}$	$\overline{Q_2Q_1}$	$\overline{Q_2Q_1Q_0}$	$\overline{Q_3}$	
N	9	10	11	12	13	14	15	16
$\overline{LD}$	$\overline{Q_3Q_0}$	$\overline{Q_3Q_1}$	$\overline{Q_3Q_1Q_0}$	$\overline{Q_3Q_2}$	$\overline{Q_3Q_2Q_0}$	$\overline{Q_3Q_2Q_1}$	$\overline{Q_3Q_2Q_1Q_0}$	1

② $CP_U=$ "1",CP_D 输入时钟脉冲构成减法器,用与非门对计数器输出 $Q_3Q_2Q_1Q_0$ 进行译码,并将译码输出反馈回置入控制端($\overline{LD}$),可设计出 N 进制 8421 偏权码减法计数器。

2. 异步计数器

异步计数器也称波纹计数器、行波计数器,其组成异步计数器的触发器不是公用同一个时钟源的,触发器的翻转不同时发生。

特点:与同步计数器相比较,由于触发器不是公用同一个时钟源的,触发器的翻转不能同时发生,所以工作速度慢,但组成电路比较简单。

(1)集成二-五-十进制计数器 74LS90 简介。

集成二-五-十进制计数器 74LS90 引脚图及逻辑电路如图 12-4-4、图 12-4-5 所示,功能表如表 12-4-3 所示。74LS90 由四个 JK 触发器及控制门电路组成。其中 FF_0 为 T′触发器,在 C_{p0} 作用下,Q_0 完成一位二进加法计数;$FF_3 \sim FF_1$ 组成异步五进制计数,在 C_{p1} 作用下,$Q_3Q_2Q_1$ 按 421 码完成五进制计数;在计数基础上,集成计数器还附加 S_1、S_2 两个置 9 功能和 R_1、R_2 两个置 0 功能,当 $S_1S_2=1$ 时,计数器

$Q_3Q_2Q_1Q_0$=1001 完成置 9 功能；当 S_1S_2=0、R_1R_2=1 时，计数器 $Q_3Q_2Q_1Q_0$=0000 完成置 0 功能。

图 12-4-4　74LS90 引脚图

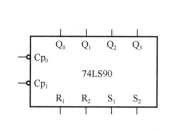
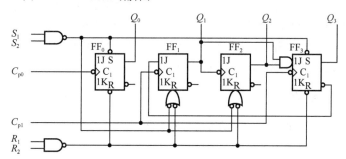

图 12-4-5　集成二-五-十进制计数器 74LS90 逻辑电路

表 12-4-3　集成二-五-十进制计数器 74LS90 功能表

功能控制		时　　钟		输　　出			
R_1R_2	S_1S_2	C_{p0}	C_{p1}	Q_3^{n+1}	Q_2^{n+1}	Q_1^{n+1}	Q_0^{n+1}
1	0	×	×	0	0	0	0
0	1	×	×	1	0	0	1
0	0	↴	0	Q_3^n	Q_2^n	Q_1^n	0～1（一位二进加法）
0	0	0	↴	000～100（421 码五进制加法）			Q_0^n

（2）集成二-五-十进制计数器 74LS90 应用。

① 构成 8421BCD 十进制加法异步计数器，如图 12-4-6 所示。

由于集成二-五-十进制计数器内的二-五进制计数器均为下降沿触发，故在构成十进制计数器时，只需将 421 码五进制加法计数器的时钟 C_{p1} 接二进制计数器的输出 Q_0，当 Q_0 从 1 返回 0 时，C_{p1} 得到下降沿，使 $Q_3Q_2Q_1$ 进行加 1 计数，故 C_{p0} 在时钟信号作用下，$Q_3Q_2Q_1Q_0$ 完成 8421BCD 十进制加法异步计数器。

② 构成 5421BCD 十进制加法异步计数器，如图 12-4-7 所示。

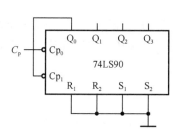
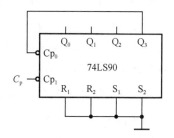

图 12-4-6　构成 8421BCD 十进制加法异步计数器　　　图 12-4-7　构成 5421BCD 十进制加法异步计数器

CP_1 在时钟信号作用下，$Q_3Q_2Q_1$ 按 421 码完成五进制计数；当 Q_3 从 1 返回 0 时，C_{p0} 得到下降沿，Q_0 按一位二进制加法计数，故 C_{p1} 在时钟信号作用下，$Q_0Q_3Q_2Q_1$ 完成 5421BCD 十进制加法异步计数器功能。

③ 构成模 10 以内任意进制计数器。

反馈置 0 法：由于集成二-五-十进制计数器具有附加异步复位端 R_1、R_2，因此在将集成计数器构成模 10（8421BCD 十进制加法异步计数器、5421BCD 十进制加法异步计数器）计数器基础上，利用计数器反馈回 R_1、R_2 端，使计数器进入反馈端输出为 1 状态时，计数器复位，达到改变计数器计数时序，完成模 10 以内任意进制计数功能。

反馈置 9 法：由于集成二-五-十进制计数器具有附加异步置 9 端 S_1、S_2，因此在将集成计数器构成模 10（8421BCD 十进制加法异步计数器、5421BCD 十进制加法异步计数器）计数器基础上，利用计数器反馈回 S_1、S_2 端，使计数器进入反馈端输出为 1 状态时，计数器置 9，达到改变计数器计数时序，完成模 10 以内任意进制计数功能。

三、实验设备

1. 直流稳压电源、函数信号发生器
2. 示波器、台式数字万用表
3. 面包板及工具
4. 集成芯片 74LS193、74LS90 等

四、实验内容

1. 计数器功能验证

（1）同步十六进制计数器 74LS193 功能检验。

74LS193 引脚图如图 12-4-1 所示，根据其功能表，画出验证计数器的逻辑电路图，自拟实验步骤进行验证，并把有关结果填入自行设计的表格中。

（2）异步集成二-五-十进制计数器 74LS90 功能检验。

74LS90 引脚图如图 12-4-4 所示，根据其功能表，画出验证计数器的逻辑电路图，自拟实验步骤进行验证，并把有关结果填入自行设计的表格中。

2. 利用 74LS193 构成 8421 码加法计数器

按图 12-4-3 连接电路，用单脉冲信号按钮作为 CP_U 的时钟，CP_D 接电源，（$\overline{LD}$）译码接成十进制（见表 12-4-2），计数器输出 $Q_3Q_2Q_1Q_0$ 分别接指示灯，验证其计数功能，写出计数时序表。

3. 利用 74LS90 设计模 6 异步计数器

参照图 12-4-6 所示的 8421BCD 十进制加法异步计数器，利用"反馈置 0 法"设计模 6 计数器，并自拟实验步骤用单脉冲信号按钮作为时钟进行验证；然后用频率为 10kHz 的 TTL 信号作为时钟，用双踪示波器观察并记录 C_{p0}、Q_0、Q_1、Q_2、Q_3 波形。

4. 74LS90 构成 5421BCD 十进制加法异步计数器

按图 12-4-7 连接电路，用单脉冲信号按钮作为 C_{p1} 的时钟，计数器输出 $Q_0Q_3Q_2Q_1$ 分别用指示灯显示，验证其计数功能，写出计数时序表。

5. 设计模 7 计数器

在上述 5421BCD 十进制加法异步计数器基础上，利用"反馈置 9 法"设计模 7 计数器，并自拟实验步骤用单脉冲信号按钮作为时钟进行验证；然后用频率为 10kHz 的 TTL 信号作为时钟，用双踪示波器观察并记录 C_{p0}、Q_1、Q_2、Q_3、Q_0 的波形。

6. 设计 48 进制计数器（8421BCD）

（1）用两片 74LS193 设计 48 进制计数器；画出逻辑图，并用实验方法验证。

（2）用两片 74LS90 设计 48 进制计数器；画出逻辑图，并用实验方法验证。（提示：可以先实现八进制和六进制再进行级联。）

五、实验注意事项

1. 连接电路时，应注意电源（+5V）和接地不能接反，特别注意 74LS90 的电源脚、接地脚与普通 TTL 芯片的引脚布置不同。

2. 集成块的连接要注意圆点或缺口方向，用力把芯片按进插槽，接触牢靠。

3. 电路连接应注意正确的操作步骤，不得带电连接电路。

六、实验报告要求

1. 画出 74LS193、74LS90 计数器功能的测试图。

2. 写出以上所做实验的 8421BCD、5421BCD 计数器时序表。

3. 画出所设计的六进制 8421BCD 计数器逻辑图。

4. 画出 48 进制计数器（8421BCD）逻辑图。

5. 回答思考题。

思 考 题

1. 同步时序电路和异步时序电路在逻辑功能和电路结构上有何区别？

2. 计数器的同步置零方式和异步置零方式有何不同？同步预置数方式和异步预置数方式有何不同？4 位自然二进制数、8421BCD 码、5421BCD 码、格雷码的码表如表 12-4-4 所示。

表 12-4-4 4 位自然二进制数、8421BCD 码、5421BCD 码、格雷码的码表

十进制数	4 位自然二进制码				8421BCD 码				5421BCD 码				格 雷 码			
	B_3	B_2	B_1	B_0	B_3	B_2	B_1	B_0	D_3	D_2	D_1	D_0	G_3	G_2	G_1	G_0
0	0	0	0	0	0	0	0	0	0	0	0	0	0	0	0	0
1	0	0	0	1	0	0	0	1	0	0	0	1	0	0	0	1
2	0	0	1	0	0	0	1	0	0	0	1	0	0	0	1	1
3	0	0	1	1	0	0	1	1	0	0	1	1	0	0	1	0
4	0	1	0	0	0	1	0	0	0	1	0	0	0	1	1	0
5	0	1	0	1	0	1	0	1	1	0	0	0	0	1	1	1

十进制数	4 位自然二进制码				8421BCD 码				5421BCD 码				格 雷 码			
	B_3	B_2	B_1	B_0	B_3	B_2	B_1	B_0	D_3	D_2	D_1	D_0	G_3	G_2	G_1	G_0
6	0	1	1	0	0	1	1	0	1	0	0	1	0	1	0	1
7	0	1	1	1	0	1	1	1	1	0	1	0	0	1	0	0
8	1	0	0	0	1	0	0	0	1	0	1	1	1	1	0	0
9	1	0	0	1	1	0	0	1	1	1	0	0	1	1	0	1
10	1	0	1	0	伪 码								1	1	1	1
11	1	0	1	1									1	1	1	0
12	1	1	0	0									1	0	1	0
13	1	1	0	1									1	0	1	1
14	1	1	1	0									1	0	0	1
15	1	1	1	1									1	0	0	0

12-5　集成时基 555 及其应用

一、实验目的

1. 掌握集成时基 555 的基本原理和功能。
2. 掌握集成时基 555 在波形产生和变换中的应用。
3. 学会用仿真软件对实验电路进行仿真。

二、原理说明

1. 集成时基 555 的原理

集成时基 555 是一种将模拟电路和数字电路集成于一体的电子器件，外接不同的 RC 元件时，可以构成单稳态触发器、多谐振荡器、压控振荡器，调频（调宽）电路。不外接 RC 元件，可以直接构成施密特触发器。

（1）集成时基 555 内部电路及引脚图如图 12-5-1 所示，功能表如表 12-5-1 所示。

① 三个 5kΩ 电阻组成分压器：$U_{R1} = \frac{2}{3}V_{CC}$、$U_{R2} = \frac{1}{3}V_{CC}$。

② 两个单限电压比较器 U_{I1} 是比较器 C_1 的反相输入端（也称阈值端，用 TH 标注），U_{I2} 是比较器 C_2 的同相输入端（也称触发端，用 $\overline{TR}$ 标注），C_1 和 C_2 的参考电压 U_{R1} 和 U_{R2} 由 V_{CC} 经三个 5kΩ 的电阻分压给出，当控制电压 U_{CO} 悬空时，$U_{R1} = \frac{2}{3}V_{CC}$、$U_{R2} = \frac{1}{3}V_{CC}$，当 U_{CO} 外接电压时，$U_{R1} = U_{CO}$、$U_{R2} = \frac{1}{2}U_{CO}$。

③ $\overline{Rd}$ 是置零输入端，只要加入低电平，输出端就输出为低电平，不受其他输入状态的影响。

④ 当 $U_{I1}>U_{R1}$、$U_{I2}>U_{R2}$ 时，比较器 C_1 的输出端 $U_{C1}=0$、$U_{C2}=1$，RS 锁存器被置 0，T_D 导通，同时 U_O 输出为低电平。

当 $U_{I1}<U_{R1}$、$U_{I2}>U_{R2}$ 时，比较器 C_1 的输出端 $U_{C1}=1$、$U_{C2}=1$，RS 锁存器保持不变，T_D 和 U_O 输出维持不变。

当 $U_{I1}<U_{R1}$、$U_{I2}<U_{R2}$ 时，比较器 C_1 的输出端 $U_{C1}=1$、$U_{C2}=0$，RS 锁存器被置 1，T_D 截止，同时 U_O 输出为高电平。

当 $U_{I1}>U_{R1}$、$U_{I2}<U_{R2}$ 时，比较器 C_1 的输出端 $U_{C1}=0$、$U_{C2}=0$，RS 锁存器被置 1，T_D 截止，同时 U_O 输出为高电平。

⑤ 缓冲级，为了增加带载能力输出端设置 G_4。

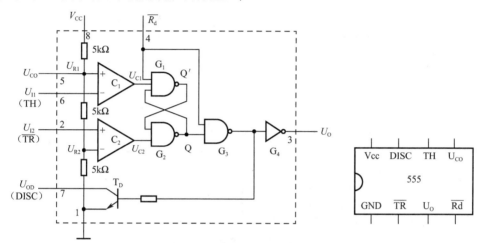

图 12-5-1　集成时基 555 内部电路及引脚图

表 12-5-1　集成时基 555 功能表

$\overline{R_d}$	U_{I1}（TH）	U_{I2}（$\overline{TR}$）	U_{C1}（R）	U_{C2}（S）	U_O	T_D 状态	DISC
0	×	×	×	×	0	导通	接地
1	$>2/3V_{CC}$	$>1/3V_{CC}$	0	1	0	导通	接地
1	$<2/3V_{CC}$	$>1/3V_{CC}$	1	1	保持	保持	保持
1	$<2/3V_{CC}$	$<1/3V_{CC}$	1	0	1	截止	高阻
1	$>2/3V_{CC}$	$<1/3V_{CC}$	0（*）	0（*）	1	截止	高阻
*：应避免 R、S 端同时为 0							

2. 集成 555 定时器的应用

（1）构成施密特触发器。

将集成 555 定时器两个输入端相连作为信号输入端，如图 12-5-2 所示，即可得到施密特触发器。其上限触发电平 $U_{T+}=\dfrac{2}{3}V_{CC}$，下限触发电平 $U_{T-}=\dfrac{1}{3}V_{CC}$，回差电平 $\Delta U_T=U_{T+}-U_{T-}=\dfrac{1}{3}V_{CC}$。

（2）集成 555 定时器构成单稳态触发器。

以集成 555 定时器的 $\overline{TR}$ 端作为触发信号的输入端，并将由 T_D 和 R 组成的反相器输出电压 U_{OD} 接到 TH 端，同时在 TH 端对地接入电容，就构成了单稳态触发器，如图 12-5-3 所示。当没有触发信号时，电路通电之后自动地停在 $U_O=0$ 的稳态。通常电阻的取值在几百欧姆到几兆欧姆之间。输出单稳态脉宽等于暂稳态的持续时间，而暂稳态的持续时间取决于外接电阻和电容的大小，T_W 等于电容电压在充电过程中从 0 上升到 $2/3V_{CC}$ 所需要的时间。

$$T_W = RC \ln \frac{V_{CC} - 0}{V_{CC} - \frac{2}{3}V_{CC}} = RC \ln 3 \approx 1.1RC$$

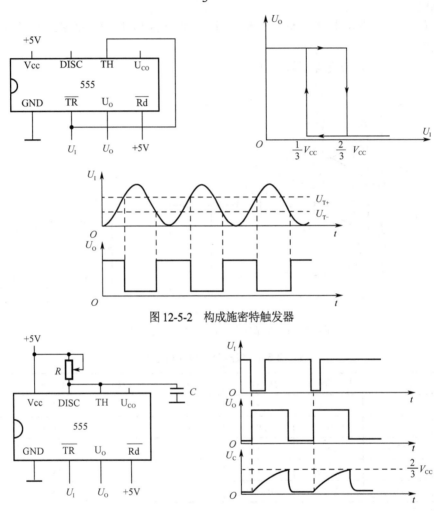

图 12-5-2　构成施密特触发器

图 12-5-3　单稳态触发器

为使 SR 触发器不出现 $Q = \overline{Q} = 1$，要求触发信号 U_I 的负脉宽必须小于单稳脉宽 T_W，否则电路不能正常工作。

单稳态触发器的特点：

① 有一个稳态和一个暂稳态；

② 在外界触发信号作用下，能从稳态转换为暂稳态，维持一段时间后自动返回稳态；

③ 暂稳态维持的时间长短取决于外接电阻和电容的大小。

（3）集成 555 定时器构成多谐振荡器。

把集成 555 定时器接成施密特触发器，再把施密特触发器的反相输出端经 RC 积分电路接回到输入端，就构成了多谐振荡器，如图 12-5-4 所示。

多谐振荡器特点：

① 多谐振荡器没有稳定状态，只有两个暂稳态；

② 通过电容的充电和放电，使两个暂稳态相互交替，从而产生自激振荡，无须外触发；

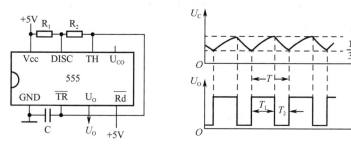

图 12-5-4 多谐振荡器

③ 输出周期性的矩形脉冲信号，含有丰富的谐波分量。其输出电压波形的周期和频率表达式为：

$$T_1 = (R_1 + R_2)C \ln 2 \approx 0.69(R_1 + R_2)C$$
$$T_2 = \ln 2 R_2 C \approx 0.69 R_2 C$$
$$T = T_1 + T_2 \approx 0.69(R_1 + 2R_2)C$$
$$f = \frac{1}{T} \approx \frac{1.443}{(R_1 + 2R_2)C}$$

占空比 $q = \dfrac{T_1}{T} = \dfrac{R_1 + R_2}{R_1 + 2R_2}$ （其占空比始终大于 50%）。

为了得到小于或等于 50% 的占空比，可以采用图 12-5-5 所示的改进电路。

由于接入了二极管 VD_1 和 VD_2，电容的充电电流和放电电流流经不同的路径，充电电流只流经 R_3、VD_1，放电电流只流经 VD_2、R_4。

因此，$T_1 = R_3 C \ln 2$，$T_2 = R_4 C \ln 2$，$T = T_1 + T_2 = \ln 2 (R_3 + R_4)C$。

占空比 $q = \dfrac{T_1}{T} = \dfrac{R_3}{R_3 + R_4}$。

调节电位器 R_W 即可改变电阻 R_3 和 R_4 的阻值，则 U_O 可输出不同占空比的矩形波信号。

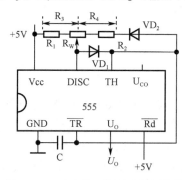

图 12-5-5 占空比可调的多谐振荡器

（4）集成 555 定时器构成压控振荡器。

在多谐振荡器中，从压控端（U_{CO}）加入一个控制电压 U_{CT}，则两个比较器的参考电压就发生了变化，集成 555 定时器的阈值电压和触发电压则跟着发生变化，$U_{T+}=U_{CT}$、$U_{T-}=\frac{1}{2}U_{CT}$，整个振荡器的振荡频率也随之发生变化。如果 $U_{CT}<2/3V_{CC}$，由于新的阈值电压比原来的 U_{T+} 要低，所以电容充电到新的阈值电压所需要的时间变短，而电容放电时间和 U_{T+} 与 U_{T-} 的比值有关，所以放电时间不变。这就使得新的输出波形的脉冲周期 T_1 变短，振荡频率变快。如果 $U_{CT}>2/3V_{CC}$，则周期 T_1 变长，振荡频率变慢。加入控制电压 U_{CT} 同时可以改变输出波形的占空比，但加入控制电压 U_{CT} 不宜过大或过小，以保证振荡器正常工作。

在图 12-5-4 所示的电路中，从压控端 U_{CO} 加入一个方波信号，要求：

① 方波的周期 $T_{CT}\geqslant T_1+T_2$；

② 方波的高电平 U_{CTH} 满足 $\frac{1}{3}V_{CC}<U_{CTH}<V_{CC}$；

③ 方波的低电平 $U_{CTL}\leqslant 0$。

这样就能保证电路在方波信号的高电平持续期间振荡，在低电平持续期间停振，即构成压控间歇振荡器。在 U_{CTH} 期间产生振荡，在 U_{CTL} 期间停振，若将上述方波从 $\overline{Rd}$ 端输入，也同样构成压控（间歇）振荡器。

（5）集成 555 定时器在脉宽调制中的应用。

脉宽调制就是将输入交流信号的电压变化转变为脉冲宽度的变化，脉冲宽度的变化实际上就是占空比 q 的变化，占空比由下式确定：

$$q=\frac{T_1}{T}=\frac{R_1+R_2}{R_1+2R_2}$$

在多谐振荡器电路中，如果 $R_2=R_1$，则电路输出的波形近似于方波信号，如果在 U_{CO} 压控端加入正弦波调制信号，则电路的阈值电压就会跟随变化，这样集成 555 定时器电路的输出脉冲宽度就会随着信号电压的幅值变化而变化，从而实现对脉冲的宽度进行调制的目的。

三、实验设备

1. 示波器、函数信号发生器
2. 直流稳压电源、台式数字万用表
3. 面包板及工具
4. 元器件：NE555、电容、电阻、二极管若干

四、实验内容

1. 施密特触发器

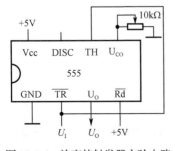

图 12-5-6　施密特触发器实验电路

按图 12-5-6 连接电路，用一个正弦波 U_{ip-p}=5V（U_{IH}=5V，U_{IL}=0V）作为 U_I 输入。示波器采用 X-Y 方式，其 CH$_1$ 和 CH$_2$ 分别接入 U_I 和 U_O 信号，观察并画出未接下拉电阻时的电压传输特性曲线。在 U_{CO} 端接 10kΩ 下拉电位器，观察并记录调节电位器阻值时 U_{T+}、U_{T-} 和 ΔU_T 的变化情况。

2. 构成单稳态触发器

按图 12-5-3 连接电路，V_{CC}=5V、R=10kΩ（电位器）、C=0.01μF。

先计算出单稳脉宽 T_W，选择合适的触发信号频率（要求低电平脉宽<T_W，周期>T_W）。用方波触发信号（U_{IH}=5V，U_{IL}=0V）作为 U_I 输入，用示波器观察并记录 R=10kΩ时，U_I、U_O、U_C 的工作波形。改变电阻值，观察单稳态输出 U_O 脉宽的变化情况。

3. 构成多谐振荡器

（1）按图 12-5-4 连接电路，V_{CC}=5V、R_1=10kΩ（电位器）、R_2=5.1kΩ、C=0.01μF，用示波器观察并记录 U_O、U_C 波形（R_1=10kΩ时），调节 R_1 值，观察振荡周期的变化情况。

（2）按图 12-5-5 连接电路，V_{CC}=5V、R_1=10kΩ、R_2=10kΩ、R_W=4.7kΩ、C=0.01μF，用示波器观察并记录 U_O、U_C 波形，调节电位器 R_W 的值改变 R_3、R_4 值，观察振荡周期和输出波形的占空比变化情况，什么情况下占空比为 50%？

4. 压控振荡器

按图 12-5-4 连接电路，R_1=5.1kΩ、R_2=5.1kΩ、C=0.01μF，先计算振荡周期 T。从 U_{CO}（$\overline{Rd}$）端输入方波信号，要求信号 U_{ip-p}=5V（U_{IH}=5V，U_{IL}=0V），周期大于 10 倍振荡器周期 T，用双踪示波器观察并记录 U_I、U_O 波形。

5. 集成 555 定时器构成调频（宽）振荡器

在实验 4 的基础上，将方波信号改为正弦波信号从 U_{CO} 端输入，输入信号的周期不变，用双踪示波器观察并记录 U_I、U_O 波形。

五、实验注意事项

1. 连接电路时，应注意电源正负，二极管的正负极不能接反。
2. 集成块的连接要注意圆点或缺口方向，用力把芯片按进插槽，接触牢靠。
3. 电路连接应注意正确的操作步骤，不得带电连接电路。

六、实验报告要求

1. 画出实验 1～5 的电路图并记录实验过程中所观察到的波形。
2. 计算实验中所要求的有关数据。
3. 写出在实验调节过程中所发生的波形变化情况，并进行分析。
4. 回答思考题。

思 考 题

1. 在图 12-5-3 所示的电路中，为什么要选择触发信号的低电平脉宽<T_W 及周期>T_W？如果触发脉冲宽度大于单稳态持续时间，电路能否正常工作？
2. 在图 12-5-3 所示的电路中，对触发脉冲的脉宽有什么要求？
3. 在图 12-5-4 所示的电路中，如果用 U_O 代替 DISC 端接到 R_2C 电路的输入端，去掉 R_1，电路能否正常工作？
4. 在集成 555 定时器构成压控振荡器中，从 U_{CO} 端输入的方波信号有何要求？

反侵权盗版声明